JN076398

Flask

本格入門

やさしくわかる
Webアプリ開発

樹下雅章 **株式会社フルネス**
Masaaki Kinoshita

技術評論社

はじめに

　「ある日、小さな町に新しくオープンしたカフェがありました。そのカフェのオーナーは、元々はITの世界に身を置いていた人物で、新しい挑戦としてカフェを開くことを決意しました。しかし、カフェ経営はITの世界とは全く違う新たな挑戦で、彼は初めての経験に戸惑い、困難に直面しました。」

　そんな中、彼は自分の経験を思い出したそうです。ITの世界でも、新しい技術や言語を学ぶたびに、初めての経験に戸惑い、困難に直面したことがありましたが、彼はその都度、一歩ずつ進んでいき、新しい知識を身につけたそうです。

　この本は、そのカフェのオーナーのように、Pythonの基礎学習を終えたビギナーが、新たな挑戦として「Flask」に挑むためのガイドブックです。

　Flaskの知識がゼロでも、途中で投げ出さずに最後まで学び続けられるように、図解やハンズオンを多めに入れ、理解しやすいように努めました。

　新しい技術を学ぶとき、前提となる知識が多すぎると、脳にストレスを与えてしまい、学習が嫌になってしまうことがあります。そこで、この本では、随時必要な部分を補足しながら進めていきます。

　この本を手に取ったあなたが、カフェのオーナーのように、新たな挑戦を楽しんで、「Flask」の世界を探求していただければ幸いです。そして、その旅の途中で、自分自身の成長を感じていただければと思います。

　学習する際に大事なことは、はじめから全てを理解しようとしないことです。

　新しいメニューを考えるカフェのオーナーのように、一つずつ、少しずつ学び、試し、経験を積み重ねていくことが大切です。

　また本書の所々に学習に対するアドバイスをコラム形式で記述しているので参考にしてくれたら幸いです。

2023年7月　樹下　雅章

第3章　Jinja2に触れてみよう

第4章　フィルターとエラーハンドリングに触れてみよう

第 5 章 Formに触れてみよう

第 8 章 開発に役立つ便利機能について知ろう

第 9 章 Flask アプリケーションを作ろう

第10章 バリデーションと
完了メッセージを追加しよう

第11章 認証処理を追加しよう

第 **14** 章
Wikipedia 機能を追加しよう

第 **15** 章
Wikipedia 結果の反映を行おう

第 **16** 章
レイアウトを調整しよう

第 1 章

Flask について知ろう

1-1 Flaskの特徴を知ろう

この章では、「Flask」というPythonの主要なWeb「フレームワーク」について説明します。対象読者は、「Pythonの基礎文法を知っている方」と「HTML、CSSを扱ったことがある方」です。説明はなるべく簡単に行います。その後、本書で実施するハンズオンの開発環境構築について説明します。この章を読み終わった時に、「Flaskのイメージ」を掴んでいただけると幸いです。

1-1-1 フレームワークとは？

フレームワークとは何でしょうか？

フレームワークとは、ソフトウェアやアプリケーション開発を簡単にする「骨組み」です。フレームワークのメリットとして、必要最小限の機能を提供してくれるため、自分ですべての機能を作成する必要がなく、アプリケーションの開発にかかる時間とコストを削減できます。デメリットとして、フレームワークを利用する開発では、フレームワーク特有の使用方法を理解する必要があります（**図1.1**）。

図1.1 フレームワークのイメージ

メリット
骨組みが既に機能を
提供してくれている

デメリット
骨組みが提供している機能の
使用方法を理解する必要がある

骨組み

1-1-2 Flaskとは？

Flask（フラスク）はPythonのWebフレームワークです。特徴は、軽量で実装できる機能が必要最小限に収まっていることです。Flaskは、「Jinja2」というテンプレートエンジン[注1]を用いる

（注1） テンプレートエンジンについては後ほど説明します。

ことで簡易的にWebアプリケーションを開発することができます。

　Pythonには、Flaskとよく比較されるWebフレームワークとして「Django（ジャンゴ）」があります。Djangoは、Webアプリケーションに必要な機能が一通り揃っている「フルスタックフレームワーク」と呼ばれます（**図1.2**）。

　一方、「Flask」は最小限の機能しか備えておらず、シンプルなフレームワークであり、「マイクロフレームワーク」と呼ばれます[注2]。Flaskは必要に応じて拡張機能を自分で追加する「設計思想」を持っています（**図1.3**）。

図1.2 フルスタックフレームワークのイメージ　　**図1.3** マイクロフレームワークのイメージ

初めから必要な機能が揃っている
完成されたロボット

必要に応じて拡張機能を
追加する合体ロボット

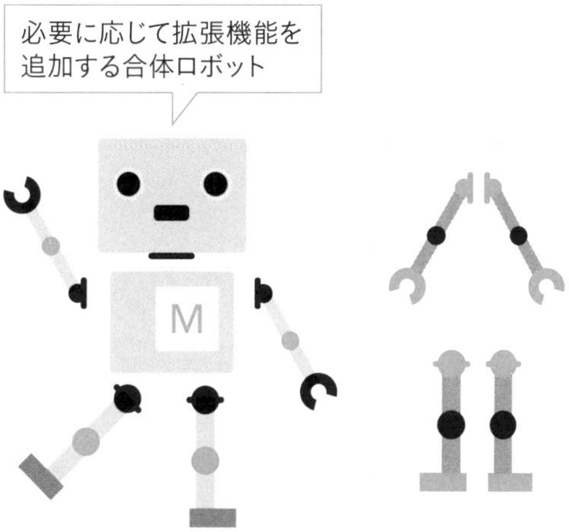

　表1.1にFlaskとDjangoの比較表を記述します。

表1.1 FlaskとDjangoの比較

項目	Flask（フラスク）	Django(ジャンゴ)
機能	必要最小限の機能しかない	Web開発に必要な機能が最初から揃っている
メリット	必要最小限の機能のみが提供されるため、学習するハードルが低い	機能が揃っているため、パッケージやライブラリの選択に悩まされずに、開発を開始できる
デメリット	必要最小限の機能のみが提供されるため、本格的なWebアプリケーションを作成するためには、別途パッケージやライブラリを追加する必要がある	機能が豊富でフルスタックであるため、各機能の使い方について学ぶ際のハードルが高い

　本書では、Flaskに別途パッケージやライブラリを追加して、Webアプリケーションを作成していきます。Flaskは必要最小限の機能のみを提供する「マイクロ」なフレームワークです。**表1.2**

（注2）　マイクロとは「小さいこと」を表します。

には、Flaskで使用する便利な「拡張機能」ライブラリの一例を記述します。いくつかの拡張機能は後ほど実際に使用します。

表1.2 便利な拡張機能ライブラリの一例

したいこと	拡張機能名
フォーム（Form）を簡単に作成したい	Flask-WTF
DBを簡単に使いたい	Flask-SQLAlchemy
ログイン機能（認証・認可）を実装したい	Flask-Login
デバッグの便利機能を拡張したい	Flask-DebugToolbar
多言語対応したい	Flask-Babel
パスワードを暗号化したい	Flask-Bcrypt
REST対応したい	Flask-RESTful
CORSを許可したい	Flask-Cors

1-1-3 MVCとMVT

　MVCモデルとは、「プログラムの処理を役割毎に分けてプログラムを作成する考え方」でWebシステムの開発に頻繁に用いられます。役割は、Model（モデル：M）、View（ビュー：V）、Controller（コントローラ：C）の3種類に分類されます。

☐ Model（モデル：M）

　システム内の「ビジネスロジック」に該当します。

　ビジネスロジックという言葉の意味を調べても、「システムのコア部分」とか「システムの目的になる処理」などが出てきて良くわからないのではないでしょうか。ビジネスロジックは「業務処理」と言い換えられる事が多く業務処理とは「システムの中で提供するサービス処理」になります。まずは難しく考えないでModelは「システムの中で提供するサービス処理内容を記述する箇所」とイメージしてください。またModelは業務処理で扱う「データ」に対してアクセスする役割も担っています。今後は業務処理のことを「サービス処理」で統一して説明します（**図1.4**）。

図1.4 モデルの役割

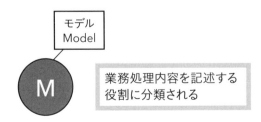

☐ View（ビュー：V）

一言で説明すると「見た目」です。ユーザーからの入力やユーザーへの結果出力など、システムの中で「表示部分」に該当し、Webアプリケーションでは主に画面に相当します（**図1.5**）。

図1.5 ビューの役割

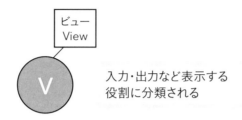

☐ Controller（コントローラ：C）

サービス処理を行う「Model」と画面表示を行う「View」をコントロール（制御）する役割を持ちます。ユーザーからの入力をViewから受け取り、受け取ったデータをもとにModelに指示を伝えます。またModelから受け取った値をViewに伝えて画面に反映させます（**図1.6**）。

図1.6 コントローラの役割

☐ MVCモデルの全体像とメリット

「サービス処理」Model（モデル：M）、「見た目」View（ビュー：V）、「制御」Controller（コントローラ：C）と役割分担することで、プログラムの独立性が高くなり、以下のメリットが生まれます（**図1.7**）。

- 役割分担することで効率的に開発が行える
- 開発を行うエンジニアの分業が容易になる
- 仕様変更に対し柔軟に対応できる

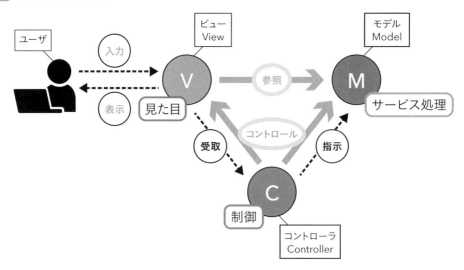

図1.7 MVCモデル全体像

MVTモデル

FlaskはPythonのWebフレームワークで、「MVT」モデルを採用しています。MVTモデルは「Model」、「View」、「Template」の頭文字を並べた言葉で、「MVC」モデルと似ていますが、役割が少し違います（**表1.3**）。

- Model
  データベースにアクセスする処理を実行します。「MVC」モデルの「Model」と同じです。
- View
  ユーザーからのリクエストを受け取り、「Model」や「Template」に処理を渡します。「MVC」モデルの「Controller」に相当します。
- Template
  HTMLなどの表示用ファイルを作成します。「MVC」モデルの「View」に相当します。

表1.3 MVCとMVTの役割

MVC	役割	MVT
Model	サービス処理	Model
View	見た目	Template
Controller	制御	View

MVTのViewはMVCのController、MVTのTemplateはMVCのViewに該当します。同じ名前で役割が違うのが、少しモヤっとしますね。ちなみに「Model」はデータベースアクセスを担うことが多いです。難しく考えてはいけません「MVT」も「MVC」も「アプリケーションを分割して管理するため」の考え方です。

Section

1-2　開発環境を構築しよう（Miniconda）

Python開発環境を選択する際には、「Anaconda（アナコンダ）」が選択肢の一つとなります。**Anaconda**は、機械学習などのデータサイエンスに最適な環境構築ソフトであり、様々なライブラリが同梱されています。そのため、非常に便利なソフトウェアですが、多くのパッケージやライブラリが同梱されているため、容量が大きいです。商用利用で使用する場合「有料」になります。一方、「**Miniconda**（ミニコンダ）」は、**Anaconda**から**Python**とパッケージ管理コマンドだけを抜き出した小さな**Anaconda**です。2023年7月現在は無料で利用できます。本書では、**Miniconda**を利用して**Python**開発環境を構築します。それでは、早速**Miniconda**をインストールしましょう。

1-2-1　Minicondaのインストール

以下にMinicondaのインストール手順を紹介します。

01　ダウンロード

　ブラウザを立ち上げConda公式サイトの「Minicondaのページ（https://docs.conda.io/en/latest/miniconda.html）」からインストーラーをダウンロードします。Windows、Mac、Linux とOS毎にいろいろありますが、本書では「Windows」の「64bit」版をダウンロードします（**図1.8**）。

図1.8　Minicondaをダウンロード

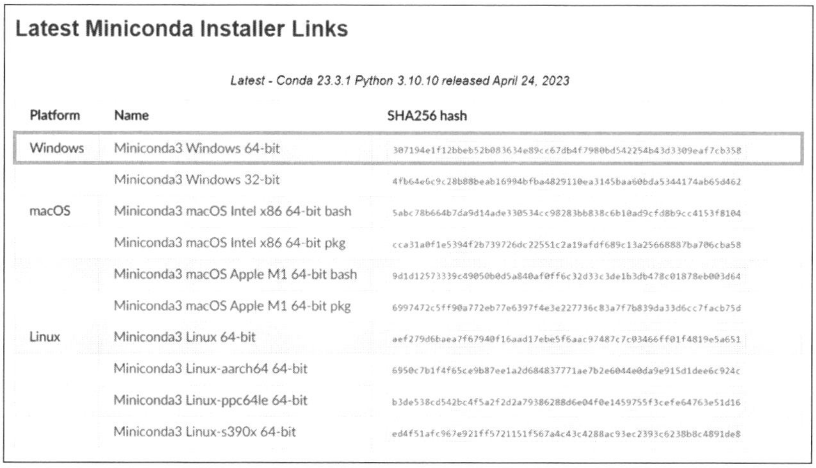

Latest Miniconda Installer Links

	Latest - Conda 23.3.1 Python 3.10.10 released April 24, 2023	
Platform	Name	SHA256 hash
Windows	Miniconda3 Windows 64-bit	307194e1f12bbeb52b083634e89cc67db4f7980bd542254b43d3309eaf7cb358
	Miniconda3 Windows 32-bit	4fb64e6c9c28b88beab16994bfba482911 0ea3145baa60bda5344174ab65d462
macOS	Miniconda3 macOS Intel x86 64-bit bash	5abc78b664b7da9d14ade130534cc98283bbb838c6b10ad9cfd8b9cc4153f8104
	Miniconda3 macOS Intel x86 64-bit pkg	cca31a0f1e5394f2b739726dc22551c2a19afdf689c13a25668887ba706cba58
	Miniconda3 macOS Apple M1 64-bit bash	9d1d12573339c49050b0d5a840af0ff6c32d33c3de1b3db478c01878eb003d64
	Miniconda3 macOS Apple M1 64-bit pkg	6997472c5ff90a772eb77e6397f4e3e227736c83a7f7b839da33d6cc7facb75d
Linux	Miniconda3 Linux 64-bit	aef279d6baea7f67940f16aad17ebe5f6aac97487c7c03466ff01f4819e5a651
	Miniconda3 Linux-aarch64 64-bit	6950c7b1f4f65ce9b87ee1a2d684837771ae7b2e6044e0da9e915d1dee6c924c
	Miniconda3 Linux-ppc64le 64-bit	b3de518cd542bc4f5a2f2d2a79386288d6e04f0e1459755f3cefe64763e51d16
	Miniconda3 Linux-s390x 64-bit	ed4f51afc967e921ff5721151f567a4c43c4288ac93ec2393c6238b8c4891de8

02 インストール

ダウンロードされた「Miniconda3-latest-Windows-x86_64.exe」をダブルクリックします。インストールを開始する画面が表示されるので、「Next」をクリックします。ライセンスに同意する画面が表示されます。問題がない場合は、「I Agree」をクリックします（**図1.9**）。

図1.9 Minicondaのインストール①

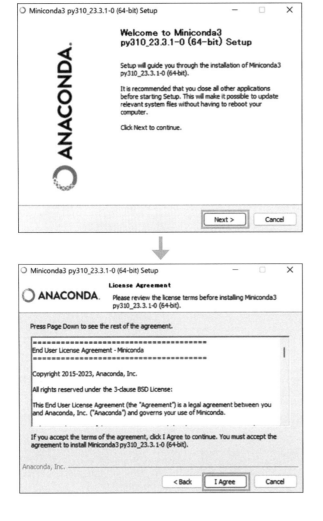

インストールタイプ選択画面が表示されます。推奨設定の「Just Me」を選択し、「Next」をクリックしてください（使用しているWindowsのアカウント名に「スペースや全角文字」が含まれる場合、この後のインストールでエラーが発生することがあります。上記に該当し、かつ学習するPCが自分しか使用しない場合は、「All Users」を選択してください）。

「Just Me」はインストールを実行しているアカウントのみMinicondaを使用できます。「All Users」は使用しているPCの全てのアカウントでMinicondaを使用できます（**図1.10**）。

図1.10　Minicondaのインストール②

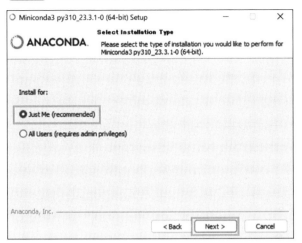

　インストール先の選択画面が表示されます。特に問題が無ければインストール先を変更せず「Next」ボタンをクリックします。図**1.11**のように設定を行いました。ここでは全てのチェックボックスにチェックを行い、チェック後に「Install」ボタンをクリックします。

　非推奨の項目にチェックをしているので赤文字が表示されますが、特に問題ありません。

　各設定の詳細について以下に記述します。

図1.11　Minicondaのインストール③

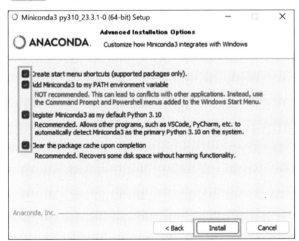

- Create start menu shortcuts(supported packages only).

  スタートメニューのショートカットを作成します。

- Add Miniconda3 to my PATH environment variable

  NOT recommended. This can lead to conflicts with other applications. Instead, use the Command Prompt and Powershell menus added to the Windows Start Menu.

  Miniconda3を自分の環境変数PATHに追加します。非推奨です。これは他のアプリケーショ

ンとの競合を引き起こす可能性があります。代わりに、Windowsのスタートメニューに追加されたコマンドプロンプトとPowershellメニューを使用してください。と記述されています。環境変数PATHに追加する、通称「PATHを通す」とは、PCに実行ファイルの在り処を教えてあげることです。これにより、PC上のどこからでもその実行ファイルを呼び出すことができます。「conda」コマンドを使用するために、この設定は必要なのでチェックします。

- Register Miniconda3 as my default Python3.10
  Recommended. Allows other programs, such as VSCode, PyCharm, etc, to automatically detect Miniconda3 as the primary Python3.10 on the system.
  Miniconda3をデフォルトのPython3.10として登録します。推奨です。これにより、VSCode、PyCharmなどの他のプログラムが、システム上の主要なPython3.10としてMiniconda3を自動的に検出できます。

- clear the package cache upon completion
  Recommended. Recovers some disk space without harming functionality.
  完了後にパッケージキャッシュをクリアします。推奨です。機能に悪影響を与えずにディスク容量を若干回復します。

インストールが開始されます。インストールが完了したら「Next」ボタンをクリックします。役立つヒントやリソースのリンクをブックマークするかを確認されます。不要ならばチェックを外して「Finish」をクリックします。ここでは、両方のチェックを外しました（**図1.12**）。

図1.12 Minicondaのインストール④

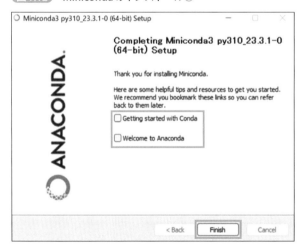

03 インストールの確認

タスクバーにある「Windowsロゴ」をクリックし、[スタート]メニューを表示します。検索バー

に「cmd」と入力して「コマンドプロンプト（注3）」を起動します。

　コマンドプロンプトの画面にて「conda -V」コマンドと入力後「Enter」キーをクリックします。
condaのバージョンが確認できることで無事「Miniconda」がインストールされていることを確認できました（**図1.13**）。

図1.13　Minicondaのバージョン確認

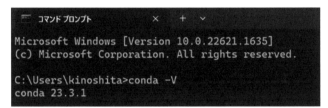

Column │ Minicondaってなんだ？

　既に説明したましたが、Minicondaは、Pythonとパッケージ管理システムである
Condaを含む、小さなバージョンのAnacondaです。
　以下に、ビギナーの方にMinicondaの利点をいくつか紹介します。

- 簡易性
  MinicondaはAnacondaの全機能を持っているわけではないため、ダウンロードとインストールが速く、容量も少なくて済みます。
- パッケージ管理
  Condaを使用すると、Pythonパッケージを簡単にインストール、更新、削除することができます。また、依存関係も自動的に管理してくれます。
- 環境管理
  Condaは仮想環境を作成し、管理する機能を提供しています。これにより、プロジェクトごとに異なるPythonバージョンやパッケージを使用することができ、プロジェクト間の依存関係の問題を避けることができます（仮想環境については後ほど説明します）。
- クロスプラットフォーム
  MinicondaはWindows、Mac、Linuxで動作します。これにより、異なるオペレーティングシステムでの開発が容易になります。

これらの利点から、Minicondaは、Pythonとそのパッケージを管理するための優れた
ツールです。

（注3）　コマンドプロンプトとは、普段マウスを用いて行っている操作を「コマンド」と呼ばれる命令文を入力して実行する
　　　　アプリです。

1-3 開発環境を構築しよう（仮想環境）

アプリケーション開発において、「プロジェクト」毎に必要な環境は異なります。たとえば、使用する「Pythonのバージョン」や必要な「パッケージやライブラリ」などです。プロジェクトが増えるたびに必要なパッケージやライブラリの種類も増えます。このような状況が続くと、管理できないほどパッケージの種類が増える、ライブラリ同士が干渉してプログラムが動かなくなるなどの問題が発生します。そこで、開発環境を管理するために「仮想環境」を使用することが推奨されます。

1-3-1 仮想環境とは？

プログラムにおける「環境」とは、プログラムを動かすために必要なソフトウェア群のことです。
「仮想」とは、仮にあるものとして考えることです。「仮想環境」とは、同じPC内に複数の環境を仮想に構築することです。仮想環境は論理的に独立した環境で、パッケージによる依存性や互換性に左右されることがありません（図1.14）。
では、さっそく「仮想環境」を構築しましょう。

図1.14　仮想環境

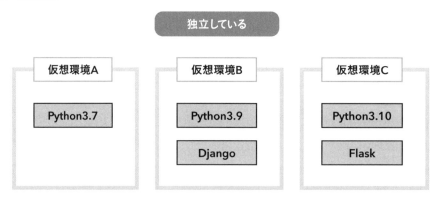

1-3-2 仮想環境の構築

仮想環境一覧

「コマンドプロンプト」の画面にて「conda env list」コマンドと入力後「Enter」キーをクリック

します。仮想環境の一覧が表示されます（**図1.15**）。「base」は「Miniconda」が用意しているデフォルトの仮想環境です。

図1.15 仮想環境一覧

仮想環境の作成

仮想環境を作成するには以下のコマンドを実行します。

```
conda create -n [name] python=[version]
```

[name]は、自分で名づける仮想環境名、[version]はPythonのバージョンを指定できます。今回は仮想環境名「flask_env」、Pythonのバージョン「3.10」で仮想環境を作成しました。「conda create -n flask_env python=3.10」と入力し、仮想環境を作成します（**図1.16**）。

図1.16 仮想環境の作成

Proceed([y]/[n])? と表示されたら、「y」を入力後「Enter」キーをクリックします。これで「仮想環境」が作成されました。作成されたことを「conda env list」コマンドで確認します（**図1.17**）。「flask_env」仮想環境が作成されたことを確認できます。

図1.17 仮想環境の作成確認1

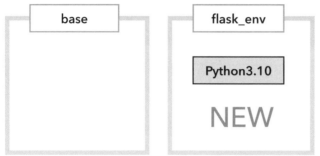

　練習のため、「conda create -n django_env python=3.9」コマンドを入力し、もう一つ仮想環境を作成しましょう（仮想環境名「django_env」、Pythonのバージョン「3.9」）。

　作成後「conda env list」コマンドで確認します。「django_env」仮想環境が作成されたことを確認できます（**図1.18**）。

図1.18 仮想環境の作成確認2

仮想環境の有効化

以下のコマンドで作成した仮想環境を有効化します。

```
conda activate [name]
```

[name]は、有効化したい仮想環境名を指定します。「conda activate django_env」コマンドを入力し、指定した「仮想環境」を有効化しましょう。行頭に（django_env）と指定した「仮想環境名」が付与されます（**図1.19**）。

図1.19 仮想環境の有効化

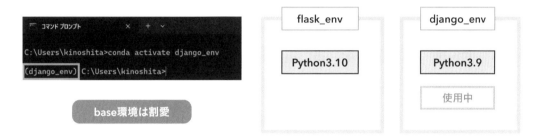

「仮想環境」に指定したPythonのバージョンを「python -V」コマンドを入力し、確認します（**図1.20**）。指定したPythonのバージョンがインストールされていることを確認できます。

図1.20 Pythonのバージョン確認

仮想環境の無効化

仮想環境を無効化する場合は以下のコマンドを入力します。

```
conda deactivate
```

「conda deactivate」コマンドを入力し、指定した「仮想環境」を無効化しましょう。行頭から「仮

想環境名」が取れ、仮想環境から抜けたことが確認できます（**図1.21**）。

図1.21 仮想環境の無効化

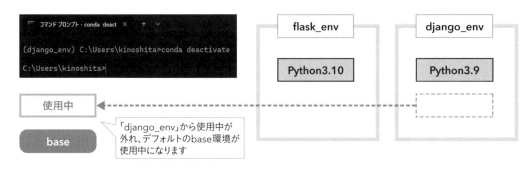

仮想環境の削除

使用しない仮想環境を削除する場合は以下のコマンドを入力します。

```
conda remove -n [name] --all
```

[name]は、削除したい仮想環境名を指定します。「conda remove -n django_env --all」コマンドを入力し、指定した「仮想環境」を削除しましょう。Proceed([y]/[n])? と表示されたら、「y」を入力します（**図1.22**）。これで「仮想環境」が削除されました。なお、削除したい「仮想環境」は、無効化されている必要があります。

図1.22 仮想環境の削除

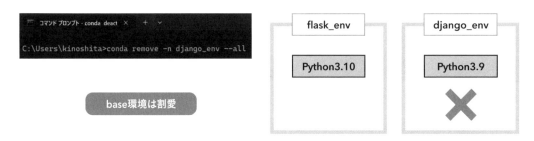

1-3-3 pipとcondaとは？

Flask「仮想環境」を構築する前に、「パッケージ管理コマンド」の「pip」と「conda」について説明します。

pip（ピップ）とconda（コンダ）

「環境構築」に必要な作業は、パッケージのダウンロード・インストール作業です。「パッケージ管理コマンド」とはパッケージのダウンロード・インストールを行うためのコマンドです。パッケージが沢山置かれている場所を「リポジトリ」と言います（**図1.23**）。pip（ピップ）はPythonのサードパーティーソフトウェアのPyPI（Python Package Index）からパッケージのダウンロード・インストールを行うためのパッケージ管理コマンドです。conda（コンダ）はAnaconda社が管理するリポジトリからパッケージのダウンロード・インストールを行うためのパッケージ管理コマンドです。

本書では、「パッケージ管理コマンド」は主に「pip」を使用します。

図1.23 パッケージ管理コマンドのイメージ

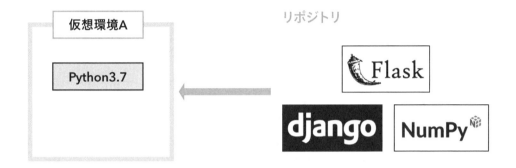

Flaskのインストール

「conda activate flask_env」コマンドを入力し、指定した仮想環境を有効にします。「flask_env」仮想環境が有効になったら、「python -V」コマンドを入力して、Pythonのバージョンを確認します（**図1.24**）。「flask_env」仮想環境に指定したPythonのバージョンが確認できます。

図1.24 仮想環境の有効化とPythonの確認

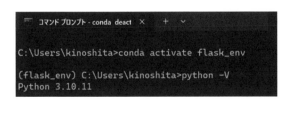

次にPythonパッケージのインストールを行うため以下のコマンドを入力します。

```
pip install [name]==バージョン
```

[name]は、インストール対象のPythonパッケージを指定します。「pip install flask==2.3.2」コマンドを入力し、指定した「仮想環境」に「Flask」を「リポジトリ」からダウンロードしてインストールします（**図1.25**）。

図1.25 **Flaskのインストール**

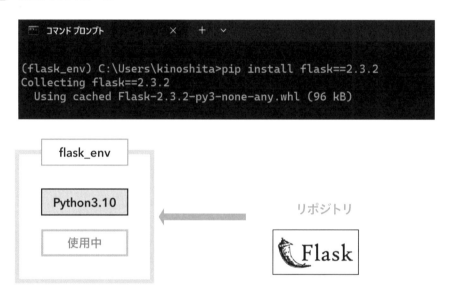

Flask開発用の「仮想環境」作成が完了しました。

次は、Pythonプログラムを実行するための開発用エディタ、Microsoftが提供する「Visual Studio Code」（以下、「VSCode」）の構築を行いましょう。今後は、「VSCode」上でターミナルを操作するので、「コマンドプロンプト」は終了してください。

1-4 開発環境を構築しよう (VSCode)

「VSCode」とは、正式には「Visual Studio Code」といい、Microsoft社が提供するコードエディターです。Windowsだけでなく、MacOSやLinuxにも対応しており、オープンソースソフトウェア(注4)であるため、どのOSでも無料でインストールすることができます。では、早速VSCodeのインストール方法を紹介しましょう。

1-4-1 VSCodeのインストール

以下にVSCodeのインストール手順を紹介します。

01 ダウンロード

ブラウザを立ち上げ、「VSCodeダウンロードサイト (https://code.visualstudio.com/)」を表示します。画面左側に「ご利用の環境向け」ダウンロード用ボタンが表示されています (本書の場合は「Download for Windows」)。このボタンをクリックするとダウンロードが始まります (**図 1.26**)。

ここでは「VSCodeUserSetup-x64-1.78.0.exe」がダウンロードされました。

図1.26 VSCodeのダウンロード

(注4) オープンソースとは、ソフトウェアのソースコードが公開されていて、誰でも自由に閲覧、変更、配布することができるライセンスのことを指します。

02 インストール

ダウンロードされた「VSCodeUserSetup-x64-1.78.0.exe」をダブルクリックします。「使用許諾契約書」が表示されます。よく読んで頂き、同意できる場合には「同意する」を選択し、「次へ」をクリックします（**図1.27**）。

図1.27 VSCodeのインストール①

インストール先の選択画面が表示されます。特に問題が無ければインストール先を変更せず「次へ」をクリックします。ここでは、「デフォルト」設定にしました。

Windowsのスタートメニューに「VSCode」のメニューを追加するかの選択画面が表示されます。追加する場合は「次へ」をクリックしてください。追加する必要がない場合は「スタートメニューフォルダを作成しない」にチェック後「次へ」をクリックしてください。

ここではチェックを入れずに次に進みました（**図1.28**）。

図1.28 VSCodeのインストール②

　追加の設定画面が表示されます。デフォルトで設定したい項目があればチェックをし、「次へ」をクリックします。ここでは、「全ての項目」にチェックをしました（**図1.29**）。

図1.29　VSCodeのインストール③

　確認画面が表示されます。インストールに問題なければ「インストール」をクリックします。
　インストールが開始され、その後セットアップウィザード完了画面が表示されます。ここでは、「Visual Studio Codeを実行する」にチェックをしました（**図1.30**）。「完了」をクリックし、インストールを完了させます。

図1.30　VSCodeのインストール④

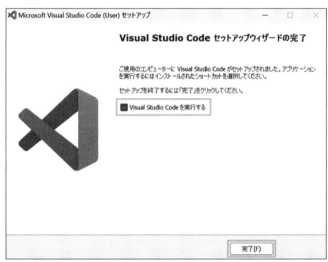

　「Visual Studio Codeを実行する」にチェックをしていたので、「VSCode」が実行され画面が表示されます。「Choose the look you want」（あなたが望む外観を選択してください）と表示され

ます。ここでは、見やすいように外観を「Light Modern」に選択しました（**図1.31**）。もし「外観」
を選択する画面が表示されない場合は、後ほど「外観」の設定方法を説明しますのでそちらを参
照ください。

図1.31 VSCodeの外観

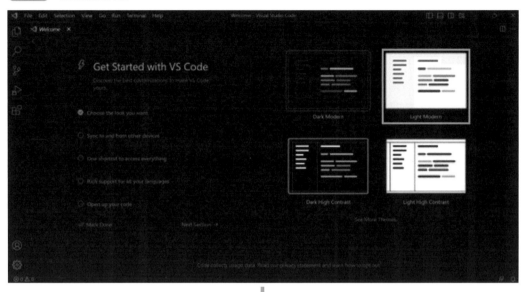

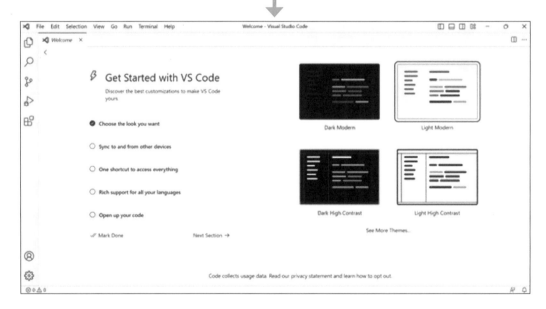

1-4-2 拡張機能の追加（Python他）

　拡張機能を利用するとVSCodeが単体ではサポートしていない機能を、後から追加することが
できます。VSCodeに便利な拡張機能を追加して、Flask開発を少しでも楽にするVSCodeを構築
しましょう。

日本語化

VSCodeを日本語化しましょう。「Japanese Language Pack for Visual Studio Code」を追加します。VSCode画面の「Extensions」ボタンをクリックし、「EXTENSIONS：MARKETPLACE」の検索バーに「japanese」と入力します。「Japanese Language Pack for Visual Studio Code」を選択し、「Install」ボタンをクリックします（図1.32）。

図1.32　日本語化①

右下に再起動を促す「ダイアログ」が表示されます。「Change Language and Restart」ボタンをクリックして、VSCodeを再起動することでVSCodeが日本語化されます（図1.33）。

図1.33　日本語化②

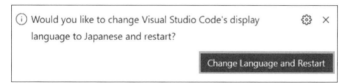

Python拡張機能

「Python拡張機能」を追加して、VSCodeでPythonを使えるようにしましょう。

VSCode画面の「拡張機能」ボタンをクリックし、「拡張機能：マーケットプレース」の検索バーに「Python」と入力します。「Python」を選択し、「インストール」ボタンをクリックします（図1.34）。

図1.34　Python拡張機能

Jinja拡張機能

「Jinja拡張機能」を追加して、Flaskのデフォルトテンプレートエンジン「Jinja2」の記法をハイライトして見やすくしましょう。

VSCode画面の「拡張機能」ボタンをクリックし、「拡張機能：マーケットプレース」の検索バーに「jinja」と入力します。「Better Jinja」を選択し、「インストール」ボタンをクリックします（図1.35）。

図1.35　Jinja拡張機能

エラー表示拡張機能

「エラー表示拡張機能」を追加して、エラー内容を見やすくしましょう。

プログラミング初心者の方は、エラー表示を見落としてしまうことが多いと思いますので是非追加してください。VSCode画面の「拡張機能」ボタンをクリックし、「拡張機能：マーケットプレース」の検索バーに「error」と入力します。「Error Lens」を選択し、「インストール」ボタンをクリックします（図1.36）。

図1.36　エラー表示拡張機能

これ以降は、各自が任意で拡張機能を追加するかどうかを決めてください。この後紹介する拡張機能をインストールしなくても、特に開発には問題ありません。

インデント調整拡張機能（任意）

インデントとは、プログラムのコードを構造的に整形するために、行の先頭にスペースやタブを挿入することを指します。インデントは、コードの読みやすさを向上させ、プログラムの構造

を視覚的に理解しやすくします。

　「インデント調整拡張機能」を追加することで、インデント調整の手間から解放されましょう。関数内の引数を改行した場合など、自動的にインデントを調整してくれます。VSCode画面の「拡張機能」ボタンをクリックし、「拡張機能：マーケットプレース」の検索バーに「indent」と入力します。「Python Indent」を選択して、「インストール」ボタンをクリックします（**図1.37**）。

図1.37　インデント調整拡張機能

インデント表示拡張機能（任意）

　「インデント表示拡張機能」を追加することで、インデントを見やすくすることができます。インデントの階層が深くなると、どこまで続いているかが分かりづらくなってしまいます。この拡張機能をインストールすれば、インデントの階層ごとに色分けしてくれます。

　VSCode画面の「拡張機能」ボタンをクリックし、「拡張機能：マーケットプレース」の検索バーに「indent」と入力します。「indent-rainbow」を選択し、「インストール」ボタンをクリックします（**図1.38**）。

図1.38　インデント表示拡張機能

アイコン表示拡張機能（任意）

　「アイコン表示拡張機能」を追加して、アイコン表示を変更し気分を変えましょう。

　VSCode画面の「拡張機能」ボタンをクリックし、「拡張機能：マーケットプレース」の検索バーに「material」と入力します。「Material Icon Theme」を選択し、「インストール」ボタンをクリックします（**図1.39**）。

　インストール後、「アイコンのテーマ選択」を促されますので、「Material Icon Theme」を選択

してください（**図1.40**）。

図1.39 アイコン表示拡張機能

図1.40 アイコンのテーマ選択

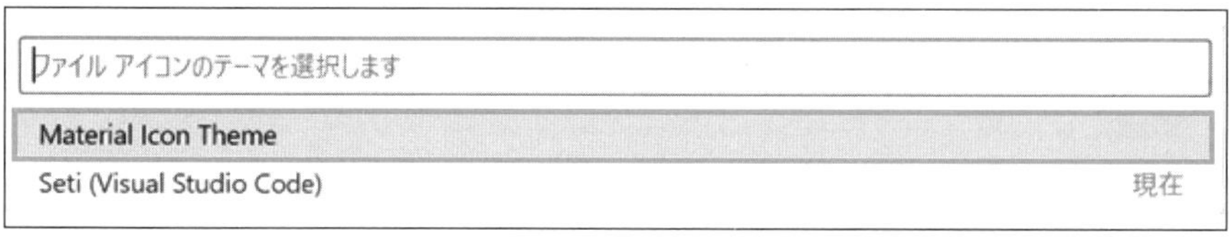

ファイル アイコンのテーマを選択します	
Material Icon Theme	
Seti (Visual Studio Code)	現在

1-4-3 ハンズオン環境の作成

01 ワークスペースを作成する

　任意の場所にハンズオンを実施する「ワークスペース（注5）」を作成してください。本書では「C:¥work_flask」としました。VSCodeの画面で、「ファイル→フォルダを開く」を選択し、作成したハンズオン用の「ワークスペース」を選択します。

　VSCodeでフォルダを開く、またはコードを実行しようとすると「Workspace Trust」画面が表示されることがあります。画面が表示された場合は、対象フォルダを信頼するかどうか聞かれるので「はい、作成者を信頼します」をクリックします。ここでは、「親フォルダも信頼する」に対してもチェックを入れました（**図1.41**）。

図1.41 Workspace Trust

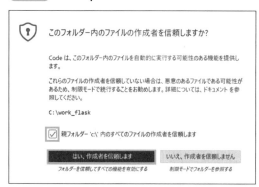

（注5）　ワークスペースとは、特定のタスクやプロジェクトを行うための環境のことを指します。

02 ターミナルを設定する

VSCode画面で、ヘッダーにある「ターミナル→新しいターミナル」を選択し、「ターミナル」
を開きます（**図1.42**）。もし、PowerShellがサポート対象でないメッセージがVSCode画面右下
に表示された場合は、「コマンドプロンプトの使用」をクリックしてください（**図1.43**）。

図1.42 ターミナルを開く

図1.43 ターミナル注意

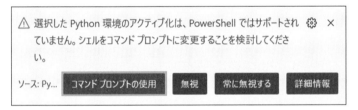

○ **コマンドプロンプトを設定する**

「ターミナル」画面、右端の「∨」をクリックし、表示される選択画面にて「Command Prompt」
を選択します。「コマンドプロンプト」が「ターミナル」に追加されます（**図1.44**）。

図1.44 コマンドプロンプト

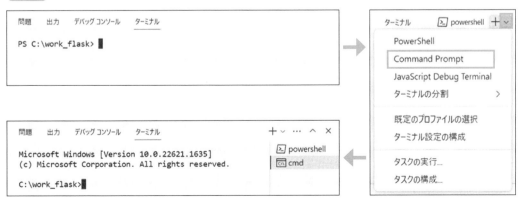

39

○ ターミナルを設定する

「コマンドプロンプト」を既定「ターミナル」に設定しましょう。ターミナル画面、右端の「∨」をクリックし、表示される選択画面にて「既定のプロファイルの選択」をクリックします。表示された「コマンドパレット」にて「Command Prompt」をクリックします。再度、ターミナル画面、右端の「∨」をクリックし、表示される選択画面上で「Command Prompt（既定値）」になっていることを確認できます（図1.45）。本書は「Windows」端末で講義を実施しています。そのため既定「ターミナル」に「コマンドプロンプト」を設定しましたが、読者の方の中には「Mac」端末などで本書を参照してくれている方もいると思います。その場合は、ご自身の使いやすい「ターミナル」を既定「ターミナル」に設定してください。

図1.45 既定ターミナル設定

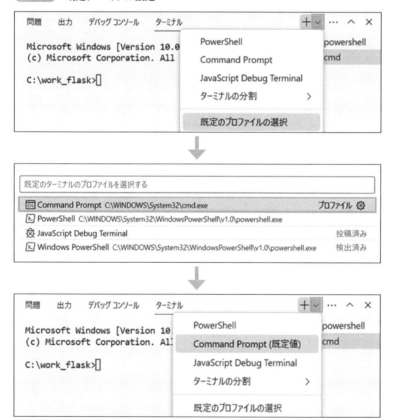

03 仮想環境を設定する

「ターミナル」で「conda activate flask_env」コマンドを入力し、先ほど自分で作成した「仮想環境」を有効化しましょう（図1.46）。これで、Flask学習をする準備が完了しました。

次章からは、Flaskの使い方について詳しく説明していきます（今後Flaskの学習をするときは、仮想環境「flask_env」を「activate」してから実施してください）。

「仮想環境」は作成することで、プロジェクトごとにライブラリのバージョン管理ができるため、

開発において非常に便利な機能です。読者の方が今後Flask以外のPythonプロジェクトを作成する場合でも、同様の手順で「仮想環境」を作成し、煩雑な環境構築管理から解放されてください。

図1.46 仮想環境有効化

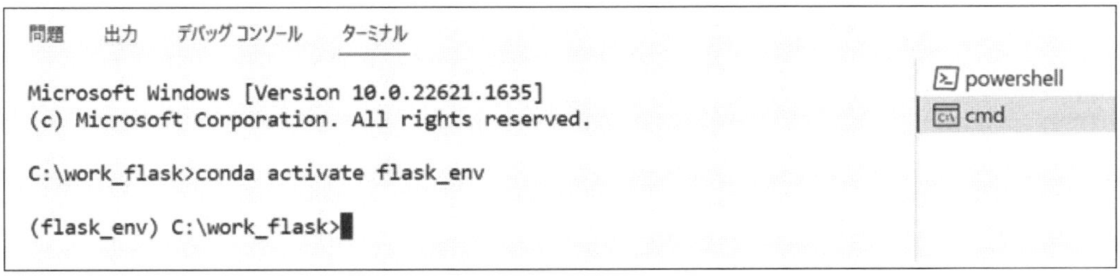

```
問題    出力    デバッグ コンソール    ターミナル

Microsoft Windows [Version 10.0.22621.1635]
(c) Microsoft Corporation. All rights reserved.

C:\work_flask>conda activate flask_env

(flask_env) C:\work_flask>
```

powershell
cmd

Column | **いつ仮想環境を有効化・無効化するのか？**

　VSCodeを閉じる前に、毎回「仮想環境」を「deactivate」して仮想環境を「無効化」する必要はありません。VSCodeは、次回開いたときに前回の作業状態を復元してくれるため、そのまま閉じても問題ありません。

　PCの電源を落とすと、仮想環境は自動的に閉じられます。次回PCを起動し、作業を再開する際には、「仮想環境」を再度「activate」しましょう。

　難しく考えてはいけません。「仮想環境」を「activate」して「仮想環境を有効化」して使用します。「別の仮想環境」を使用したい場合、「deactivate」して「仮想環境」から抜け出してから、「activate」して「別の仮想環境」に切り替えましょう。

　上記より、Flaskの学習を再開する際には「仮想環境」を再度「activate」して「仮想環境を有効化」することを忘れないようにしましょう。

04　配色テーマを変更する

　Flaskの学習において、VSCodeは長期的に使用する「相棒」です。学習意欲がわかない場合は、気分を変えるためにVSCodeの「配色テーマ」を変更してみましょう。

　VSCodeの画面左下にある「歯車」マークをクリックし、「テーマ→配色テーマ」を選択します（**図1.47**）。表示された「コマンドパレット」から好きなテーマをクリックすることで、VSCodeの「配色テーマ」を変更できます。

図1.47 配色テーマ

エンジニアで一番大事なスキルは調査能力です。「不明なことを調べる癖」を身につければITレベルは倍速で身に付きます。

今までは、インターネットの情報の海から自分が必要とする情報を自分で調査していました。情報の海から自分が納得する情報を取得するには、調査能力が必要でビギナーの方には敷居が高いです。それを解決する方法の1つとして、近年開発されたChatAIを利用して効率的な情報収集を実施しましょう。

ChatAIはユーザーの質問に対して直接的な回答を提供してくれます。これにより、情報を探す時間を大幅に短縮し、効率的に必要な情報を取得することができます。

注意点として、ChatAIは神様ではありません。間違えた解答を教えてくることも多々あります。あくまでもツールだということを認識し、使用する必要があります。ChatAIからの間違った内容を鵜呑みにし、ご自身で確認せずに内容を実行してしまい想定通りの結果が得られないことが、これからあると思います。しかし責任はChatAIにはありません。あくまでも責任は自分にあり、私達はツールとしてChatAIを使用しなければならないことを忘れないでください。

第 2 章

Flask に触れてみよう

Section 2-1 Flaskでハローワールドを作成しよう

Flaskの具体的な説明に入る前に、プログラム学習のはじめの一歩として、Flaskで「ハローワールド」を作成しましょう。自分で動くプログラムを作成してから、その仕組みについて学び、脳にインプットすることで、知識が定着しやすくなると個人的に思います。早速、最初のFlaskアプリケーション「ハローワールド」を作成しましょう。

2-1-1 ハローワールドの作成

☐ フォルダとファイルの作成

「1-4-3 ハンズオン環境の作成」で作成した「C:¥work_flask」ディレクトリに、今回作成するFlaskアプリ用のフォルダを作成します。

VSCode画面にて「新しいフォルダを作る」アイコンをクリックし、フォルダ「hello-sample」を作成します（**図2.1**）。

図2.1　フォルダの作成

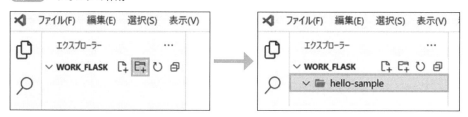

作成したフォルダを選択後「新しいファイルを作る」アイコンをクリックし、ファイル「app.py」を作成します（**図2.2**）。

図2.2　ファイルの作成

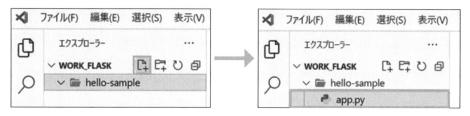

> **Column** | サンプルファイルを利用する場合
>
> 　「学習方法」としてお薦めする方法は、技術評論社の本書サポートページ（https://gihyo.jp/book/2023/978-4-297-13641-3/support）から、提供されている「リスト」をダウンロードして、ファイルに各リストを貼り付ける方法です。リストは動作確認済みです。まずはアプリケーションが動くことを確認し、その後、ご自身でコードについて学習することで、アプリケーションが動かないストレスから解放されます。「学習方法」の「効率的な方法」としてお話させて頂きました。

コードを書く

　作成した「app.py」に**リスト2.1**のコードを記述します[注1]。Windowsの場合「**Ctrl + S**」キーを押すことでファイルを保存できます。または**VSCode**画面ヘッダーにある、「ファイル→保存」でファイルを保存してください。

リスト2.1 **app.py**

```
001:  from flask import Flask
002:
003:  # ================================================
004:  # インスタンス生成
005:  # ================================================
006:  app = Flask(__name__)
007:
008:  # ================================================
009:  # ルーティング
010:  # ================================================
011:  @app.route('/')
012:  def hello_world():
013:      return '<h1>ハローワールド</h1>'
```

インタープリターを設定する

　インタープリターとは、プログラムをPCが解釈・実行できる形式に変換しながら同時に少しずつ実行していくソフトウェアのことです。
　VSCode画面で「app.py」を選択すると、画面右下に「Pythonインタープリター」が表示されます。もし、ご自身のVSCode画面でPythonインタープリターに「flask_env」仮想環境のPythonのバー

（**注1**）　ソースコードの説明は、プログラム作成後に行います。

ジョンが表示されていない場合は、Pythonインタープリターをクリックし、「インタープリター選択画面」で「flask_env」仮想環境のPythonを選択し、Pythonインタープリターを切り替えましょう（**図2.3**）。

図2.3 インタープリターの設定

実行する

「1-4-3 ハンズオン環境の作成」で作成したコマンドプロンプトの「ターミナル」を表示します。Windowsの場合「Ctrl + @」キーを押すことで「ターミナル」を表示できます。またはVSCode画面のヘッダー「ターミナル→新しいターミナル」をクリックして「ターミナル」を表示してください（**図2.4**）。

図2.4 ターミナル

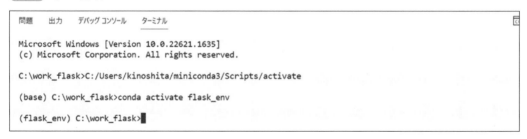

VSCode画面のターミナルで、仮想環境が「flask_env」になっていることを確認してください。Flaskアプリケーションを以下の3ステップで実行します。

① ターミナルに「cd hello-sample」コマンドを入力して、先ほど作成した「hello-sample」フォルダに移動します。
② 移動したら、ターミナルに「flask --app app run」コマンドを入力し、「Enter」キーを押すとアプリケーションが実行されます。

③ ターミナルに「http://127.0.0.1:5000」と表示され、「FlaskのWebサーバー」が起動したことが確認できます。

ターミナルに表示された「http://127.0.0.1:5000」の部分にマウスオーバーして、「Ctrlキー」を押しながら、マウスを左クリックすると、ブラウザが立ち上がり「ハローワールド」の文字が表示されます（図2.5）。

図2.5 表示

問題
出力
デバッグ コンソール
ターミナル
(flask_env) C:\work_flask>cd hello-sample
(flask_env) C:\work_flask\hello-sample>flask --app app run
* Serving Flask app 'app'
* Debug mode:
WARNING: This
リンクにアクセス (Ctrl + クリック)
Do not use it in a pr
* Running on http://127.0.0.1:5000
Press CTRL+C to quit
127.0.0.1:5000
ハローワールド

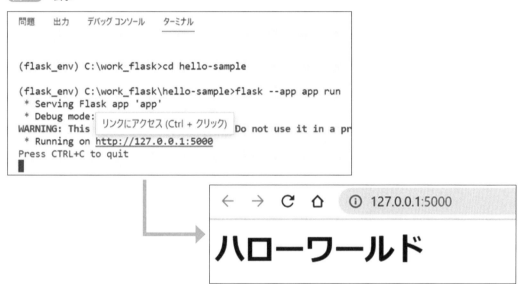

終了する

FlaskのWEBサーバーを終了する場合、ターミナル上で「Ctrl + C」コマンドを入力することで、終了できます（図2.6）。

図2.6 終了

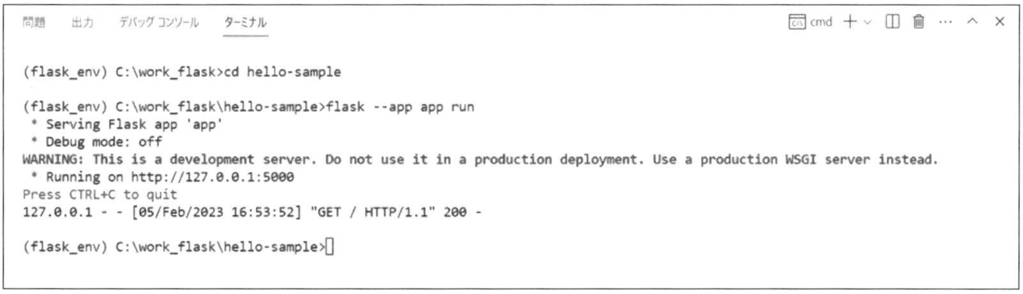

問題
出力
デバッグ コンソール
ターミナル
cmd
(flask_env) C:\work_flask>cd hello-sample
(flask_env) C:\work_flask\hello-sample>flask --app app run
* Serving Flask app 'app'
* Debug mode: off
WARNING: This is a development server. Do not use it in a production deployment. Use a production WSGI server instead.
* Running on http://127.0.0.1:5000
Press CTRL+C to quit
127.0.0.1 - - [05/Feb/2023 16:53:52] "GET / HTTP/1.1" 200 -
(flask_env) C:\work_flask\hello-sample>

あっという間に「ハローワールド」と表示するWEBアプリケーションを作成できました。では、このプログラムのソースコードを解説していきます。

ハローワールドを読み解く

app.pyを読み解く

先ほどの**リスト2.1**で紹介したプログラムを再び掲載します。

リスト2.1 app.py（再掲）

```
001:    from flask import Flask
002:
003:    # ================================================
004:    # インスタンス生成
005:    # ================================================
006:    app = Flask(__name__)
007:
008:    # ================================================
009:    # ルーティング
010:    # ================================================
011:    @app.route('/')
012:    def hello_world():
013:        return '<h1>ハローワールド</h1>'
```

1行目「from flask import Flask」は、flaskモジュール内にあるFlaskクラスを使用するという宣言です。モジュールとは、「.py」で書かれたファイルのことです。

6行目は、引数に「__name__」を渡して、「Flask」クラスのインスタンスを作成し、「app」変数に代入しています。「__name__」は、Flaskにアプリケーションの名前を伝えるために使用しています。これにより、Flaskはアプリケーションの設定やファイルの場所を正しく扱うことができます。

11行目はルーティングです。ルーティングについては、後ほど「2-2 ルーティングについて知ろう」で詳しく説明します。ここでは、「@app.route('/')」が「http://127.0.0.1:5000/」に結びついているとイメージしてください[注2]。

12行目〜13行目は「関数」です。つまり、ブラウザのURLに「http://127.0.0.1:5000/」を入力すると、「app.py」の12行目の「hello_world」関数が呼ばれます。

ターミナルで入力した「flask --app app run」を読み解く

「flask --app app run」コマンドを解説します（**図2.7**）。

（注2） 「127.0.0.1」は「ローカルループバックアドレス」と呼ばれ、「自分自身」つまり「使用しているPC自身」を指す特別な「IPアドレス」です。補足として、「localhost」という文字でも「使用しているPC自身」を参照できます。

図2.7　実行方法

```
問題    出力    デバッグ コンソール    ターミナル

(flask_env) C:\work_flask>cd hello-sample

(flask_env) C:\work_flask\hello-sample>flask --app app run
 * Serving Flask app 'app'
 * Debug mode: off
```

「flask run」は、Flaskで推奨されている実行方法です。オプションの「--app app」は、自分の
アプリケーションがどこにあるかをFlaskに伝えています。たとえば、実行するファイルが「hello.
py」であれば、「flask --app hello run」になります。この方法はFlaskのバージョン2.2から推奨
される実行方法です。

補足ですが、バージョン2.2より前の実行方法は、ターミナルにて「set FLASK_APP=hello」と
入力し、「FLASK_APP環境変数」に「hello.py」モジュールを指定してから、「flask run」と入力し
ます。

表2.1に、ターミナル環境別の設定コマンドを記述します。

表2.1　FLASK_APP

ターミナル	Bash	コマンドプロンプト	PowerShell
コマンド	export FLASK_APP=hello	set FLASK_APP=hello	$env:FLASK_APP = "hello"

詳細については、公式ページの以下箇所を参照してください。

- 公式サイト（バージョン2.3）

  https://flask.palletsprojects.com/en/2.3.x/quickstart/
- 公式サイト（バージョン2.1）

  https://flask.palletsprojects.com/en/2.1.x/quickstart/
- 日本語訳サイト（バージョン2.2）

  https://msiz07-flask-docs-ja.readthedocs.io/ja/2.2.2-docs-ja/quickstart.html
- 日本語訳サイト（バージョン2.0）

  https://msiz07-flask-docs-ja.readthedocs.io/ja/2.0.3-docs-ja/quickstart.html

ご自身の使用するFlaskのバージョンにあったドキュメントの参照をお願いします。「公式サイ
ト」と「日本語訳サイト」の違いは、情報の更新されるスピードです。「公式サイト」は「英語」で
記述されていますが、最新の情報が反映されています。「日本語訳サイト」は私達には読みやす
い「日本語」で記述されていますが、最新の情報が反映されるには時間が掛かります。

実行方法の「flask --app app run」は、Flaskのモジュール名が「app.py」や「wsgi.py」である場
合は、「--app」や「FLASK_APP環境変数」を使用してモジュールを指定する必要はありません。

今回、Flaskを実行するモジュール名が「app.py」だったため、本来は「--app」や「FLASK_APP環境変数」の設定は必要ありませんでしたが、説明のために設定させていただきました。公式サイト（バージョン2.3）にもその旨が記述されています。

2-1-3 実行方法の変更

　これまでの実行方法は、ターミナルから「flask run」コマンドを入力して、FlaskのWebサーバーを起動していました。**リスト2.1**で示した「app.py」の最終行に**リスト2.2**を追記し、ファイルを保存した後、起動方法を変更してFlaskのWebサーバーを起動してみましょう。

リスト2.2　app.pyへの追記

```
001:  # ===================================================
002:  # 実行
003:  # ===================================================
004:  if __name__ == '__main__':
005:      app.run()
```

　4行目「if __name__ == '__main__':」は「このプログラムが直接実行されたかどうか」を判定しています。Pythonの「__name__」は、Pythonスクリプトがどのように呼び出されたかを示す「特殊な変数」です。Pythonスクリプトを直接実行する場合は、「__name__」は「__main__」という値になります。一方、Pythonモジュールとして他のスクリプトからインポートされた場合は、「__name__」はインポートされた「モジュール名」になります。

　5行目の「app.run()」で「サーバー起動とアプリケーションの立ち上げ」を実施しています。

　実行方法を変えてアプリケーションを以下、2ステップで実行してみましょう（**図2.8**）。

① 「app.py」を「エクスプローラー」で選択し、マウスを右クリックします。するとダイアログが表示されます。
② 「ターミナルでPythonファイルを実行する」をクリックすると、FlaskのWebサーバーが起動されたことが表示されます。ターミナルの選択も自動的に「cmd」から「Python」に変更されます。

図2.8 実行方法の変更

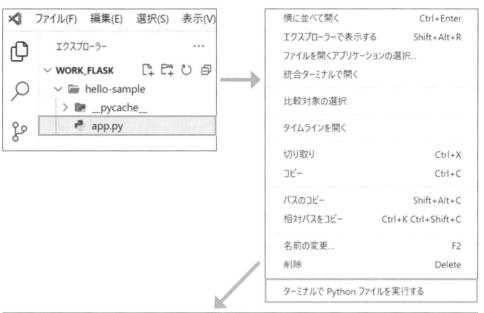

「app.run()」で使用している run関数の補足として、キーワード引数で「ホスト」「ポート番号」「デバッグモード」などの指定ができます[注3]。

【例】 app.run(host='http://127.0.0.1', port=8080, debug=True) と記述した場合

- app.run(host='http://127.0.0.1') ⇒ ホストを指定
- app.run(port=8080)　　　　　　 ⇒ ポート番号を指定（デフォルトでは5000）
- app.run(debug=True)　　　　　　 ⇒ デバッグモード実行

（注3） 「ホスト」とはサーバーのこと、「ポート番号」とはコンピュータが通信に使用するプログラムを識別するための番号です。デバッグモードについては後ほど詳しく説明します。

Column │ 自動保存を設定する

　VSCodeでファイルを毎回保存するのは面倒です。対策として、VSCode画面のヘッダー部分にあるファイルをクリックし、表示されるダイアログから「自動保存」をクリックしましょう（図2.A）。

　これで、作業中に毎回ファイルを保存する手間が省けます。ファイルが保存されていなくてアプリケーションが動作しないストレスから自分を助けましょう。

図2.A 自動保存

Section 2-2 ルーティングについて知ろう

「ルーティング」とは、「URL」と「処理」を関連付けることです。「Flaskのルーティング」では、「URL」と「関数」を紐付けます。ルーティングには、Pythonの機能である「デコレーター」を用いるため、まずはデコレーターについて説明します。

2-2-1 デコレーターとは？

デコレーターの概要

デコレーターとは「装飾する」という意味を持ちます。Pythonには「デコレーター」という機能があります。関数やクラス宣言の前に「@デコレーター名」を記述することで、既存の関数の中身を変更することなく、処理の追加や変更ができます（図2.9）。

図2.9 デコレーター

デコレーターを作成する

デコレーターを理解するために、実際にプログラムを作成してみましょう。

以下の手順に従って、VSCode画面にて「C:¥work_flask」配下に「decorator_sample.py」というファイルを作成します（図2.10）。

① 「WORK_FLASK」を選択し、ツリー表示が展開されたら、ツリー直下部分をクリックします。
② 「新しいファイルを作る」アイコンをクリックし、ファイル名を「decorator_sample.py」と入力します。

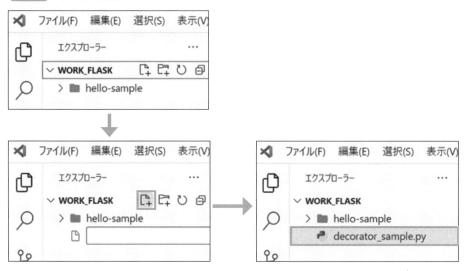

図2.10 ファイル作成

作成した「decorator_sample.py」に**リスト2.3**のコードを記述します。

リスト2.3 デコレーターその1

```
001:  # 関数a
002:  def a():
003:      print('Aです')
004:
005:  # 関数の実行
006:  a()
```

decorator_sample.pyを選択し、マウスを右クリックすると、ダイアログが表示されます。その中から「ターミナルでPythonファイルを実行する」をクリックします（**図2.11**）。プログラムが実行され、ターミナルに「Aです」と表示されます（**図2.12**）。このコードは、関数aを呼び出しているだけです。

図2.11 ファイルの実行

図2.12 実行結果

　Pythonでは、「関数を変数に代入する」ことができます。「decorator_sample.py」のコードを**リスト2.4**のコードに書き換えてから実行し、動作を確認してみましょう。

リスト2.4 デコレーターその2

```
001:    # 関数a
002:    def a():
003:        print('Aです')
004:
005:    # 関数b
006:    def b(func):
007:        print('===開始===')
008:        func()
009:        print('===終了===')
010:
011:    # 関数bの実行
012:    b(a)
```

6行目「def b(func)」の「func」はb関数に渡す「引数」です。つまり「変数」ですね。

12行目の「b(a)」は「b関数」に引数として「a関数」を渡して、「b関数」を実行しています。

8行目の「func( )」は、変数funcに「a関数」が入っているので、「func( )」はa関数を実行していることになります。ここで注目する点は2つです。

- 「変数」に「関数」を代入する時は、「関数」に「( )をつけない」
- 「変数」に代入された「関数」を実行する時は、「変数」の後ろに「( )を付ける」

プログラムの実行で表示された結果を**図2.13**に示します。

図2.13 関数実行その2

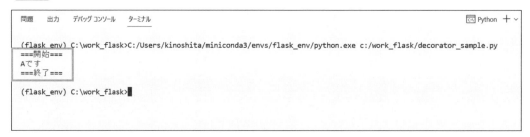

Pythonでは、「関数内関数」と呼ばれる関数を、他の関数の中に定義することができます。「decorator_sample.py」を**リスト2.5**のコードに書き換え実行し、動作を確認してみましょう。

リスト2.5 デコレーターその3

```
001:  # 関数outer
002:  def outer(func):
003:      # 関数内関数inner
004:      def inner():
005:          print('===開始===')
006:          func()
007:          print('===終了===')
008:      return inner
009:
010:  # 関数a
011:  def a():
012:      print('Aです')
013:
014:  # 関数の実行：戻り値は変数testへ
015:  test = outer(a)
016:  # 関数の実行
017:  test()
```

2行目〜8行目が関数「outer」になります。4行目〜7行目が関数内関数「inner」です。関数「outer」で注目する箇所は8行目のreturnで返す戻り値が関数「inner」になっていることです。

15行目の「test = outer(a)」は、戻り値として返ってきた関数「inner」を変数「test」に代入し、17行目の「test()」で関数「inner」を実行しています。

具体的な「デコレーター」処理は5行目と7行目です。理由は引数で渡されてくる「関数」を「装飾」しているからになります。

次に、関数宣言の前に「@デコレーター名」を記述して「デコレーター」を実行します。「decorator_sample.py」を**リスト2.6**のコードに書き換えて実行し、動作を確認してみましょう（**図2.14**）。

リスト2.6 デコレーターその4

```
001:  # 関数outer
002:  def outer(func):
003:      # 関数内関数inner
004:      def inner():
005:          print('===開始===')
006:          func()
007:          print('===終了===')
008:      return inner
009:
010:  # 関数a
011:  @outer
012:  def a():
013:      print('Aです')
```

```
014:
015:    # 関数b
016:    @outer
017:    def b():
018:        print('Bです')
019:
020:    # 関数の実行
021:    a()
022:    b()
```

　注目する箇所は11行目と16行目の関数宣言の前に付与された「@outer」です。「outer」は2行目で宣言している関数「outer」を示します。そのため21行目と22行目で「デコレーターが付与された関数」を実行すると、実行した関数は関数「outer」の「引数」に渡され、処理が「装飾」されます。

図2.14　関数実行その3

　関数やクラス宣言の前に「@デコレーター名」を記述することで、既存関数の中身を変更することなく、処理の追加や変更ができることを確認できました。また、「デコレーター」には「引数」も渡すことができます。「デコレーター」の説明の最後に、「引数」を渡す方法を理解しましょう。
　「decorator_sample.py」を**リスト2.7**のコードに書き換えて実行し、動作を確認してみましょう。

リスト2.7　デコレーターその5

```
001:    # 関数outer
002:    def outer(func):
003:        # 関数内関数inner
004:        def inner(*args, **kwargs):
005:            print('===開始===')
006:            func(*args, **kwargs)
007:            print('===終了===')
008:        return inner
009:
```

```
010:    # タプル
011:    nums = (10, 20, 30, 40)
012:    # 関数show_sum
013:    @outer
014:    def show_sum(nums):
015:        sum = 0
016:        for num in nums:
017:            sum += num
018:        print(sum)
019:
020:    # 辞書
021:    users = {'山田': 30, '田中': 40, '中村': 50}
022:    @outer
023:    def show_info(users):
024:        for name, age in users.items():
025:            print(f'名前:{name}, 年齢:{age}')
026:
027:    # 関数の実行
028:    show_sum(nums)
029:    show_info(users)
```

　注目する箇所は4行目と6行目の「引数(*args, **kwargs)」です。引数名の頭に「*」を付けると、任意の数の引数を指定することができます。これを「可変長引数」と言います。可変長引数には、「*」と「**」の2種類の指定方法があり、「*」が1つの*argsの場合は、引数が「タプル型」として扱われ、「*」が2つの**kwargsの場合は、引数が「辞書型」として扱われます。

　デコレーターへ渡すデータを作成している箇所が11行目と21行目で、11行目で「タプル型のデータ」を作成し、21行目で「辞書型のデータ」を作成しています。

　関数内関数の引数が「可変長引数」で設定されていることから、14行目のshow_sum関数で「タプル型」データを引数に渡された場合も、23行目のshow_info関数で「辞書型」データを引数に渡された場合も、「デコレーター」が実行されます。

　プログラムの実行で表示された結果を図2.15に示します。

図2.15　関数実行その4

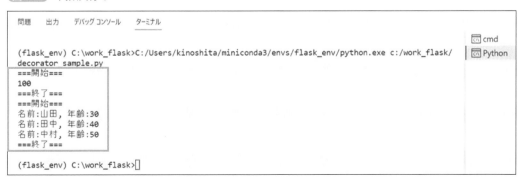

以上で「デコレーター」の説明は終わりです。次はいよいよ「Flaskのルーティング」について説明します。

2-2-2 ルーティングとは?

既にお話しした通り、ルーティングとは、「URL」と「処理」を紐づけることです。Flaskのルーティングは「URL」と「関数」を紐付けます。

☐ フォルダとファイルの作成

実際にルーティングのプログラムを作成して理解を深めましょう。

VSCode画面にて「新しいフォルダを作る」アイコンをクリックし、フォルダ「routing-sample」を作成します。作成したフォルダを選択後「新しいファイルを作る」アイコンをクリックし、ファイル「app.py」を作成します(**図2.16**)。

図2.16 フォルダとファイルの作成

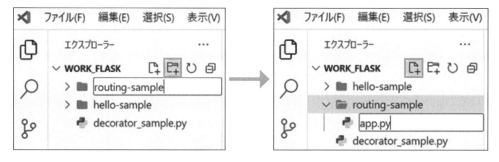

☐ コードを書く

作成した「app.py」に**リスト2.8**のコードを記述します。

リスト2.8 ルーティング

```
001:   from flask import Flask
002:
003:   # ================================================
004:   # インスタンス生成
005:   # ================================================
006:   app = Flask(__name__)
007:
008:   # ================================================
009:   # ルーティング
010:   # ================================================
011:   # TOPページ
```

```
012:    @app.route('/')
013:    def index():
014:        return '<h1>Topページ</h1>'
015:
016:    # 一覧
017:    @app.route('/list')
018:    def item_list():
019:        return '<h1>商品一覧ページ</h1>'
020:
021:    # 詳細
022:    @app.route('/detail')
023:    def item_detail():
024:        return '<h1>商品詳細ページ</h1>'
025:
026:    # ===================================================
027:    # 実行
028:    # ===================================================
029:    if __name__ == '__main__':
030:        app.run()
```

2

▼ Flask に触れてみよう

12行目、17行目、22行目では、「@app.route('URL')」という記述が関数宣言の前にあります。これは、6行目で作成したFlaskクラスのインスタンスが代入されているapp変数を使用して「デコレーター」を実行しています。デコレーターの内容は、引数で指定しているURLにアクセスされた場合、どの関数を実行するかを紐づけています。この紐づけを「ルーティング」と呼びます。

実行する

「app.py」を選択し、マウスを右クリックするとダイアログが表示されます。その中の「ターミナルでPythonファイルを実行する」をクリックすると、ターミナルにFlaskのWebサーバーが起動した旨が表示されます（**図2.17**）。

図2.17 実行

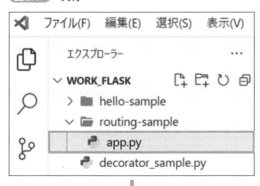

ルーティングの機能を確認するために、以下の手順を実行してください。

① ターミナルに記述されている「http://127.0.0.1:5000」の部分にマウスを合わせ、「Ctrlキー」を押しながらマウス左クリックすると、ブラウザが立ち上がり「Topページ」と表示されます。

② 続いて、ブラウザのアドレスバーに「http://127.0.0.1:5000/list」を入力し、「Enterキー」を押下すると、画面が切り替わり「商品一覧ページ」と表示されます。

③ 最後に、「http://127.0.0.1:5000/detail」をアドレスバーに入力し、「Enterキー」を押下すると、画面が切り替わり「商品詳細ページ」と表示されます。

Flaskにおいて、「http://127.0.0.1:5000」と「http://127.0.0.1:5000/」は、URLとしては異なるものですが、一般的には同じアプリケーションにアクセスすることができます。

URLと関数のマッピングを**表2.2**に、プログラムの動作イメージを**図2.18**に示します。

表2.2　マッピング（※）

番号	URL	@app.route	関数
①	http://127.0.0.1:5000/	/	index()
②	http://127.0.0.1:5000/list	/list	item_list()
③	http://127.0.0.1:5000/detail	/detail	item_detail()

※「127.0.0.1」は「自分自身」、つまり「使用しているPC自身」を指す特別なIPアドレスです。

図2.18　プログラム動作イメージ

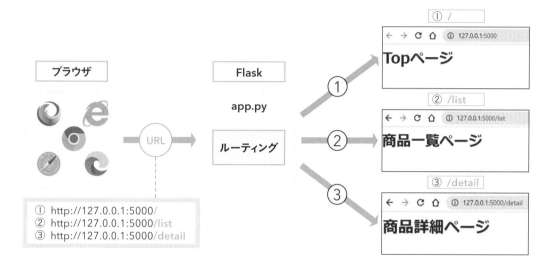

「ルーティング」について、イメージできましたか？

　次は「変数」を「URL」に付与して、ルーティングを動的に変える「動的ルーティング」について説明します。

2-3 動的ルーティングについて知ろう

「動的」とは、状態や構成が状況に応じて変化したり、状況に合わせて選択できたりする柔軟性を持っていることを指します。「動的ルーティング」とは、「変数」を「URL」に付与し、付与した「変数」に応じて処理内容を動的に変える「ルーティング方法」のことを言います。

2-3-1 動的ルーティングとは？

「動的ルーティング」とは、「変数」を「URL」に付与し、付与した変数に応じて処理内容を変えるルーティング方法のことです。URL内に<変数名>または<コンバーター:変数名>を指定することで、「URL変数」を設定することができます[注4]。「URL変数」とはURLに付与する変数で、関数に引数として渡すことができます。

表2.3に、コンバーターの一覧を示します。

表2.3 コンバーター一覧

コンバーター	内容
string	「/」以外のすべてを受け取る（デフォルト設定）
int	正の整数を受け取る
float	正の浮動小数点の値を受け取る
path	stringの内容に加え、「/」を受け取る
uuid	UUIDを受け取る※

※ UUIDはオブジェクトを一意に識別するためのもの

（注4） 「コンバーター」とは、「型を指定する機能」のことです。

2-3-2 動的ルーティングを試す

☐ フォルダとファイルの作成

動的ルーティングのプログラムを作成して、より深く理解しましょう。

VSCode画面で、「新しいフォルダを作る」アイコンをクリックし、フォルダ「dynamic-routing-sample」とします。作成したフォルダを選択後、「新しいファイルを作る」アイコンをクリックし、ファイル「app.py」を作成します（図2.19）。

図2.19 フォルダとファイルの作成

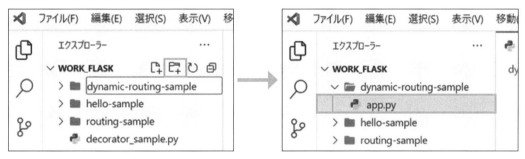

☐ コードを書く

作成した「app.py」にリスト2.9のコードを記述します。

リスト2.9 動的ルーティング

```
001:    from flask import Flask
002:
003:    # ===================================================
004:    # インスタンス生成
005:    # ===================================================
006:    app = Flask(__name__)
007:
008:    # ===================================================
009:    # ルーティング
010:    # ===================================================
011:    # コンバーターなし
012:    @app.route('/dynamic/<value>')
013:    def dynamic_default(value):
014:        print(f'型:{type(value)}, 値:{value}')
015:        return f'<h1>渡された値は「{value}」です</h1>'
016:
017:    # コンバーターあり
018:    @app.route('/dynamic2/<int:number>')
```

```
019:    def dynamic_converter(number):
020:        print(f'型:{type(number)}, 値:{number}')
021:        return f'<h1>渡された値は「{number}」です</h1>'
022:
023:    # コンバーターあり複数値渡し
024:    @app.route('/dynamic3/<value>/<int:number>')
025:    def dynamic_converter_multiple(value, number):
026:        print(f'型:{type(value)}, 値:{value}')
027:        print(f'型:{type(number)}, 値:{number}')
028:        return f'<h1>渡された値は「{value}と{number}」です</h1>'
029:    # ==================================================
030:    # 実行
031:    # ==================================================
032:    if __name__ == '__main__':
033:        app.run()
```

　12行目、18行目、24行目には関数宣言の前に「@app.route('URL')」を記述しています。URLの中に記述されている「<>」で囲まれた「URL変数」と、13行目、19行目、25行目に記述されている関数の「引数」である「変数名」を同じにすることで、「引数」が「URL」から「値」を受け取ることができます。

　14行目、20行目、26、27行目で使用している「type関数」は引数に指定したオブジェクトのデータ型を表す「型オブジェクト」を返す関数です。これを使用して、ターミナルに「URL変数」の型を表示することが可能です。

☐ 実行する

　作成した「app.py」を選択し、右クリックするとダイアログが表示されます。「ターミナルでPythonファイルを実行する」をクリックするとターミナルにFlaskのWebサーバーが起動された旨が表示されます。

　「動的ルーティング」の機能を確認するために、以下の手順を実行してください。

① ブラウザのアドレスバーに「http://127.0.0.1:5000/dynamic/aaa」を入力し、「Enterキー」をクリックすると画面が切り替わり、「渡された値「aaa」です」と表示されます。この時、「ターミナル」を確認すると「型:<class 'str'>, 値:aaa」と表示されています。「コンバーター」を指定していないので、デフォルトの「文字列型」に変換されています（**図2.20**）

図2.20 確認その1

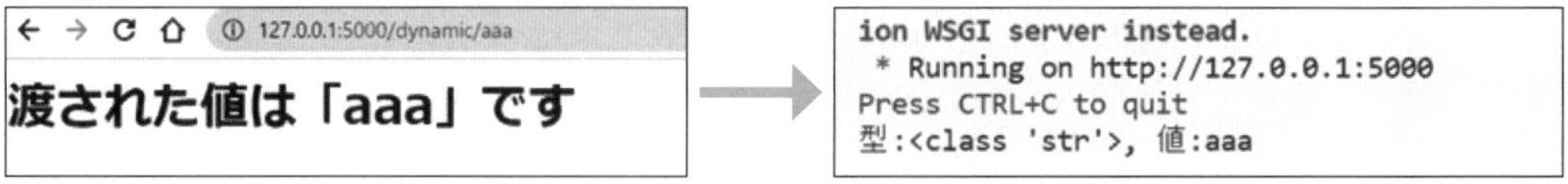

```
←  →  C  ⌂   ⓘ 127.0.0.1:5000/dynamic/aaa
```

渡された値は「aaa」です

```
ion WSGI server instead.
 * Running on http://127.0.0.1:5000
Press CTRL+C to quit
型:<class 'str'>, 値:aaa
```

② 同様に、「http://127.0.0.1:5000/dynamic2/999」を入力し、「Enterキー」をクリックすると画面が切り替わり、「渡された値「999」です」と表示されます。この時、「ターミナル」を確認すると「型:<class 'int'>, 値:999」と表示されています。「コンバーター」を「int」に指定しているので、「数値型」に変換されています（**図2.21**）

図2.21 確認その2

③ 最後に、「http://127.0.0.1:5000/dynamic3/123/456」をアドレスバーに入力し、「Enterキー」をクリックすると画面が切り替わり、同様に「渡された値は「123と456」です」と表示されます。この時、「ターミナル」を確認すると「型:<class 'str'>, 値:123」「型:<class 'int'>, 値:456」と表示されています。「コンバーター」を指定していない「デフォルト」と「int」に指定しているので、「文字列型」と「数値型」に変換されていることが確認できます（**図2.22**）

図2.22 確認その3

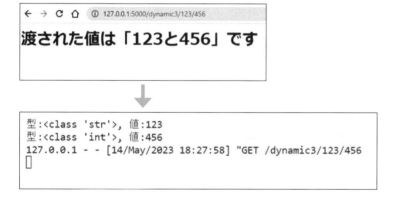

　もしコンバーターと違う型の値を「URL変数」に渡した場合、Flaskは「404エラー」を返します。「404エラー」とは、Webページが見つからないことを示す「HTTPステータスコード」です。このエラーが発生すると、ブラウザに「404 Not Found」というメッセージが表示されます。このエラーが発生する原因は様々ですが、一般的に以下のようなものが考えられます。

- URLが間違っている。
- サイトがアップグレードされ、ページが移動または削除された。
- サイトの構成が変更された。

Webアプリケーション開発では「HTTPステータスコード」は必須知識のため説明します。

○ HTTPステータスコード

HTTPリクエストを受信したWebサーバーからのレスポンスの状態を示します。ステータスコードは3桁の数字で表され、それぞれの数字の範囲に応じて、リクエストが成功したかどうか、またはエラーが発生したかどうかなどを示します。

HTTPステータスコードには、主に以下の5つのグループがあります[1]。

- 1xx（情報）：リクエストを受け取り、処理を継続していることを示す。
- 2xx（成功）：リクエストを正常に処理したことを示す。
- 3xx（リダイレクト）：ブラウザに追加のアクションを取るよう指示する。
- 4xx（クライアントエラー）：クライアント側に問題があることを示す。
- 5xx（サーバーエラー）：サーバー側に問題があることを示す。

「HTTPステータスコード」は、Webサイトの開発やデバッグにおいて非常に重要な役割を果たします。正しいステータスコードを返すことで、ユーザーに適切なエラーメッセージを表示することができます。また、SEOにも影響するため、正しいステータスコードの返却が望まれます[2]。

「HTTPステータスコード」の例として、「200：OK」があります。これはリクエストが成功したことを示します。他には、「404：Not Found」要求されたリソースが存在しない場合に返されます。また、「500：Internal Server Error」サーバー側の問題が発生した場合に返されます。読者の皆さんもプログラムを書いていたら一度は目にしたことがあるのではないでしょうか。

これらのステータスコードは、Webサイトの開発者がより効果的に問題を解決し、開発プロセスをスムーズに進めることを可能にします。

※1 「xx」には様々な数値が入ります。
※2 SEO（Search Engine Optimization）とは、ウェブサイトやウェブページを検索エンジンに最適化することで、自然検索において上位に表示されることを目的としたマーケティング手法の一つです。

Jinja2 に触れてみよう

Section 3-1 テンプレートエンジンについて知ろう

この章では、Flaskのデフォルトの「テンプレートエンジン」である「Jinja2」について説明します。Flaskは「Jinja2」を組み込んでいるため、特別なインストール作業は必要ありません。豆知識として、読み方の由来は「テンプレート → テンプル → 神社（じんじゃ）」だそうです。まずは「テンプレートエンジン」について説明します。

3-1-1 テンプレートエンジンとは？

「MVTモデル」のTに当たる「Template（テンプレート）」は、ユーザーに結果をどのように表示するかなど、結果データをもとにHTMLを生成してクライアントにレスポンスを返す役割を担います。

テンプレートエンジンとは、プログラム言語ごとにたくさんありますが、簡単に説明すると、「データとあらかじめ定義されたテンプレート（ひな型）をバインド（関連付け）して、Templateへの表示を助けるもの」です[注1]。

テンプレートエンジンを使用することで、Web開発者は同じデザインを使用して複数のページを生成することができます。テンプレートエンジンは、Webアプリケーション開発者にとって非常に便利なツールであり、効率的なWebアプリケーション開発を支援します（**図3.1**）。

図3.1 「テンプレートエンジン」のイメージ

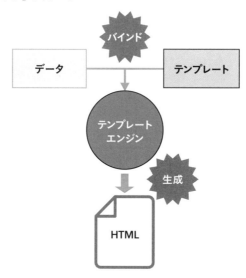

（注1）　バインドとは、何らかの要素やデータ、ファイルなどを相互に関連付けることを言います。

3-1-2 Jinja2を使用したプログラムの作成

■ フォルダとファイルの作成

「Jinja2」を使用したプログラムを作成して、より深く理解しましょう。

まず、「VSCode」の画面で「新しいフォルダを作る」アイコンをクリックし、フォルダ「templates-sample」を作成します。その後、作成したフォルダを選択し、「新しいファイルを作る」アイコンをクリックして、ファイル「app.py」を作成します（**図3.2**）。

図3.2 フォルダとファイルの作成

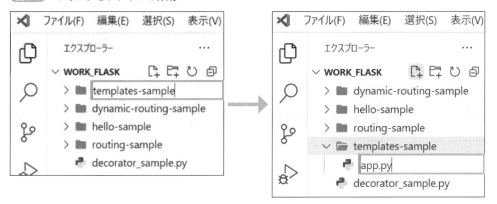

■ コードを書く

app.pyに**リスト3.1**のコードを記述します。

リスト3.1 app.py

```
001:  from flask import Flask, render_template
002:
003:  # ==================================================
004:  # インスタンス生成
005:  # ==================================================
006:  app = Flask(__name__)
007:
008:  # ==================================================
009:  # ルーティング
010:  # ==================================================
011:  # TOPページ
012:  @app.route('/')
013:  def index():
014:      return render_template('top.html')
015:
016:  # 一覧
017:  @app.route('/list')
```

```
018:    def item_list():
019:        return render_template('list.html')
020:
021:    # 詳細
022:    @app.route('/detail')
023:    def item_detail():
024:        return render_template('detail.html')
025:
026:    # ================================================
027:    # 実行
028:    # ================================================
029:    if __name__ == '__main__':
030:        app.run()
```

　1行目で「render_template」関数を使用する為にimportしています。

　14、19、24行目の「render_template」関数は、「引数」に渡している「HTMLファイル」を表示します。表示するHTMLファイルはデフォルトでアプリケーションのpythonファイル（ここでは「app.py」）と同じ階層に「templates」というフォルダを作成して、ファルダ内に設置する必要があります。

☐ templatesフォルダを作成する

　「templates-sample」という名前のフォルダを選択し、「新しいフォルダを作る」アイコンをクリックして、「templates」という名前のフォルダを作成します。作成したフォルダを選択した後、「新しいファイルを作る」アイコンをクリックして、「top.html」、「list.html」、「detail.html」という名前のファイルを作成します（**図3.3**）。

図3.3 templatesフォルダ

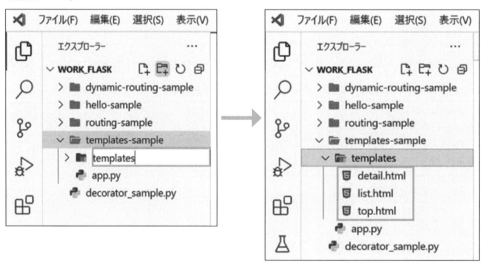

作成したtop.html、list.html、detail.htmlにそれぞれ以下のコードを記述します（**リスト3.2
～リスト3.4**）。

リスト3.2 **top.html**

```
001:  <!DOCTYPE html>
002:  <html lang="ja">
003:  <head>
004:      <meta charset="UTF-8" />
005:      <title>TOP</title>
006:  </head>
007:  <body>
008:      <h1>トップ：画面</h1>
009:      <hr />
010:  </body>
011:  </html>
```

リスト3.3 **list.html**

```
001:  <!DOCTYPE html>
002:  <html lang="ja">
003:  <head>
004:      <meta charset="UTF-8">
005:      <title>LIST</title>
006:  </head>
007:  <body>
008:      <h1>商品一覧：画面</h1>
009:      <hr>
010:  </body>
011:  </html>
```

リスト3.4 **detail.html**

```
001:  <!DOCTYPE html>
002:  <html lang="ja">
003:  <head>
004:      <meta charset="UTF-8">
005:      <title>DETAIL</title>
006:  </head>
007:  <body>
008:      <h1>商品詳細：画面</h1>
009:      <hr>
010:  </body>
011:  </html>
```

実行する

app.pyを選択し、マウスを右クリックするとダイアログが表示されます。その中の「ターミナルでPythonファイルを実行する」をクリックすると、ターミナルにFlaskのWebサーバーが起動した旨が表示されます。

「Jinja2」の動きを確認するために、以下の手順を実行してください。

① 「http://127.0.0.1:5000」の部分にマウスを合わせ、「Ctrlキー」を押しながら左クリックすると、ブラウザが立ち上がり「トップ：画面」と表示されます。

② 続いて、ブラウザのアドレスバーに「http://127.0.0.1:5000/list」を入力し、「Enterキー」を押下すると、画面が切り替わり「商品一覧：画面」と表示されます。

③ 最後に、「http://127.0.0.1:5000/detail」をアドレスバーに入力し、「Enterキー」を押下すると、画面が切り替わり「商品詳細：画面」と表示されます。

プログラムの動作イメージを**図3.4**に示します。なお、アプリケーションを終了するには、「Ctrl＋C」でサーバーを止めてください。

図3.4 実行イメージ

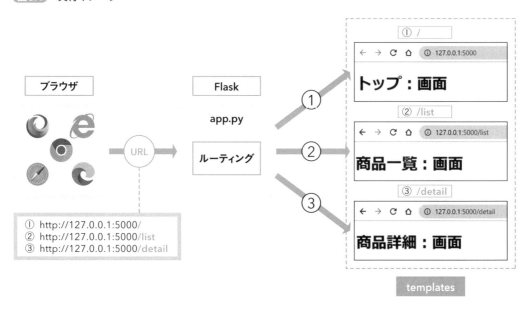

「render_template」関数を使用して「テンプレート」を表示する動きが確認できました。「Jinja2」の強力な機能として「テンプレートの継承」があります。「継承」機能を利用することで、「共通部分」を1つのファイルに記述し、複数のテンプレートで共有することができます。次は「テンプレートの継承」について説明します。

Section 3-2 テンプレートの継承について知ろう

前節で作成したプログラム内の「テンプレート」部分に相当する「top.html」、「list.html」、「detail.html」はデザインが似ています。これらの共通部分を「テンプレートの継承」を使用して作成しましょう。

3-2-1 extendsとblockとは？

「テンプレートの継承」には、「継承元」と「継承先」という関係があります（**図3.5**）。「継承元」とは、ベースとなる「テンプレート」のことです。「継承先」とは、「継承元」の「共通部分」を引き継いだ「テンプレート」のことです。

図3.5 継承元と継承先のイメージ

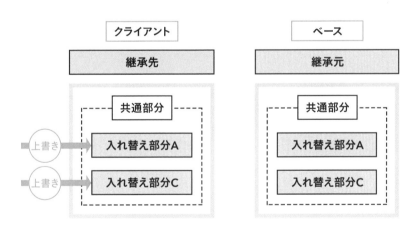

「継承元」の作成

フォルダ「templates」を選択後、「新しいファイルを作る」アイコンをクリックし、ファイル「base.html」を作成します（**図3.6**）。作成したbase.htmlに**リスト3.5**を記述します。

図3.6 継承元

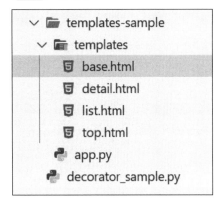

リスト3.5 base.html

```
001:  <!DOCTYPE html>
002:  <html lang="ja">
003:  <head>
004:      <meta charset="UTF-8">
005:      <title>{% block title %}タイトル{% endblock %}</title>
006:  </head>
007:  <body>
008:      {% block header %}ヘッダー{% endblock %}
009:      {% block content %}内容{% endblock %}
010:      <hr>
011:      {% block footer %}<a href="/">TOP画面へ</a>{% endblock %}
012:  </body>
013:  </html>
```

　5行目、8行目、9行目、11行目の「{% block 名前 %}{% endblock %}」は、「入れ替え部分」になります。

　使用方法を以下に記述します。

○ 継承元（ベース）

```
{% block 任意の名前 %}

{% endblock %}
```

○ 継承先（引継ぎ）

```
{% extends 継承元のファイル名 %}

{% block 任意の名前 %}
    # 継承元の内容を上書き
{% endblock %}
```

「継承先」の修正

top.html、list.html、detail.htmlのコードをそれぞれ以下のリストに修正します（**リスト3.6～リスト3.8**）。

リスト3.6　**top.html**

```
001:   {% extends "base.html" %}
002:
003:   {% block title %}TOP{% endblock %}
004:
005:   {% block header %}<h1>トップ：画面</h1>{% endblock %}
006:
007:   {% block content %}<a href="/list">商品一覧画面へ</a>{% endblock %}
008:
009:   {% block footer %}{% endblock %}
```

リスト3.7　**list.html**

```
001:   {% extends "base.html" %}
002:   {% block title %}LIST{% endblock %}
003:
004:   {% block header %}<h1>商品一覧：画面</h1>{% endblock %}
005:
006:   {% block content %}
007:   <table border="1">
008:       <thead>
009:           <tr><th>商品ID</th><th>商品名</th></tr>
010:       </thead>
011:       <tbody>
012:           <tr><td>1</td><td>団子</td></tr>
013:           <tr><td><a href="/detail">2<a></td><td>肉まん</td></tr>
014:           <tr><td>3</td><td>どら焼き</td></tr>
015:       </tbody>
016:   </table>
017:   {% endblock %}
```

リスト3.8　**detail.html**

```
001:   {% extends "base.html" %}
002:
003:   {% block title %}DETAIL{% endblock %}
004:
005:   {% block header %}<h1>商品詳細：画面</h1>{% endblock %}
006:
007:   {% block content %}
```

```
008:    <table border="1">
009:        <tr><td>商品ID</td><td>2</td></tr>
010:        <tr><td>商品名</td><td>肉まん</td></tr>
011:    </table>
012:    {% endblock %}
013:
014:    {% block footer %}<a href="/list">商品一覧画面へ</a>{% endblock %}
```

　リスト**3.6**、リスト**3.7**、リスト**3.8**の1行目「{% extends 継承元のファイル %}」で「継承元」で設定されている「共通部分」を継承しています。各テンプレートファイルの「{% block 名前 %}要素{% endblock %}」の「要素」が「継承元」の内容を再定義し、上書きしています。再定義をしなければ、「継承元」の内容がそのまま使用されます。

☐ 実行する

　app.pyを選択し、マウスを右クリックするとダイアログが表示されます。その中の「ターミナルでPythonファイルを実行する」をクリックすると、ターミナルにFlaskのWebサーバーが起動した旨が表示されます。
　「継承」の動きを確認するために、以下の手順を実行してください。

① 「http://127.0.0.1:5000」の部分にマウスを合わせ、「Ctrlキー」を押しながら左クリックすると、ブラウザが立ち上がり「トップ：画面」と表示されます。
② 表示された画面の「商品一覧画面へ」リンクをクリックすると、「商品一覧」画面が表示されます。
③ 一覧表示の商品ID「2」がリンクになっているので、クリックすると「商品詳細」画面が表示されます。

　「継承元」から「共通部分」を「継承」し、必要に応じて内容を上書きできる「テンプレートの継承」をイメージできましたでしょうか？
　プログラムの動作イメージを図**3.7**に示します。

図3.7 継承を使用

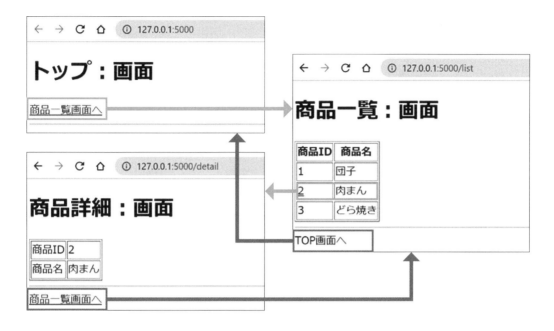

テンプレートの継承のメリット

「テンプレートの継承」のメリットは主に以下の3点です。

- DRY（Don't Repeat Yourself）原則に基づき、複数のテンプレートに同じHTMLを記述する必要がなくなります[注2]。
- コードの保守性が向上し、同じ部分を持つテンプレートを一箇所で修正できます。
- スマートなテンプレートの作成が可能です。共通部分を親テンプレートとして定義し、個別ページごとに子テンプレートを作成することができます。

3-2-2 url_forとは？

「url_for」関数は、「Flask」アプリケーション内で使用される便利な関数であり、「URL」を生成します。この関数は、「Flask」の「route」デコレーターで定義された関数名を引数として渡すことで、そのビュー関数に対応する「URL」を生成することができます。
「url_for」関数の動作イメージを**図3.8**に示します。

（注2） DRY（Don't Repeat Yourself）原則は、簡単に言うと「同じことを二度やらない」という考え方です。これは何かを作るときに、同じことを何度も繰り返すのではなく、それを一度やって終わらせ、必要なときにそれを使い回す、というアイデアを示します。

図3.8 「**url_for**」関数

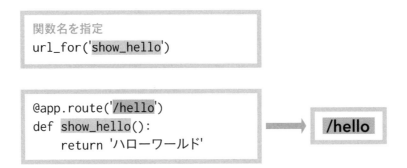

☐ フォルダとファイルの作成

実際に「url_for」関数を使用したプログラムを作成して理解を深めましょう。VSCode画面にて「新しいフォルダを作る」アイコンをクリックし、フォルダ「url_for-sample」を作成します。作成したフォルダを選択後「新しいファイルを作る」アイコンをクリックし、ファイル「app.py」を作成します（**図3.9**）。

図3.9 フォルダとファイル

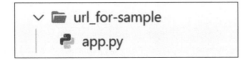

☐ コードを書く

作成したapp.pyに**リスト3.9**のコードを記述します。

リスト3.9 **app.py**

```
001:   from flask import Flask, url_for
002:
003:   # ===================================================
004:   # インスタンス生成
005:   # ===================================================
006:   app = Flask(__name__)
007:
008:   # ===================================================
009:   # ルーティング
010:   # ===================================================
011:   @app.route('/')
012:   def show_index():
```

```
013:         return 'Indexページ'
014:
015:     @app.route('/hello/')
016:     @app.route('/hello/<name>')
017:     def show_hello(name=None):
018:         return f'Hello, {name}'
019:
020:     # =====================================================
021:     # 実行
022:     # =====================================================
023:     if __name__ == '__main__':
024:         with app.test_request_context():
025:             print(url_for('show_index'))
026:             print(url_for('show_hello'))
027:             print(url_for('show_hello', name='tarou'))
```

1行目で「url_for」関数を使用するためにインポートします。

15行目〜16行目では、ルーティング「/hello/」と「/hello/<name>」が「show_hello」関数に紐づいていることを意味しています。

24行目の「app.test_request_context()」は、リクエストコンテキストをPUSHするために使用する関数です。簡単に言うと、「リクエスト関連のテストができる」ようになります。

25行目〜27行目では、「url_for」関数を使用しています。27行目の「url_for('show_hello', name='tarou')」は、第一引数で「ビュー関数名」を指定し、第二引数に「name='tarou'」を指定することで、16行目の「動的ルーティング」を呼び出しています。

実行する

app.pyを選択し、マウスを右クリックすると、ダイアログが表示されます。「ターミナルでPythonファイルを実行する」をクリックすると「ターミナル」にURL「/」、「/hello/」、「/hello/tarou」が表示されます（**図3.10**）。

図3.10 ターミナル

```
(flask_env) C:\work_flask>C:/Users/kinoshita/miniconda3/envs/flask_env/python.exe c:/work_flask/url_for-sample/app.py
/
/hello/
/hello/tarou
```

テンプレートで「url_for」関数を使用する

テンプレート側でも「url_for」関数を「{{ }}」で囲むことで使用することができます。
以下に使用方法を記述します。

○ テンプレート上で使用する

```
<a  href="{{ url_for('関数名') }}">遷移先名</a>
```

前回作成したプロジェクトtemplates-sampleに対して、「url_for」関数を使用してみましょう。ファイルbase.htmlの「{% block footer %}」箇所を**リスト3.10**に、top.htmlの「{% block content %}」箇所を**リスト3.11**に、list.htmlの\<tbody\>要素箇所を**リスト3.12**にそれぞれ書き換えます。

リスト3.10 base.html

```
001:   {% block footer %}<a href="{{ url_for('index')}}">TOP画面へ</a>{% endblock %}
```

リスト3.11 top.html

```
001:   {% block content %}
002:       <a href="{{ url_for('item_list')}}">商品一覧画面へ</a>
003:   {% endblock %}
```

リスト3.12 list.html

```
001:   <tbody>
002:          <tr><td>1</td><td>団子</td></tr>
003:          <tr><a href="{{ url_for('item_detail')}}">2</a></td><td>肉まん</td></tr>
004:          <tr><td>3</td><td>どら焼き</td></tr>
005:   </tbody>
```

リスト3.10～**リスト3.12**で使用している「url_for」関数の「引数」に指定するのは「URL」ではなく「関数名」です。「url_for」関数を使用するメリットは、もし仕様変更などで「URL」を変更しなければならない場合、変更対象の「URL」リンクを使用している箇所を全て修正する必要があります。しかし、「url_for(関数名)」で「ページ遷移」するようにしておけば、「URL」を変更しなければならない場合でも、ソースコードを修正する必要がありません。

「url_for」関数に「値」を渡す

ファイルlist.htmlの\<tbody\>要素箇所を**リスト3.13**に書き換えます。「url_for」関数の「第二引数」に渡したい値を記述します。2行目～4行目の「id=値」は変数「id」に対して「値」を代入しているとイメージしてください。

リスト3.13　list.html

```
001:   <tbody>
002:       <tr><td><a href="{{ url_for('item_detail', id=1)}}">1</a></td><td>団子</td></tr>
003:       <tr><td><a href="{{ url_for('item_detail', id=2)}}">2</a></td><td>肉まん</td></tr>
004:       <tr><td><a href="{{ url_for('item_detail', id=3)}}">3</a></td><td>どら焼き</td></tr>
005:   </tbody>
```

　ファイルapp.pyの「item_detail」関数を**リスト3.14**の内容に書き換えます。**リスト3.14**の1行目「動的ルーティング」で使用している「URL変数」と2行目で記述されている「item_detail」関数の「引数」を**リスト3.13**で指定している「url_for」関数の「第二引数」で指定している「変数：id」と同じにすることで「値」が渡せます。

　リスト3.14の3行目の「render_template」関数の「第二引数」以降に「テンプレート」側で使用する「値」を「変数名=値」のように記述します。ここでは「テンプレート」側で使える変数は「show_id」になります。「render_template」関数については後ほど詳細に説明します。

リスト3.14　app.py

```
001:   @app.route('/detail/<int:id>')
002:   def item_detail(id):
003:       return render_template('detail.html', show_id=id)
```

　ファイルdetail.htmlの「{% block content %}」内を**リスト3.15**に書き換えます。**リスト3.15**の3行目と4行目の「{{show_id}}」は、**リスト3.14**の「render_template」関数の「第二引数」として設定した変数「show_id」を表します。「Jinja2」では、変数を「{{}}」で囲むことで、その変数の中身を表示することができます。

リスト3.15　detail.html

```
001:   {% block content %}
002:   <table border="1">
003:       <tr><td>商品ID：</td><td>{{show_id}}</td></tr>
004:       <tr><td>商品名：</td><td>アイテム-{{show_id}}</td></tr>
005:   </table>
006:   {% endblock %}
```

　ファイルdetail.htmlの「{% block footer %}」内を**リスト3.16**に書き換えます。2行目の「{{ super() }}」は、「継承先」テンプレートで「継承元」テンプレートのブロック内の「内容」を出力したい場合に使用します（**図3.11**）。

3

▼ Jinja2に触れてみよう

リスト 3.16 detail.html その2

```
001:   {% block footer %}
002:       {{ super() }}
003:       <a href="{{ url_for('item_list')}}">一覧画面へ</a>
004:   {% endblock %}
```

図 3.11 super()

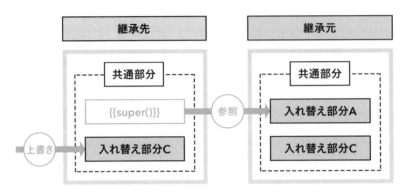

実行する

　プロジェクト templates-sample 内の app.py を選択し、右クリックするとダイアログが表示されます。その中から「ターミナルで Python ファイルを実行する」をクリックすると、ターミナルに「Flask の Web サーバー」が起動した旨が表示されます。「url_for」関数と「render_template」関数の動きを確認するために、以下の手順を実行してください。

① 「http://127.0.0.1:5000」の部分にマウスを合わせ、「Ctrl キー」を押しながら左クリックすると、ブラウザが起動し、「トップ：画面」と表示されます。
② 表示された画面の「商品一覧画面へ」リンクをクリックすると、「商品一覧」画面が表示されます。
③ 一覧表示の「商品 ID」の「1〜3」のリンクをクリックすると、各「商品詳細」画面が表示されます。
④ 「商品詳細」画面の「一覧画面へ」リンクをクリックすると、「商品一覧」画面が表示されます。
⑤ 「商品一覧」画面の「TOP 画面へ」リンクをクリックすると、「TOP」画面が表示されます。

　「url_for」関数と「render_template」関数の動きをイメージできたでしょうか？ 大分アプリケーションの実行方法に慣れてきたと思いますので、以降「Flask」ファイルの実行方法については、詳細には記述しません。

図3.12　値渡し

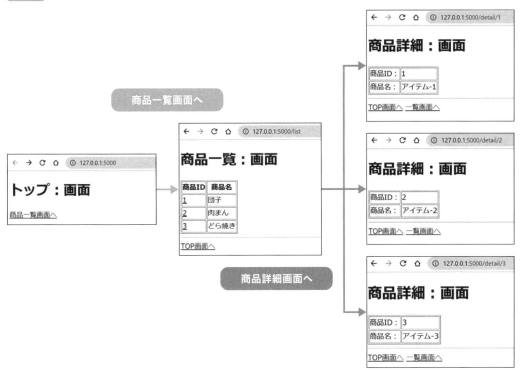

3-2-3　render_templateの活用

　リスト3.14では、「render_template」関数を使用して1つの値を「テンプレート」に渡す方法を学びました。ここでは、さまざまな値を渡してみましょう。準備として、プロジェクトtemplates-sample内にあるtemplatesフォルダ内に「jinja」という名前のフォルダを作成します（**図3.13**）。

図3.13　フォルダを作成

■「複数の値」を渡す

　ファイルapp.pyの「ルーティング」の続きに**リスト3.17**を追記します。「render_template」関数の第一引数にフォルダ「templates」を起点した「パス」を記述します。第二引数以降に「変数名＝値」を複数指定できます。複数指定する場合は「,（カンマ）」で繋げます。

リスト3.17 app.py

```
001:    # render_templateで値を渡す
002:    @app.route("/multiple")
003:    def show_jinja_multiple():
004:        word1 = "テンプレートエンジン"
005:        word2 = "神社"
006:        return render_template('jinja/show1.html', temp= word1, jinja = word2)
```

フォルダjinjaにファイルbase2.htmlを作成し**リスト3.18**を記述します。

リスト3.18 base2.html

```
001:    <!DOCTYPE html>
002:    <html lang="ja">
003:    <head>
004:        <meta charset="UTF-8">
005:        <title>{% block title %}タイトル{% endblock %}</title>
006:    </head>
007:    <body>
008:        {% block header %}ヘッダー{% endblock %}
009:        <hr>
010:        {% block content %}内容{% endblock %}
011:    </body>
012:    </html>
```

リスト**3.18**のソースコード説明は、「3-2-1　extendsとblockとは?」で説明した内容になりますので割愛します。

次にフォルダjinjaにファイルshow1.htmlを作成し、**リスト3.19**を記述します(**図3.14**)。

図3.14 フォルダとファイルの作成

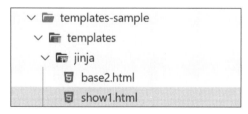

リスト3.19 show1.html

```
001:    {% extends "jinja/base2.html" %}
002:    {% block title %}render_template{% endblock %}
003:    {% block header %}<h1>値渡し:複数</h1>{% endblock %}
004:    {% block content %}
005:        <h1>{{temp}}は{{jinja}}</h1>
006:    {% endblock %}
```

1行目の「extends」では、「テンプレートを継承」しています。継承するファイルのパスは、フォルダ「templates」をルートとしてパスを記述します。今回の継承テンプレートは、先ほど作成したフォルダjinja配下のファイルbase2.htmlです。

5行目の「{{temp}}」と「{{jinja}}」は、**リスト3.17**の「render_template」関数の「第二引数以降」で設定した「変数」になります。

app.pyを実行してURL「http://127.0.0.1:5000/multiple」をブラウザのアドレスバーに入力してください。「render_template」関数を使用して「複数の値」を渡し、テンプレートで表示することができました（**図3.15**）。

図3.15　複数値渡し

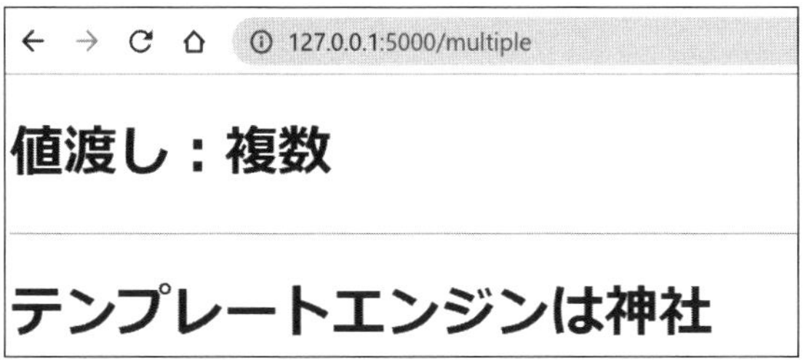

「辞書型」で値を渡す

ファイルapp.pyの「ルーティング」の続きに**リスト3.20**を追記します。4行目〜7行目で「辞書型の値」を作成し、8行目で「変数名＝値」の形で渡しています。

リスト3.20　app.py

```
001:    # render_templateで値を渡す「辞書型」
002:    @app.route("/dict")
003:    def show_jinja_dict():
004:        words = {
005:            'temp' : "てんぷれーとえんじん",
006:            'jinja' : "ジンジャ"
007:        }
008:        return render_template('jinja/show2.html', key = words)
```

フォルダjinjaにファイルshow2.htmlを作成し**リスト3.21**を記述します。

8行目では、「辞書型」に格納された値を取得するために、「{{key}}」を使用しています。

11行目では、「辞書型」に格納された値を取得するために、「{{ 変数名.キー名 }}」を使用しています。

13行目では、「辞書型」に格納された値を取得するためのもう一つの方法として、「{{ 変数名['キー名'] }}」を使用しています。

　show2.html

```
001:   {% extends "jinja/base2.html" %}
002:
003:   {% block title %}render_template{% endblock %}
004:
005:   {% block header %}<h1>値渡し：辞書型</h1>{% endblock %}
006:
007:   {% block content %}
008:       <h1>{{key}}</h1>
009:       <hr>
010:       <h2>「.」で表示</h2>
011:       <p>{{key.temp}}は{{key.jinja}}</p>
012:       <h2>「[]」で表示</h2>
013:       <p>{{key['temp']}}は{{key['jinja']}}</p>
014:   {% endblock %}
```

　app.pyを実行してURL「http://127.0.0.1:5000/dict」をブラウザのアドレスバーに入力してください。「render_template」関数を使用して「辞書型」の値を渡し、テンプレートで表示することができました（**図3.16**）。

図3.16　辞書型で値渡し

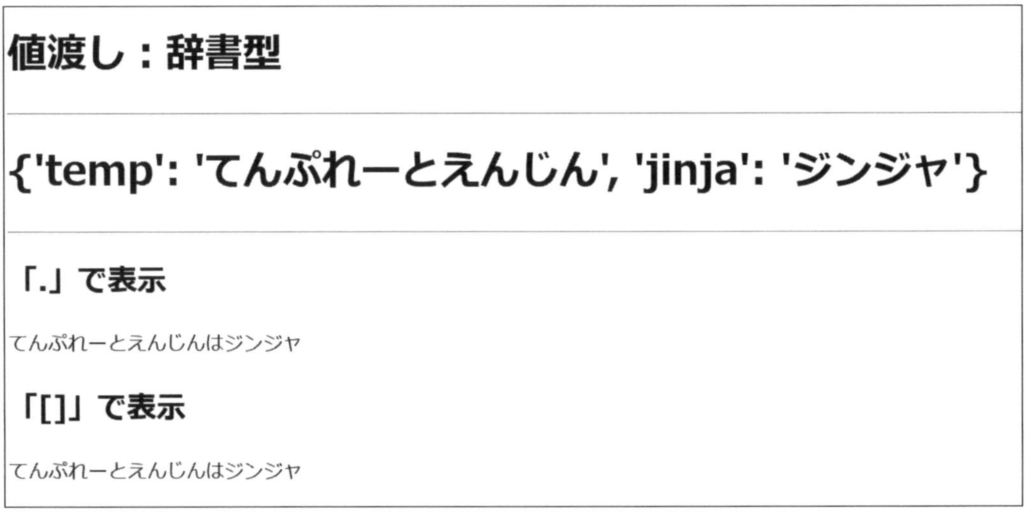

値渡し：辞書型

{'temp': 'てんぷれーとえんじん', 'jinja': 'ジンジャ'}

「.」で表示

てんぷれーとえんじんはジンジャ

「[]」で表示

てんぷれーとえんじんはジンジャ

☐ 「リスト」で値を渡す

　ファイルapp.pyの「ルーティング」の続きに**リスト3.22**を追記します。4行目でリスト型の値を作成し、5行目で「変数名＝値」の形で渡しています。

リスト3.22　app.py

```
001:  # render_templateで値を渡す「リスト型」
002:  @app.route("/list2")
003:  def show_jinja_list():
004:      hero_list = ['桃太郎', '金太郎', '浦島タロウ']
005:      return render_template('jinja/show3.html', users = hero_list)
```

　フォルダjinjaにファイルshow3.htmlを作成し、**リスト3.23**を記述します。

　8行目「リスト型」に入っている値を確認するために、**リスト3.22**でリスト値が格納された「{{ users }}」を使用しています。

　12行目〜14行目では、「リスト型」に入っている各要素を取得するために、「{{ 変数名.インデックス番号 }}」と記述します。

　18行目〜20行目の処理は、12行目〜14行目と同様です。「{{ 変数名['インデックス番号'] }}」と記述すると「リスト型」に入っている各要素を取得できます。

リスト3.23　show3.html

```
001:  {% extends "jinja/base2.html" %}
002:
003:  {% block title %}render_template{% endblock %}
004:
005:  {% block header %}<h1>値渡し：リスト型</h1>{% endblock %}
006:
007:  {% block content %}
008:      <h1>{{users}}</h1>
009:      <hr>
010:      <h3>インデックスで取得「.」</h3>
011:      <ol>
012:          <li>{{ users.0 }}</li>
013:          <li>{{ users.1 }}</li>
014:          <li>{{ users.2 }}</li>
015:      </ol>
016:      <h3>インデックスで取得「[]」</h3>
017:      <ol>
018:          <li>{{ users[0] }}</li>
019:          <li>{{ users[1] }}</li>
020:          <li>{{ users[2] }}</li>
021:      </ol>
022:  {% endblock %}
```

　app.pyを実行してURL「http://127.0.0.1:5000/list2」をブラウザのアドレスバーに入力してください。

　「render_template」関数を使用して「リスト型」の値を渡し、テンプレートで表示することができました（**図3.17**）。

図3.17 リスト型で値渡し

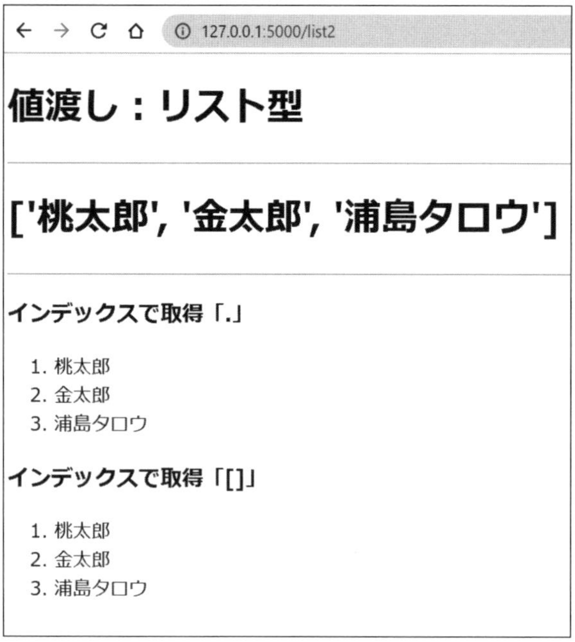

「クラス」で値を渡す

ファイルapp.pyの「ルーティング」の続きに**リスト3.24**を追記します。

2行目〜9行目でクラス「Hero」を定義しています。8行目の「__str__」関数は、オブジェクトを文字列で表現するPythonの特殊メソッドです。

13行目でクラス「Hero」をインスタンス化し、14行目で「変数名＝値」の形で渡しています。

リスト3.24 app.py

```
001:    # render_templateで値を渡す「クラス」
002:    class Hero:
003:        # コンストラクタ
004:        def __init__(self, name, age):
005:            self.name = name
006:            self.age = age
007:        # 表示用関数
008:        def __str__(self):
009:            return f'名前：{self.name} 年齢：{self.age}'
010:
011:    @app.route("/class")
012:    def show_jinja_class():
013:        hana = Hero('花咲かじいさん', 99)
014:        return render_template('jinja/show4.html', user = hana)
```

　フォルダjinjaにファイルshow4.htmlを作成し、**リスト3.25**を記述します。

　8行目は、**リスト3.24**で値を詰めた「クラス」の中身を確認するために、「{{ user }}」を使用しています。

　12行目と13行目では、「{{ 変数名.プロパティ }}」とすることで、「クラス」に詰めた値を取り出すことができます。

　17行目と18行目の処理は、12行目〜13行目と同様です。「{{ 変数名['プロパティ'] }}」とすることで、「クラス」に詰めた値を取り出すことができます。

リスト3.25 show4.html

```
001: {% extends "jinja/base2.html" %}
002:
003: {% block title %}render_template{% endblock %}
004:
005: {% block header %}<h1>値渡し：クラス型</h1>{% endblock %}
006:
007: {% block content %}
008:     <h1>{{user}}</h1>
009:     <hr>
010:     <h3>「.」で取得</h3>
011:     <ul>
012:         <li>{{ user.name }}</li>
013:         <li>{{ user.age }}</li>
014:     </ul>
015:     <h3>「[]」で取得</h3>
016:     <ul>
017:         <li>{{ user['name'] }}</li>
018:         <li>{{ user['age'] }}</li>
019:     </ul>
020: {% endblock %}
```

　app.pyを実行してURL「http://127.0.0.1:5000/class」をブラウザのアドレスバーに入力してください。

　「render_template」関数を使用して「クラス」の値を渡し、テンプレートで表示することができました（**図3.18**）。

図3.18 クラスで値渡し

Column | Jinja2のextendsとblockを使用するメリット

Jinja2のextendsとblockを使用するメリットは以下3点です。

- コードの再利用
  extendsとblockを使用すると、一般的なレイアウト（たとえばヘッダーやフッターなど）を一度だけ定義し、それを他のテンプレートで再利用することができます。これにより、同じコードを何度も書く必要がなくなります。
- 一貫性の維持
  レイアウトを一元化することで、サイト全体の一貫性を維持することが容易になります。たとえば、ヘッダーのデザインを変更したい場合、一つのテンプレートを変更するだけで、すべてのテンプレートに反映されます。
- 可読性と保守性の向上
  テンプレートが継承とブロックを使用して構造化されていると、コードはより読みやすく、理解しやすくなります。

テンプレートで
制御文を使おう

テンプレートエンジン「**jinja2**」で「値」を取得するには値が格納された変数名を「**{{ }}**」で囲むのでした。値取得以外にも「**jinja2**」では「制御文」を記述することができます。まずはテンプレートで制御文「繰り返し」を使用してみましょう。

3-3-1 テンプレートで「繰り返し」の使用

「jinja2」で制御文「繰り返し」を使用するには、「{% for 要素 in 繰り返しデータ %}」と「{% endfor %}」で文を囲んで記述します。

○ **リスト型/タプル型**

```
{% for colour in colour_list %}
    <p>{{ colour }}</p>
{% endfor %}
```

○ **辞書型**

```
{% for key in dict_data %}
    <p>{{ key }} : {{ dict_data[key] }}</p>
{% endfor %}
```

○ **辞書型のitems()はキーと値を同時に取り出す**

```
{% for key, value in dict_data.items() %}
    <p>{{ key }} : {{ value }}</p>
{% endfor %}
```

app.pyへの追加

プロジェクトtemplates-sample配下のファイルapp.pyの「ルーティング」の続きに、**リスト3.26**を追記します。

93

リスト3.26 app.py

```
001:  # ▼▼▼▼▼ ここから【制御文】▼▼▼▼▼
002:  #「商品」クラス
003:  class Item:
004:      # コンストラクタ
005:      def __init__(self, id, name):
006:          self.id = id
007:          self.name = name
008:      # 表示用関数
009:      def __str__(self):
010:          return f'商品ID:{self.id} 商品名:{self.name}'
011:
012:  # 繰り返し
013:  @app.route("/for_list")
014:  def show_for_list():
015:      item_list = [Item(1,"ダンゴ"), Item(2,"にくまん"), Item(3,"ドラ焼き")]
016:      return render_template('for_list.html', items = item_list)
```

2行目〜10行目でクラス「Item」を定義しています。

15行目でクラス「Item」のインスタンスを「リスト」に詰め、16行目で「変数名 = 値」の形で渡しています。

テンプレートの作成

リスト3.7で作成したlist.htmlをコピーして「テンプレート」を作成しましょう。フォルダ「templates」内のファイルlist.htmlを選択しマウスを右クリックし、表示するダイアログで「コピー」をクリックします。

フォルダ「templates」を選択しマウスを右クリックして表示されるダイアログで「貼り付け」をクリックし、フォルダ「templates」内にファイル「list copy.html」が作成されます（**図3.19**）。

図3.19 ファイルコピー

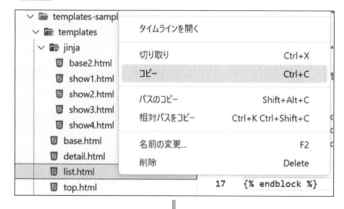

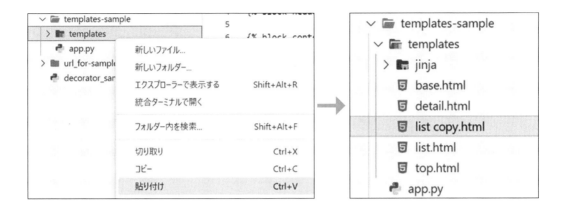

ファイルlist copy.htmlの名前を「for_list.html」に変更します（**図3.20**）。

図3.20　ファイル名変更

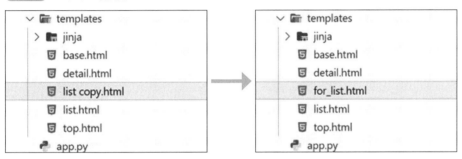

　ファイルfor_list.htmlの<tbody>要素箇所を**リスト3.27**に書き換えます。

　2行目「{% for item in items %}」、7行目の「{% endfor %}」で囲まれている3行目～6行目が繰り返される内容になります。2行目「items」は**リスト3.26**で渡されている「リスト」になり、「item」は「リスト」の「要素」になります。ここでは、リスト「items」から1つずつ「要素」を取り出して「item」に代入しています。動的に画面を変更したいため、「url_for」の第二引数で値「item.id」をURL変数「id」に渡しています（**図3.21**）。

リスト3.27　for_list.html

```
001:    <tbody>
002:        {% for item in items %}
003:        <tr>
004:            <td><a href="{{ url_for('item_detail', id=item.id)}}">{{item.id}}</
                a></td>
005:            <td>{{item.name}}</td>
006:        </tr>
007:        {% endfor %}
008:    </tbody>
```

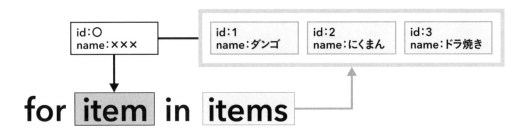

図3.21 forのイメージ

画面がわかりやすくなるように、表示部分を変えておきましょう。ファイルfor_list.htmlの「{% block header %}」をリスト3.28に書き換えます。

リスト3.28 for_list.html

```
001:  {% block header %}<h1>(動的)商品一覧：画面</h1>{% endblock %}
```

▢ 実行する

app.pyを実行してURL「http://127.0.0.1:5000/for_list」をブラウザのアドレスバーに入力してください。

「jinja2」で制御文「繰り返し」を実行できました（図3.22）。

図3.22 繰り返し

3-3-2 テンプレートで「条件分岐」の使用

「jinja2」で制御文「条件分岐（if文）」を使用するには、「{% if 条件式 %}」と「{% endif %}」で文を囲んで記述します。

if文なのでelif文、else文も使用できます。

○ 条件分岐

```
{% if color == 'red' %}
    <p>色は赤色です</p>
{% elif color == 'blue' %}
    <p>色は青色です</p>
{% elif color == 'yellow' %}
    <p>色は黄色です</p>
{% else %}
    <p>色は赤青黄色以外です</p>
{% endif %}
```

▢ app.pyへの追加

ファイルapp.pyの「ルーティング」の続きに、**リスト3.29**を追記します。

リスト3.29 **app.py**

```
001:    # 条件分岐
002:    @app.route('/if_detail/<int:id>')
003:    def show_if_detail(id):
004:        item_list = [Item(1,"ダンゴ"), Item(2,"にくまん"), Item(3,"ドラ焼き")]
005:        return render_template('if_detail.html', show_id=id, items = item_list)
```

5行目で「変数名＝値」の形で、2行目「URL変数」で渡されてきた値と4行目で作成した「リスト」を渡しています。

▢ テンプレートの作成

フォルダtemplates内にファイルif_detail.htmlを作成し、**リスト3.30**を記述します。

リスト3.30 **if_detail.html**

```
001:    {% extends "base.html" %}
002:
003:    {% block title %}DETAIL{% endblock %}
004:
005:    {% block header %}<h1>(動的)商品詳細：画面</h1>{% endblock %}
006:
007:    {% block content %}
008:    <table border="1">
009:        {% for item in items %}
010:            {% if show_id==item.id %}
011:                <tr><td>商品ID：</td><td>{{item.id}}</td></tr>
012:                <tr><td>商品名：</td><td>{{item.name}}</td></tr>
```

```
013:        {% endif %}
014:     {% endfor %}
015:   </table>
016:   {% endblock %}
017:
018:   {% block footer %}
019:     {{ super() }}
020:     <a href="{{ url_for('show_for_list')}}">(動的)一覧画面へ</a>
021:   {% endblock %}
```

10行目の「{% if show_id==item.id %}」は条件です。**リスト3.29**で渡されてきた値「show_id」
と繰り返される要素「item.id」が同じだった場合に、11行目、12行目の内容が表示されます。

☐ 各「画面」からの連携

ファイルfor_list.htmlの「url_for」箇所を**リスト3.31**に、ファイルtop.htmlの「{% block
content %}」内を**リスト3.32**に書き換えます。

リスト3.31 for_list.html

```
001:   <td><a href="{{ url_for('show_if_detail', id=item.id)}}">{{item.id}}</a></td>
```

リスト3.32 top.html

```
001:   {% block content %}
002:     <a href="{{ url_for('item_list')}}">商品一覧画面へ</a>
003:     <br>
004:     <a href="{{ url_for('show_for_list')}}">(動的)商品一覧画面へ</a>
005:   {% endblock %}
```

☐ 実行する

app.pyを実行してURL「http://127.0.0.1:5000」をブラウザのアドレスバーに入力してください。
表示された「トップ」画面の「(動的)商品一覧画面へ」をクリックし「(動的)商品一覧」画面へ移
動します。「(動的)商品一覧：画面」の各「商品ID」をクリックし、「(動的)商品詳細：画面」を
表示します。「jinja2」で制御文「条件分岐(if文)」を実行できました(**図3.23**)。

図3.23　条件分岐

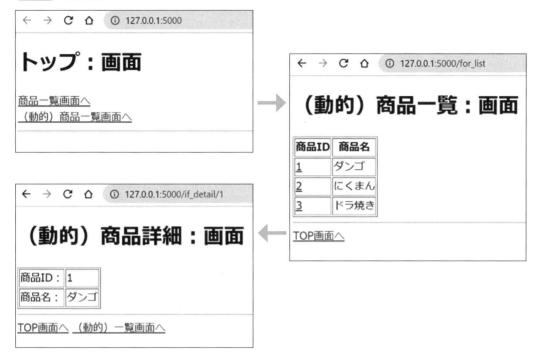

3-3-3　テンプレートで「条件分岐」の使用2

　先ほど説明しましたが、「jinja2」で使用する制御文「条件分岐」はif文です。よってelif文やelse文も使用できます。さっそくelif文とelse文を使用するプログラムを作成してみましょう。

app.pyへの追加

　ファイルapp.pyの「ルーティング」の続きに、**リスト3.33**を追記します。

リスト3.33　app.py

```
001: # 条件分岐2
002: @app.route('/if/')
003: @app.route('/if/<target>')
004: def show_jinja_if(target="colorless"):
005:     print(target)
006:     return render_template('jinja/if_else.html', color=target)
```

　2行目や3行目のように「ルーティング」を重ねて記述することができます。
　4行目「target="colorless"」は、引数に値がない場合に「colorless」という値をデフォルト値として代入する設定です。
　3行目で「URL変数」を受け取り、6行目で「変数名 = 値」の形で渡し、テンプレート内で「if文」

を実行します。

テンプレートの作成

フォルダjinjaにファイルif_else.htmlを作成し、**リスト3.34**を記述します。

リスト3.34 if_else.html

```
001:  {% extends "jinja/base2.html" %}
002:
003:  {% block title %}render_template{% endblock %}
004:
005:  {% block header %}<h1>条件分岐</h1>{% endblock %}
006:
007:  {% block content %}
008:      {% if color == 'red' %}
009:          <p>選択色は<span style="color: red;">赤色</span>です</p>
010:      {% elif color == 'blue' %}
011:          <p>選択色は<span style="color: blue;">青色</span>です</p>
012:      {% elif color == 'yellow' %}
013:          <p>選択色は<span style="color: yellow;">黄色</span>です</p>
014:      {% else %}
015:          <p>色は赤青黄色以外です</p>
016:      {% endif %}
017:  {% endblock %}
```

10行目と12行目で使用している「{% elif 条件 %}」は複数設定可能です。

14行目で使用している「{% else %}」は、8行目、10行目、12行目の「条件」以外だった場合に表示されます。

実行する

app.pyを実行してブラウザのアドレスバーに以下の処理を実行しましょう。

- URL「http://127.0.0.1:5000/if/red」を入力すると「選択色は赤色です」と表示されます。
- URL「http://127.0.0.1:5000/if/blue」を入力すると「選択色は青色です」と表示されます。
- URL「http://127.0.0.1:5000/if/yellow」を入力すると「選択色は黄色です」と表示されます。

「条件分岐（if文・elif文）」を実行できました。

「URL変数」に「red、blue、yellow」以外を入力した場合の動きも確認しましょう。ブラウザのアドレスバーに以下の処理を実行しましょう。

- URL「http://127.0.0.1:5000/if/」を入力すると「色は赤青黄色以外です」と表示されます。

「jinja2」で制御文「条件分岐（else文）」を実行できました。

まとめ

テンプレートで「制御文」を使用する方法を学びました。「制御文の利点」として以下があります。

- 処理の流れや条件分岐を簡潔に記述することができます。
- 同じ処理を繰り返す場合に、コードの重複を回避することができます。
- 指定された条件に応じて処理を分岐することで、柔軟なプログラムを作成することができます。

ここまで学んだ「Jinja2」の主要機能は以下になります。

- 変数の表示
  {{変数名}}を使用して、テンプレート内でPythonの変数を表示することができます。
- テンプレートの継承
  {% extends "親テンプレート名" %}を使用して、親テンプレートを継承することができます。「テンプレートの継承」を利用することで「共通部分」を複数テンプレートと組み合わせることができます。
- 制御構文
  条件分岐「{% if 条件式 %} {% endif %}」、繰り返し「{% for 要素 in 繰り返しデータ %} {% endfor %}」などの制御構文を使用して、テンプレート内でPythonの制御フローを表現することができます。

次の章では、表示に関する強力な機能「フィルター」やエラーに対する処理「エラーハンドリング」について説明します。

Column | テンプレートエンジンとは？

テンプレートエンジンとは、プログラムから出力されるテキストを動的に生成するためのツールのことを指します。

テンプレートエンジンの主な目的は、アプリケーションの業務処理（データの処理や保存など）と分離することです。

これにより、デザイナーはHTMLのレイアウトに集中することができ、開発者は業務処理に集中することができます。

以下に、テンプレートエンジンの主な特徴とメリットを挙げます。

○ **特徴**

● 動的コンテンツ生成

テンプレートエンジンは、データベースから取得した情報を元に、動的にコンテンツを生成することができます。

● 再利用可能なコード

テンプレートエンジンは、一度作成したテンプレートを何度でも再利用することができます。これにより、同じコードを何度も書く必要がなくなります。

● 制御文を記述可能

テンプレートエンジンは、特定の条件が満たされた場合にのみ特定のコンテンツを表示する、処理を繰り返しテータを反復表示するなど制御文を記述できます。

○ **メリット**

● 効率性

テンプレートエンジンを使用すると、同じコードを何度も書く必要がなくなり、開発時間を大幅に短縮することができます。

● 保守性

テンプレートエンジンを使用すると、コードの保守が容易になります。テンプレートを変更すれば、そのテンプレートを使用しているすべてのページが自動的に更新されます。

● 可読性

テンプレートエンジンを使用すると、コードの可読性が向上します。テンプレートは通常、構造化されているため、コードの目的を理解し易いです。

○ **その他のテンプレートエンジン**

● Python の Web フレームワーク Django のテンプレートエンジン

Django Template Language (DTL)は、Django フレームワークに組み込まれた強力なテンプレートエンジンです。HTMLやXMLなどのテキストベースのファイルに動的データを埋め込むために使用されます。

● Java の Web フレームワーク SpringMVC のテンプレートエンジン

Spring のデフォルトテンプレートエンジンはThymeleafです。ThymeleafはSpring MVC とシームレスに統合されています。

● Ruby の Web フレームワーク Rails のテンプレートエンジン

Rails のデフォルトテンプレートエンジンはERB (Embedded Ruby) です。これはHTMLと Rubyを混在させて、データベースからのデータを使用してWebページを生成することができます。

　様々なテンプレートエンジンがありますが、主要機能はすべてのテンプレートエンジンで行えます。

第 **4** 章

フィルターとエラーハンドリングに触れてみよう

Section 4-1 テンプレートで「フィルター」を使おう

この章では、「Jinja2」の「フィルター」機能について説明します。フィルターとは、テンプレート変数に対して適用される操作のことです。フィルターを使用することでテンプレート変数を加工することができます。Jinja2ではフィルターを使用することで、変数をより柔軟に扱うことができます。ではJinja2のフィルター機能を学びましょう。

4-1-1 フィルターの実装方法

「フィルター」を適用するには、2通りの実装方法があります。

○「文全体」に対して、「フィルター」を適用する方法※1

```
{% filter フィルター名 %}
        ⋮
{% endfilter %}
```

※1 「・」の箇所が全て「フィルター」対象です。

○ 特定の「変数」に対して「フィルター」を適用する方法※2

```
{{ 変数名 | フィルター名 }}
```

※2 「|」の呼び方は「パイプ」と言います。

4-1-2 「フィルター（文全体）」を使用したプログラム作成

app.pyへの追加

プロジェクトtemplates-sampleのファイルapp.pyの「ルーティング」の続きに**リスト4.1**を追記します。

リスト4.1 app.py

```
001:  # フィルター：文全体
002:  @app.route("/filter")
003:  def show_filter_block():
004:      word = 'pen'
005:      return render_template('filter/block.html', show_word = word)
```

4行目で「word」に小文字の値「pen」を代入し、5行目の「render_template」関数の第二引数で「変数名＝値」で渡しています。

フォルダとファイルの作成

フォルダtemplates配下にフォルダfilterを作成します。フォルダfilter配下にファイルbase3.htmlを作成し（**図4.1**）、**リスト4.2**を記述します。

図4.1 フォルダとファイルの作成

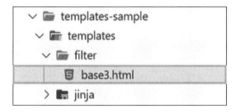

リスト4.2 base3.html

```
001:  <!DOCTYPE html>
002:  <html lang="ja">
003:  <head>
004:      <meta charset="UTF-8">
005:      <title>FILTER</title>
006:  </head>
007:  <body>
008:      {% block header %}ヘッダー{% endblock %}
009:      <hr>
010:      {% block content %}内容{% endblock %}
011:  </body>
012:  </html>
```

同様にフォルダfilter配下にファイルblock.htmlを作成し（**図4.2**）、**リスト4.3**を記述します。

図4.2 フォルダとファイルの作成

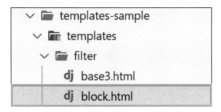

```
001:    {% extends "filter/base3.html" %}
002:
003:    {% block header %}<h1>フィルター：文全体</h1>{% endblock %}
004:
005:    {% block content %}
006:        <p>【フィルター無し】</p>
007:        this is a {{ show_word }}.
008:        <p>【フィルター】</p>
009:        {% filter upper %}
010:            this is a {{ show_word }}.
011:        {% endfilter %}
012:    {% endblock %}
```

　9行目の「{% filter upper %}」の「upper」が「フィルター」になります。「upper」は「文字列を大文字に変換」する「フィルター」です。9行目と11行目で囲まれている10行目の部分がフィルター「upper」が適用される対象になります。

実行する

　app.pyを実行してURL「http://127.0.0.1:5000/filter」をブラウザのアドレスバーに入力してください。jinja2で「文全体」に対し「フィルター」を適用できました。
　プログラムの動作イメージを図4.3に示し、プログラムの動作結果を図4.4に示します。

図4.3 フィルターのイメージ

図4.4 フィルター文全体

フィルターの種類

「フィルター」には多くの種類があります（2023年7月現在）。

公式ページ「https://jinja.palletsprojects.com/en/3.1.x/templates/#list-of-builtin-filters」を参照すると、**図4.5**に示す数あります。覚える必要は全くありませんのでご自身が必要なときに、調べて使い方を学びましょう。

図4.5 フィルターの種類（公式ページ）

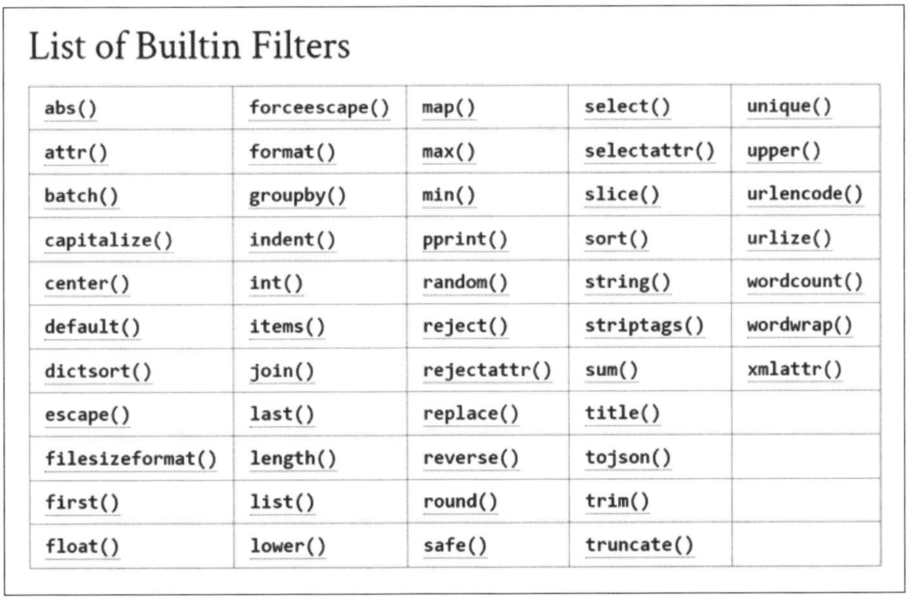

List of Builtin Filters

abs()	forceescape()	map()	select()	unique()
attr()	format()	max()	selectattr()	upper()
batch()	groupby()	min()	slice()	urlencode()
capitalize()	indent()	pprint()	sort()	urlize()
center()	int()	random()	string()	wordcount()
default()	items()	reject()	striptags()	wordwrap()
dictsort()	join()	rejectattr()	sum()	xmlattr()
escape()	last()	replace()	title()	
filesizeformat()	length()	reverse()	tojson()	
first()	list()	round()	trim()	
float()	lower()	safe()	truncate()	

4-1-3 「フィルター（変数）」を使用したプログラム作成

app.pyへの追加

プロジェクトtemplates-sampleのファイルapp.pyの「ルーティング」の続きに、**リスト4.4**を追記します。

リスト4.4 app.py

```
001:    # フィルター：特定の変数
002:    @app.route("/filter2")
003:    def show_filter_variable():
004:        # クラスを作成
005:        momo = Hero('桃太郎', 25)
006:        kinta = Hero('金太郎', 35)
007:        ura = Hero('浦島タロウ', 45)
008:        kagu = Hero('かぐや姫', 55)
009:        kasa = Hero('笠地蔵', 65)
010:        # リストに詰める
011:        hero_list = [momo, kinta, ura, kagu, kasa]
012:        return render_template('filter/filter_list.html', heroes = hero_list)
```

11行目でリスト「hero_list」にクラス「Hero」のインスタンスを要素として代入し、12行目の「render_template」関数の第二引数で「変数名＝値」で渡しています。

ファイルの作成

フォルダtemplates配下、フォルダfilterにファイルfilter_list.htmlを作成し（**図4.6**）、**リスト4.5**を記述します。

図4.6 ファイルの作成

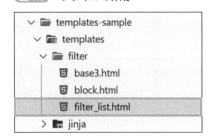

108

リスト4.5　**filter_list.html**

```
001:    {% extends "filter/base3.html" %}
002:
003:    {% block header %}<h1>フィルター：変数</h1>{% endblock %}
004:
005:    {% block content %}
006:        <p>リストの内容</p>
007:        <ul>
008:            {% for hero in heroes %}
009:                <li>{{ hero }}</li>
010:            {% endfor %}
011:        </ul>
012:        <hr>
013:        <p>【最初のユーザー】{{heroes| first}}</p>
014:        <p>【最後のユーザー】{{heroes| last}}</p>
015:        <p>【1つにまとめる】{{heroes| join('=>')}}</p>
016:        <p>【ユーザー数】{{heroes| length}}</p>
017:        <p>【ランダム】{{heroes| random}}</p>
018:    {% endblock %}
```

13行目〜17行目で「フィルター」を利用しています。プログラムで使用した各「フィルター」の説明を、**表4.1**に記述します。

表4.1　フィルター

フィルター名	処理内容
first	リストなどの最初の要素を返す
last	リストなどの最後の要素を返す
join	リストの要素を区切り文字で連結し、1つのテキストにまとめる
length	リストの要素数を返す
random	リストの要素からランダムに取り出して返す

実行する

app.pyを実行してURL「http://127.0.0.1:5000/filter2」をブラウザのアドレスバーに入力してください。jinja2で特定の「変数」に対し「フィルター」を適用できました（**図4.7**）。

図4.7　フィルター変数

図4.7　フィルター変数

Column │ jinja2のフィルターのメリット

Jinja2のフィルターは非常に便利な機能です。以下にその利点を紹介します。

- データの変換
  フィルターを使用すると、テンプレート内でデータを簡単に変換できます。例えば、文字列を大文字に変換したり、日付を特定の形式にフォーマットしたりできます。
- コードの再利用
  同じ変換を何度も行う場合、フィルターを使用するとコードを再利用でき、テンプレートがすっきりします。
- 可読性の向上
  フィルターを使用すると、テンプレート内のコードが読みやすくなります。フィルター名は通常、その機能を直感的に理解できる名前が付けられています。
- カスタムフィルター
  Jinja2では、自分でカスタムフィルターを作成することも可能です。これにより、特定のアプリケーションに特化した変換を簡単に行うことができます。

公式で用意されている「フィルター」から自分が必要とする目的のフィルターが見つからない場合、自分でフィルターを作成することができます。「カスタムフィルター」と呼ばれる自作フィルターを使用して、早速プログラムを作成してみましょう。

4-2-1 「カスタムフィルター」の実装方法

「カスタムフィルター」を適用するには2ステップの手順を行います。

① 「MVT」の「V：ビュー」にあたるファイルに「カスタムフィルター」を登録します。登録方法はデコレーター「template_filter」を「カスタムフィルター」用の「関数」前に記述します。

○ カスタムフィルター1

```
@app.template_filter(フィルター名)
def 関数名(引数):
    「フィルター」内容
return 「フィルター」を適用して返す値
```

※関数の第1引数が「フィルター」適用対象

② 「MVT」の「T：テンプレート」にあたるファイルに「カスタムフィルター」を適用します。

○ カスタムフィルター2

```
{{ 変数 | フィルター名 }}
```

4-2-2 「自作フィルター」を使用したプログラム作成

app.pyへの追加

プロジェクトtemplates-sampleのファイルapp.pyの「ルーティング」の続きに、**リスト4.6**を追記します。

リスト4.6　**app.py**

```
001:  # カスタムフィルター
002:  @app.template_filter('truncate')
003:  def str_truncate(value, length=10):
004:      if len(value) > length:
005:          return value[:length] + "..."
006:      else:
007:          return value
008:
009:  # カスタムフィルターの実行
010:  @app.route("/filter3")
011:  def show_my_filter():
012:      word = '寿限無'
013:      long_word = 'じゅげむじゅげむごこうのすりきれ'
014:      return render_template('filter/my_filter.html', show_word1=word, show_word2=long_word)
```

2行目の「@app.template_filter('truncate')」で「カスタムフィルター」を登録しています。

「カスタムフィルター」の内容は、フィルター対象の文字列が指定した文字数以上の場合、指定文字数以降は「...」を変わりに表示します。「truncate」が「フィルター名」です。

ファイルの作成

フォルダfilter配下にファイルmy_filter.htmlを作成し（**図4.8**）、**リスト4.7**を記述します。

図4.8　ファイルの作成

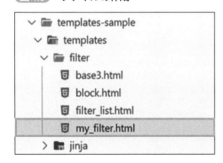

```
001:    {% extends "filter/base3.html" %}
002:
003:    {% block header %}<h1>フィルター：自作</h1>{% endblock %}
004:
005:    {% block content %}
006:        <p>自作フィルター：{{show_word1| truncate}}</p>
007:        <p>自作フィルター：{{show_word1| truncate(2)}}</p>
008:        <p>自作フィルター：{{show_word2| truncate}}</p>
009:    {% endblock %}
```

6行目〜7行目で**リスト4.6**から渡されてくる「show_word1」に「カスタムフィルター」の「truncate」を適用しています。

7行目は「...」を表示する「指定文字数」を「2」に指定して「カスタムフィルター」を適用しています。

8行目の「show_word2」は「...」を表示する「指定文字数」を指定していないのでデフォルトの「指定文字数」を使用した「カスタムフィルター」が適用されます。

実行する

app.pyを実行してURL「http://127.0.0.1:5000/filter3」をブラウザのアドレスバーに入力してください。jinja2で自作「フィルター」を適用できました（**図4.9**）。

図4.9 自作フィルター

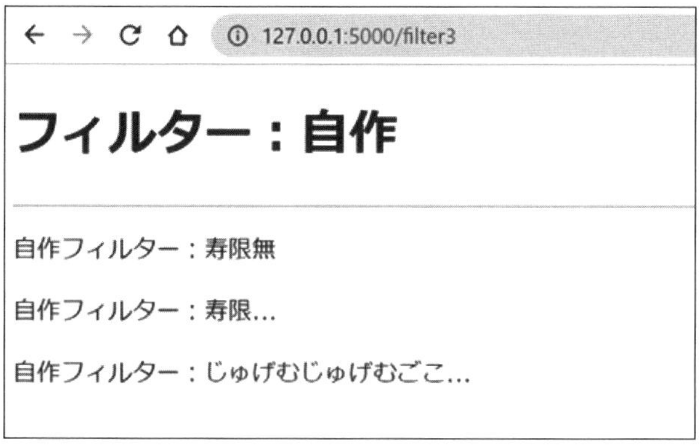

4

▼ フィルターとエラーハンドリングに触れてみよう

4-3 エラーハンドリングを使おう

「エラーハンドリング」とは、プログラムの処理中に処理が妨げられる事象が発生した場合、その事象をエラーとして対処することを言います。Flaskでは「デコレーター」を使用することで簡単にエラーハンドリングができます。まずはエラーハンドリングに必要な前提知識を学習しましょう。

4-3-1 「HTTPステータスコード」再び

パソコンやスマートフォンなどの「ブラウザ」からWebページを閲覧する時、図4.10の様に「サーバー」とのやり取りが行なわれています。

「サーバー」とはサービスを提供する方を指し、「クライアント」とはサービスを受ける方を指します(図4.10)。

「HTTPステータスコード」とは、「HTTPレスポンス」に含まれる「サーバー」の「処理結果」を表す「3桁の数字」のことを指します(図4.11)。

図4.10 クライアントとサーバー

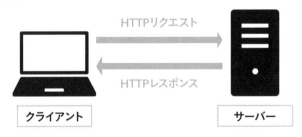

図4.11 HTTPレスポンス

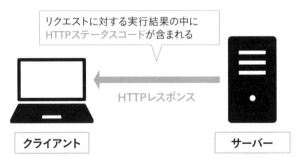

「3桁の数字」は「200：リクエスト成功」、「404：ページが存在しない」などさまざまな意味を持っています。皆様も、1度は「404」を見たことがあるのではないでしょうか。

HTTPステータスコードの分類を、**表4.2**に記述します。

表4.2 ステータスコードの分類

HTTPステータス （コード番号）	コードの内容	
100〜	情報レスポンス	リクエストを受け、処理を継続
200〜	成功レスポンス	リクエストに成功
300〜	リダイレクション	リダイレクトなど、リクエストの完了には追加処理が必要
400〜	クライアントエラー	クライアントからのリクエストに誤りがある
500〜	サーバーエラー	サーバー側でリクエスト処理に失敗

4-3-2 「エラーハンドリング」の実装方法

Flaskで「エラーハンドリング」する方法は、以下のデコレーター「errorhandler」を使用します。

```
@app.errorhandler(ステータスコード)
def 関数名(引数):
```

4-3-3 「エラーハンドリング」を使用したプログラム作成

☐ app.pyへの追加

プロジェクトtemplates-sampleのファイルapp.pyの「ルーティング」の続きに、**リスト4.8**を追記します。

リスト4.8 app.py

```
001:  # エラーハンドリング
002:  @app.errorhandler(404)
003:  def show_404_page(error):
004:      msg = error.description
005:      print('エラー内容：',msg)
006:      return render_template('errors/404.html') , 404
```

2行目の「@app.errorhandler(404)」で「エラーハンドリング」を設定しています。ステータスコード「404」が発生した場合、関数「show_404_page」が呼ばれます。

6行目のreturnの末尾に「ステータスコード」を記述することで、ステータスコードを設定する

ことができます。「ステータスコード」を記述しない場合、デフォルトでステータスコード「200」が設定されます。

フォルダとファイルの作成

フォルダtemplates配下に、フォルダerrorsを作成します。フォルダerrorsにファイル404.htmlを作成し（**図4.12**）、**リスト4.9**を記述します。

図4.12 フォルダとファイルの作成

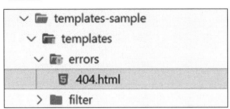

リスト4.9 404.html

```
001:   <!DOCTYPE html>
002:   <html lang="ja">
003:   <head>
004:       <meta charset="UTF-8">
005:       <title>ERROR</title>
006:   </head>
007:   <body>
008:       <h1>独自エラーページ</h1>
009:       <h2>404</h2>
010:   </body>
011:   </html>
```

実行する

app.pyを実行してURL「http://127.0.0.1:5000/xxx」と「存在しないURL」をブラウザのアドレスバーに入力してください。「エラーハンドリング」され「独自エラー画面」が表示されます。

プログラムの動作結果を、**図4.13**に、プログラムのターミナル表示結果を、**図4.14**に示します。

図4.13 エラーハンドリング

図4.14　エラーハンドリング2

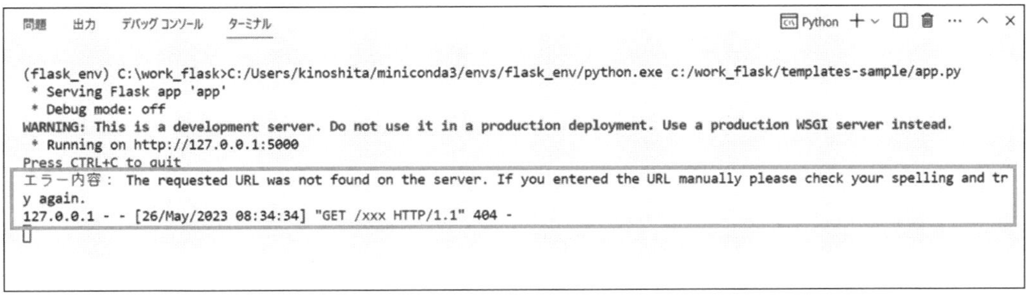

図4.14の枠線が、**リスト4.8**の5行目に記述した「print('エラー内容：',msg)」内容になります。

先ほど作成した**リスト4.8**を**リスト4.10**のようにデコレーター「errorhandler」に渡す引数を「NotFound」に修正しましょう。

リスト4.10　修正

```
001:   # モジュールのインポート
002:   from werkzeug.exceptions import NotFound
003:
004:   # エラーハンドリング
005:   @app.errorhandler(NotFound)
006:   def show_404_page(error):
007:       msg = error.description
008:       print('エラー内容：',msg)
009:       return render_template('errors/404.html') , 404
```

2行目の「NotFound」にマウスオーバーして「Ctrl」キーを押しながら「左」クリックしてください。

7行目の「description」の内容が記述されていることを遷移先で確認できます（**図4.15**）。

他ステータスコードのエラーハンドリングを実施したい場合は、遷移先モジュール「exceptions.py」内のステータスコードに対応する各「クラス」を参照ください。

図4.15　エラーハンドリング3

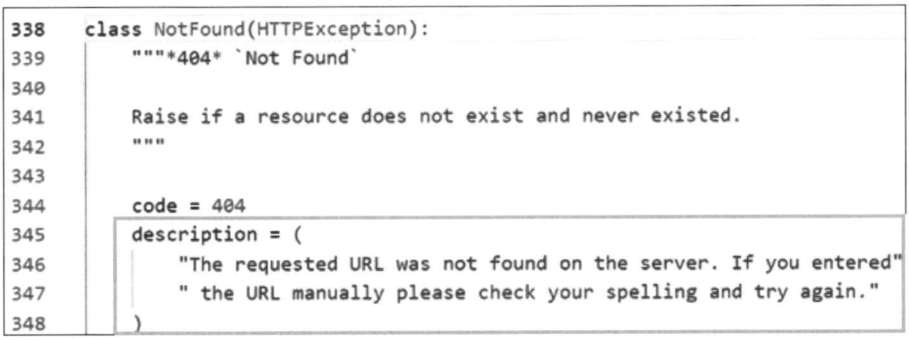

```
338    class NotFound(HTTPException):
339        """*404* `Not Found`
340
341        Raise if a resource does not exist and never existed.
342        """
343
344        code = 404
345        description = (
346            "The requested URL was not found on the server. If you entered"
347            " the URL manually please check your spelling and try again."
348        )
```

abort関数を使う

例外を発生させる「abort」関数を使うことで、アプリケーションから明示的にHTTPステータスコードを投げることができます。プロジェクト「templates-sample」のファイル「app.py」、1行目を**リスト4.11**に修正します。

`リスト4.11` **app.py**

```
001:    from flask import Flask, render_template, abort
```

ファイルapp.pyの「ルーティング」の続きに、**リスト4.12**を追記します。

`リスト4.12` **app.py**

```
001:    # abort処理
002:    @app.route("/abort")
003:    def create_exception():
004:        abort(404, '要求されたページやファイルが見つからない')
```

4行目の関数「abort」の第一引数にステータスコード「404」、第二引数にエラー内容の「description」を上書きする内容を記述しています。

実行する

app.pyを実行してURL「http://127.0.0.1:5000/abort」とブラウザのアドレスバーに入力してください。「エラーハンドリング」され「独自エラー画面」が表示されました。ターミナルの表示で「description」が上書きされていることが確認できます（**図4.16**）。

`図4.16` **エラーハンドリング4**

```
WARNING: This is a development server. Do not use it in a production deployment. Use a production WSGI server instead.
 * Running on http://127.0.0.1:5000
Press CTRL+C to quit
エラー内容： 要求されたページやファイルが見つからない
127.0.0.1 - - [26/May/2023 08:55:21] "GET /abort HTTP/1.1" 404 -
```

テンプレート内で変数を変換・加工するために使用される「フィルター」、プログラムの処理中に問題が発生した場合、それを適切に処理する方法「エラーハンドリング」の使い方がイメージできましたでしょうか？

第 **5** 章

Form に触れてみよう

5-1 Formの基本

「**Form**」とは、**Web**ページ上にユーザーが情報を入力するための「インターフェース」です。「インターフェース」とは簡単に言えば、異なるもの同士が情報をやり取りするための「窓口」や「仲介役」を示します。「**Form**」は、テキストボックス、ラジオボタン、チェックボックス、ドロップダウンメニューなど色々な要素があります。ユーザーが「**Form**」に入力したデータは、サーバー側に送信され処理されます。まずは、**Web**アプリケーション作成の必須知識である、サーバーに対して行う「リクエストの種類」から説明します。

5-1-1 HTTPメソッドとは？

「HTTPメソッド」は、Webアプリケーションがサーバーに対して行うリクエストの種類です。主要なHTTPメソッドは、次の2つです。

○ GETメソッド

HTTPメソッドのGETは、Webサーバーから情報を取得するために使用されます。Webブラウザがwebサーバーにリクエストを送信し、Webサーバーがそのリクエストに応答して、リクエストされた情報をブラウザに返します。ブラウザは、Webページや画像、テキスト、または他の種類のコンテンツを受け取ります。

○ POSTメソッド

HTTPメソッドのPOSTは、Webサーバーにデータを送信するために使用されます。通常は、Webフォームの情報を送信するために使用されます。WebブラウザがWebサーバーにリクエストを送信し、リクエストにデータを含めて送信します。Webサーバーは、受信したデータを処理し、応答を返します。

「GETメソッド」と「POSTメソッド」の主な違いは以下になります。

○ データ送信方法

「GETメソッド」は、「URL」の末尾にデータを追加して送信されます。一方「POSTメソッド」は、「HTTPボディ」にデータを含めて送信します。

◦ **情報の大きさ**

「GETメソッド」は、「URL」の末尾にデータを追加して送信するため、データを送る情報に制限があります。「POSTメソッド」は「HTTPボディ」にデータを含めてデータを送るため情報の大きさに制限がありません。

5-1-2 Formを使用したプログラム作成

☐ フォルダとファイルの作成

実際に「Form」を使用したプログラムを作成して理解を深めましょう。VSCode画面にて「新しいフォルダを作る」アイコンをクリックし、フォルダ「form-sample」を作成します（**図5.1**）。

作成したフォルダを選択後「新しいファイルを作る」アイコンをクリックし、ファイル「app.py」を作成します。

図5.1 フォルダとファイルの作成

☐ コードを書く

◦ **app.py**

作成したapp.pyに、**リスト5.1**のコードを記述します。

リスト5.1 app.py

```
001:  from flask import Flask, request
002:
003:  # ================================================
004:  # インスタンス生成
005:  # ================================================
006:  app = Flask(__name__)
007:
008:  # ================================================
009:  # ルーティング
010:  # ================================================
011:  # GETでデータ取得
012:  @app.route('/get')
013:  def do_get():
```

```
014:        name = request.args.get('name')
015:        return f'ハロー、{name}さん！'
016:
017:    # POSTでデータ取得
018:    @app.route('/', methods=['GET', 'POST'])
019:    def do_get_post():
020:        if request.method == 'POST':
021:            name = request.form.get('name')
022:            return f'こんにちは、{name}さん！'
023:        return '''
024:            <h2>POSTで送信</h2>
025:            <form method="post">
026:                名前：<input type="text" name="name">
027:                <input type="submit" value="送信">
028:            </form>
029:        '''
030:
031:    # =====================================================
032:    # 実行
033:    # =====================================================
034:    if __name__ == '__main__':
035:        app.run()
```

　1行目「request」オブジェクトを「import」しています。Flaskの「request」オブジェクトは、「HTTPリクエスト」に関する情報を格納するオブジェクトです。Flaskアプリケーション内のすべてのビュー関数で、「request」オブジェクトにアクセスすることができます。このオブジェクトを使用することで、Webリクエストに関連する情報、リクエストメソッド（GETまたはPOST）、リクエストパラメータ、リクエストボディなどを取得することができます。

　14行目「GETリクエスト」の場合は、「request.args.get」を使用してリクエストパラメータを取得します。

　21行目「POSTリクエスト」の場合は、「request.form.get」を使用してリクエストボディからデータを取得します。

　Flaskのルーティングでは、HTTPメソッドに応じて異なる動作をすることができます。

　18行目「methods=['GET', 'POST']」という指定は、Flaskアプリケーションのルーティングで、「GETリクエスト」と「POSTリクエスト」の両方に対応すること示します。

　20行目「request.method」でHTTPメソッドの種類を判定しています。

　19行目〜29行目の「do_get_post」関数の内容は、20行目〜22行目で「POSTリクエスト」時、データを取得して内容を返します。23行目〜29行目で「GETリクエスト」時、文字列でHTMLソースを作成し返しています。

　Pythonの「f文字列」と「"""（トリプルクォート）」は、Pythonで文字列を扱う2つの異なる方法です。

実行する

app.pyを選択し、右クリックするとダイアログが表示されます。「ターミナルでPythonファイルを実行する」をクリックすると「ターミナル」にFlaskのWebサーバーが起動された旨が表示されます。

POSTリクエストを確認するために、以下の手順を実行してください。

① 「ターミナル」に表示された「http://127.0.0.1:5000」の部分にマウスオーバーして、「Ctrlキー」を押しながら、マウスを左クリックすると、ブラウザが立ち上がります。URL「http://127.0.0.1:5000」の「GETメソッド」がサーバーに送られます。

② 表示された画面の名前項目に「タロウ」と入力し、「送信」ボタンをクリックします。**リスト5.1**の25行目「<form method="post">」から「POSTリクエスト」かつ「formタグにaction属性がない」ことから、再度URL「http://127.0.0.1:5000/」がサーバーに送信され、「こんにちは、タロウさん！」と表示されます。

「Form」から「POSTリクエスト」でのデータ送信が確認できました（**図5.2**）。

図5.2 POST

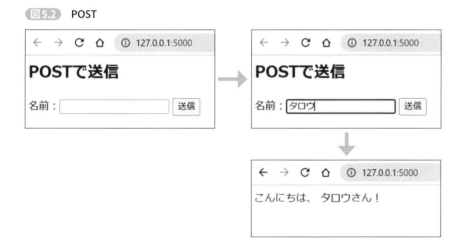

GETリクエストを確認するために、以下の手順を実行してください。

① ブラウザのアドレスバーにURL「http://127.0.0.1:5000/get?name=jirou」と入力して「Enter」キーを押して、「GETメソッド」の動きを確認しましょう。「ハロー、jirouさん！」と表示されます。

「GETメソッド」は、「URL」にデータを含めてサーバーに送信します（**図5.3**）。

図5.3 **GET**

```
←  →  C  ⌂      ⓘ  127.0.0.1:5000/get?name=jirou
ハロー、 jirouさん！
```

「GETリクエスト」、「POSTリクエスト」で送られてきたデータをサーバー側で処理する方法をイメージできましたでしょうか？

次は、フォーム処理ライブラリの「WTForms」を使って簡単に「Form」を作成してみましょう。

Column | GETメソッドとPOSTメソッドの違い

「GETメソッド」と「POSTメソッド」の違いは名称からイメージできます。

「GET」は「受け取る、もらう」という意味があり、「POST」は「郵便」という意味があります。つまり「GET」は指定したURLに対する内容を「取得」するためのメソッド、「POST」は指定したURLへ入力情報を「送信」するためのメソッドとイメージできます（図5.A）。

「GETメソッド」と「POSTメソッド」の違いの例として「ブラウザのお気に入り（ブックマーク）に登録できる」かがよく説明されます。

「GETメソッド」はURLに連結してデータを送信するため、「お気に入り（ブックマーク）」に登録するURL自体に「検索データ」を含めることができますが、「POSTメソッド」は「検索データ」を「リクエストボディ」に格納してしまうため「お気に入り（ブックマーク）」に登録できません。

また「POSTメソッド」でリクエストを送るには、HTMLの<form>タグの属性で「method="POST"」と指定する必要があります。

ブラウザのアドレス欄にURLを直接入力する、ブラウザのお気に入り（ブックマーク）からURLへアクセスするなどは「GETメソッド」でリクエストを送っています。

図5.A **GETとPOSTのイメージ**

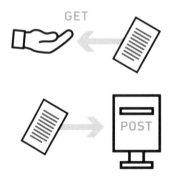

5-2 WTFormsを使おう

「**WTForms**」は、**Python**の**Web**アプリケーションフレームワーク**Flask**で使用される
フォーム処理ライブラリです。このライブラリを使用することで、**Web**アプリケーション
において**Form**を簡単に作成し、入力値の検証やセキュリティ対策などを簡単に行え
ます。

5-2-1 WTFormsのインストール

「WTForms」を使用するにはインストールする必要があります。仮想環境「flask_env」上でコマ
ンド「pip install wtforms==3.0.1」と入力して「WTForms」をインストールします（**図5.4**）。

図5.4 wtforms

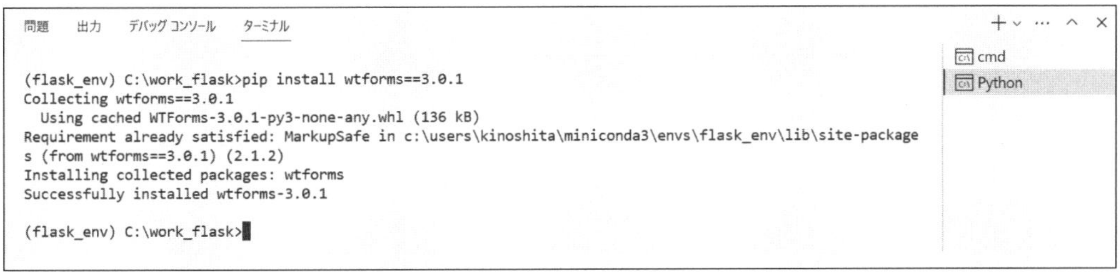

```
問題   出力   デバッグ コンソール   ターミナル                                    + ∨ ⋯ ∧ ×

                                                                          cmd
(flask_env) C:\work_flask>pip install wtforms==3.0.1                      Python
Collecting wtforms==3.0.1
  Using cached WTForms-3.0.1-py3-none-any.whl (136 kB)
Requirement already satisfied: MarkupSafe in c:\users\kinoshita\miniconda3\envs\flask_env\lib\site-package
s (from wtforms==3.0.1) (2.1.2)
Installing collected packages: wtforms
Successfully installed wtforms-3.0.1

(flask_env) C:\work_flask>
```

5-2-2 WTFormsの使用方法

▢ wtforms.fields とは？

「wtforms.fields」は、「wtforms」ライブラリに含まれている入力フィールドのクラスです。こ
れらのフィールドクラスを使用することで、Webアプリケーションの「Form」に様々な種類の入
力フィールドを作成することができます。

「wtforms.fields」に含まれる一部のフィールドクラスを、**表5.1**に記述します。

表5.1　フィールドクラス

フィールドクラス	作成されるフィールド
StringField	文字列入力フィールド
IntegerField	整数入力フィールド
BooleanField	真偽値入力フィールド
RadioField	ラジオボタン入力フィールド
SelectField	ドロップダウンリスト入力フィールド
TextAreaField	複数行テキスト入力フィールド
DateField	日付入力フィールド
PasswordField	パスワード入力フィールド
EmailField	メールアドレス入力フィールド
HiddenField	隠し入力フィールド
SubmitField	ボタンフィールド

「wtforms.fields」を使用すると、作成する「Form」に応じて適切な入力フィールドを作成することができます。また、入力フィールドに適用するバリデーション規則も定義できます。

もし、ご自身がより詳細な情報が必要になった場合には公式ドキュメントを参照ください。暗記する必要は全くありません。必要になった時に調べるということを意識してください。

- 公式サイト

  https://wtforms.readthedocs.io/en/3.0.x/fields/

フォルダとファイルの作成

実際に「WTForms」のプログラムを作成して理解を深めましょう。

VSCode画面にて「新しいフォルダを作る」アイコンをクリックし、フォルダ「wtforms-sample」を作成します。作成したフォルダを選択後「新しいファイルを作る」アイコンをクリックし、ファイル「app.py」、「forms.py」を作成後、「新しいフォルダを作る」アイコンをクリックし、フォルダ「templates」を作成します。

フォルダ「templates」配下に、ファイル「base.html」、「enter.html」を作成します。

図5.5　フォルダとファイルの作成

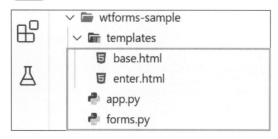

□ コードを書く

○ **forms.py**

作成したファイルforms.pyに**リスト5.2**のコードを記述します。

リスト5.2 forms.py

```
001:  from wtforms import Form
002:  from wtforms.fields import (
003:      StringField, IntegerField, PasswordField, DateField,
004:      RadioField, SelectField, BooleanField, TextAreaField,
005:      EmailField, SubmitField
006:  )
007:
008:  # =====================================================
009:  # Formクラス
010:  # =====================================================
011:  # ユーザー情報クラス
012:  class UserInfoForm(Form):
013:      # 名前：文字列入力
014:      name = StringField('名前: ', render_kw={"placeholder": "(例)山田 太郎"})
015:      # 年齢：整数値入力
016:      age = IntegerField('年齢: ', default=20)
017:      # パスワード：パスワード入力
018:      password = PasswordField('パスワード: ')
019:      # 確認用：パスワード入力
020:      confirm_password = PasswordField('パスワード確認: ')
021:      # Email：メールアドレス入力
022:      email = EmailField('メールアドレス：')
023:      # 生年月日：日付入力
024:      birthday = DateField('生年月日: ', format="%Y-%m-%d", render_kw={"placeholder":
      "yyyy/mm/dd"})
025:      # 性別：ラジオボタン
026:      gender = RadioField(
027:          '性別: ', choices=[('man', '男性'), ('woman', '女性')], default='man'
028:      )
029:      # 出身地域：セレクトボックス
030:      area = SelectField('出身地域: ', choices=[('east', '東日本'), ('west', '西日本')])
031:      # 既婚：真偽値入力
032:      is_married = BooleanField('既婚？:')
033:      # メッセージ：複数行テキスト
034:      note = TextAreaField('備考: ')
035:      # ボタン
036:      submit = SubmitField('送信')
```

1行目〜6行目で「WTForms」を使用するために「import」をしています。

12行目〜36行目は「クラス」です。

12行目で「wtforms.Form」を「継承」することで「WTForms」を使用した「Form」を作成するための「クラス」になります。

14、24行目で使用している「wtforms.fields.render_kw」は、「WTForms」のフィールドをレンダリングする際に追加する「HTML属性」を設定しています。

16、27行目で使用している「wtforms.fields.default」は、「WTForms」のフィールドに「デフォルト値」を設定しています。

24行目で使用している「wtforms.fields.format」は、「WTForms」のフィールドの値を特定の「フォーマット」に変換しています。

27、30行目で使用している「wtforms.fields.choices」は、「WTForms」のフィールドに「選択肢」を設定するためのものです。選択肢は、特定の「リスト」または「タプル」形式で設定します。

また「xxField」の第一引数は、フィールドに対応する「ラベル」を表します。「ラベル」とは、HTMLフォーム内に表示される項目です。「StringField('名前: ')」は「名前:」という「ラベル」が作成されます。「ラベル」を省略した場合、デフォルト値としてフィールドに対応する「ラベル」はフィールドの「変数名」が適応されます。もし「name = StringField()」と記述した場合、ラベル名は「name」になります。

○ **app.py**

作成したapp.pyに、**リスト5.3**のコードを記述します。

> リスト5.3 **app.py**

```
001:  from flask import Flask, render_template, request
002:
003:  # ====================================================
004:  # インスタンス生成
005:  # ====================================================
006:  app = Flask(__name__)
007:
008:  # ====================================================
009:  # ルーティング
010:  # ====================================================
011:  from forms import UserInfoForm
012:
013:  # ユーザー情報：入力
014:  @app.route('/', methods=['GET','POST'])
015:  def show_enter():
016:      # フォームの作成
017:      form = UserInfoForm(request.form)
018:      # POST
019:      if request.method == "POST":
020:          pass
021:      # GET
022:      return render_template('enter.html', form=form)
```

```
023:
024:    # =================================================
025:    # 実行
026:    # =================================================
027:    if __name__ == '__main__':
028:        app.run()
```

11行目で**リスト5.2**で作成した「UserInfoForm」を「import」しています。

17行目「form = UserInfoForm(request.form)」で「Form」のインスタンスを作成します。もう少し詳細に説明すると、UserInfoFormは、WTFormsで定義された「Form」クラスです。引数で渡される「request.form」は、Flaskアプリケーションから送信されたフォームデータを格納するための辞書オブジェクトです。「request.form」をUserInfoFormに渡すことで、フォームに入力したデータをもとに、UserInfoFormが生成されます。

22行目で表示したい画面「enter.html」に渡したい値を「変数=値」の形で渡しています。

20行目は後ほど処理を記述するため、現状は「pass」と記述しています。「pass」は「Python」のキーワードです。「pass」キーワードは何もしない、空の文を表します。

○ **base.html**

作成したbase.htmlに、**リスト5.4**のコードを記述します。base.htmlには新しい内容はありませんので、説明は割愛します。

リスト5.4 base.html

```
001:    <!DOCTYPE html>
002:    <html lang="ja">
003:    <head>
004:        <meta charset="utf-8" />
005:        <title>WTForm</title>
006:    </head>
007:    <body>
008:        {% block title %} タイトル {% endblock %}
009:        <hr />
010:        {% block content %} 内容 {% endblock %}
011:    </body>
012:    </html>
```

○ **enter.html**

作成したenter.htmlに、**リスト5.5**のコードを記述します。

enter.html

```
001:  {% extends "base.html" %}
002:
003:  {% block title %}
004:      <h1>WTForm：入力</h1>
005:  {% endblock %}
006:
007:  {% block content %}
008:      <form method="POST">
009:          {{ form.name.label }}{{ form.name(size=20) }}<br>
010:          {{ form.age.label }}{{ form.age() }}<br>
011:          {{ form.password.label }}{{ form.password(size=20) }}<br>
012:          {{ form.confirm_password.label }}{{ form.confirm_password(size=20) }}<br>
013:          {{ form.email.label }}{{ form.email(placeholder="xxxx@example.com") }}<br>
014:          {{ form.birthday.label }}{{ form.birthday() }}<br>
015:          {{ form.gender.label }}{{ form.gender() }}<br>
016:          {{ form.area.label }}{{ form.area() }}<br>
017:          {{ form.is_married.label }}{{ form.is_married() }}<br>
018:          {{ form.note.label }}{{ form.note(style="height:100px; width:150px")}}<br>
019:          {{ form.submit() }}
020:      </form>
021:  {% endblock %}
```

9行目〜19行目で使用している「{{ form.フィールド.label }}」には「WTForms」で作成された
フォームのフィールドに設定した「ラベル」が表示されます。

9行目「form.age(size=20)"」の引数部分は、入力フィールドの見た目や動作を調整するための
HTML属性を設定します。ここでは、「size」引数に20を設定し、入力フィールドの幅を20文字
分に設定しています。

他にも**表5.2**のような引数を使用できます。これらの設定により入力フィールドの見た目や動
作を調整します。

表5.2 入力フィールド

引数	内容
maxlength	入力フィールドに入力できる最大文字数
disabled	入力フィールドを無効にするかどうか
readonly	入力フィールドを読み取り専用にするかどうか
placeholder	入力フィールドに初期表示するテキスト
style	入力フィールドの縦横の大きさなどを指定する

実行する（フォーム表示）

app.pyを実行してください。「ターミナル」に表示された「http://127.0.0.1:5000」の部分にマウスオーバーして、「Ctrlキー」を押しながら、マウスを左クリックすると、ブラウザが立ち上がり「WTForms」を使用して作成された「Form」画面を確認できます。

表示された「ブラウザ」の画面にて「開発者ツール」を起動すると「WTForms」が作成した「ソース」を確認できます（図5.6）。本書ではブラウザ「Google Chrome」を使用しているので、「ブラウザ」上でマウス「右クリック」→ダイアログ上の「検証」をクリックすると「開発者ツール」を起動できます。

図5.6 WTFormsで作成した画面

wtforms.validatorsとは？

「WTForms」では、フォームフィールドの「バリデーション」を行うことができます。バリデーションとは、ユーザーが入力したデータが適切な形式であるかどうかを確認する方法で、バリデータとは、バリデーションを行う機能、またはプログラムのことです。例えば、メールアドレスが正しい形式で入力されているか、数字フィールドに数字が入力されているか、文字列の長さが何文字以上、何文字以下であるかなどを確認できます。

「wtforms.validators」に含まれる一部のバリデータクラスを**表5.3**に記述します。

表5.3 バリデータクラス

バリデータクラス	作成されるバリデーション
DataRequired	入力必須
Length	文字列の長さ指定
Email	メールアドレス形式
URL	URL形式
Regexp	正規表現による検証
NumberRange	数値の範囲指定
Optional	入力がなくてもよい
EqualTo	フィールド同士の比較

wtforms.validatorsは、「WTForms」に組み込まれているバリデーションルールを定義するモジュールです。このモジュールには標準でいくつかのバリデーションルールが用意されています。「wtforms.fields」と組み合わせることで「Form」の「フィールド」にバリデーションルールを定義できます。

より詳細な情報が必要になった場合には公式ドキュメントを参照ください。

- 公式サイト

  https://wtforms.readthedocs.io/en/3.0.x/validators/

バリデーションを書く

◦ **forms.py**

作成しているファイルforms.pyに「wtforms. validators」を適用します。ファイルforms.pyを**リスト5.6**のコードに修正します。

リスト5.6 **forms.py**

```
001:  from wtforms import Form
002:  from wtforms.fields import (
003:      StringField, IntegerField, PasswordField, DateField,
004:      RadioField, SelectField, BooleanField, TextAreaField,
005:      EmailField, SubmitField
006:  )
007:  # 使用するvalidatorをインポート
008:  from wtforms.validators import (
009:      DataRequired, EqualTo, Length, NumberRange, Email
010:  )
011:  # =================================================
012:  # Formクラス
013:  # =================================================
```

```
014:    # ユーザー情報クラス
015:    class UserInfoForm(Form):
016:        # 名前：文字列入力
017:        name = StringField('名前: ', validators=[DataRequired('名前は必須入力です')],
018:                           render_kw={"placeholder": "(例)山田 太郎"})
019:        # 年齢：整数値入力
020:        age = IntegerField('年齢: ', validators=[NumberRange(18, 100,
021:                           '入力範囲は18歳から100歳です')], default=20)
022:        # パスワード：パスワード入力
023:        password = PasswordField('パスワード: ',
024:                        validators=[Length(1, 10,
025:                            'パスワードの長さは1文字以上10文字以内です'),
026:            EqualTo('confirm_password', 'パスワードが一致しません')])
027:        # 確認用：パスワード入力
028:        confirm_password = PasswordField('パスワード確認: ')
029:        # Email：メールアドレス入力
030:        email = EmailField('メールアドレス : ',
031:                           validators=[Email('メールアドレスのフォーマットではありません')])
032:        # 生年月日：日付入力
033:        birthday = DateField('生年月日: ', validators=[DataRequired('生年月日は必須入力です')],
034:                            format="%Y-%m-%d", render_kw={"placeholder": "yyyy/mm/dd"})
035:        # 性別：ラジオボタン
036:        gender = RadioField(
037:            '性別: ', choices=[('man', '男性'), ('woman', '女性')], default='man'
038:        )
039:        # 出身地域：セレクトボックス
040:        area = SelectField('出身地域: ', choices=[('east', '東日本'), ('west', '西日本')])
041:        # 既婚：真偽値入力
042:        is_married = BooleanField('既婚？:')
043:        # メッセージ：複数行テキスト
044:        note = TextAreaField('備考: ')
045:        # ボタン
046:        submit = SubmitField('送信')
```

8行目〜10行目で「バリデーション」をするために「import」をしています。

17行目「validators=[DataRequired('名前は必須入力です')]」は「入力必須」バリデータです。第一引数にはバリデータに引っかかった場合に表示する「メッセージ」を設定できます。今回は他にも20行目の「年齢：数値の範囲指定」バリデータ、24行目〜26行目の「パスワード：文字列の長さ指定とフィールド同士の比較」バリデータ、ここでのフィールド同士の比較は「確認用パスワード」と比較しています。

31行目「Email：メールアドレス形式」バリデータ、33行目「生年月日：入力必須」バリデータの設定をしています。

app.py

作成しているファイルapp.pyを、**リスト5.7**のコードに修正します。

リスト 5.7 app.py

```
001:   from flask import Flask, render_template, request
002:
003:   # =================================================
004:   # インスタンス生成
005:   # =================================================
006:   app = Flask(__name__)
007:
008:   # =================================================
009:   # ルーティング
010:   # =================================================
011:   from forms import UserInfoForm
012:
013:   # ユーザー情報：入力
014:   @app.route('/', methods=['GET','POST'])
015:   def show_enter():
016:       # フォームの作成
017:       form = UserInfoForm(request.form)
018:       # POST
019:       if request.method == "POST" and form.validate():
020:           return render_template('result.html', form=form)
021:       # POST以外と「form.validate()がfalse」
022:       return render_template('enter.html', form=form)
023:
024:   # =================================================
025:   # 実行
026:   # =================================================
027:   if __name__ == '__main__':
028:       app.run()
```

「WTForms」による「バリデーション」は、フォームオブジェクトに対して「validate()」を呼び出すことで実行されます。

19行目「if request.method == 'POST' and form.validate():」でリクエストメソッドが「POST」かつ「form.validate()」が「True」を返す場合にバリデーションが成功となります。

「form.validate()」が「False」を返す場合は、ファイルforms.pyに設定した「バリデーション」に引っかかっています。つまりは「入力に問題がある」という判定になります。

「入力に問題がない」場合、20行目で「result.html」に遷移します。

enter.html

ファイルenter.htmlの「{% block content %}」の下に**リスト5.8**のコードを追記します。

リスト 5.8　enter.html

```
001:   {% block content %}
002:       <!-- ▼▼▼ リスト5.8追加部分 ▼▼▼ -->
003:       <div style="color: red;">
004:           {% if form.errors %}
005:               <ul>
006:               === エラーメッセージ ===
007:               {% for k, v in form.errors.items() %}
008:                   <li>{{k}}:{{v}}</li>
009:               {% endfor %}
010:               </ul>
011:           {% endif %}
012:       </div>
013:       <!-- ▲▲▲ リスト5.8追加部分 ▲▲▲ -->
014:       <form method="POST">
015:           {{ form.name.label }}{{ form.name(size=20) }}<br>
```

2行目～13行目が追加部分です。もし、バリデーションが失敗した場合（「form.validate()」が「False」を返す場合）は、「form.errors」属性に「エラー情報」が格納されます。「form.errors」属性は、フォーム全体に対するエラーメッセージを格納する「辞書型」オブジェクトです。

7行目～9行目で「form.errors」にデータが存在する場合、「辞書型」オブジェクトから「キーと値」を取得して表示しています。

○ result.html

フォルダtemplates配下にファイルresult.htmlを作成し（**図5.7**）、**リスト5.9**のコードを記述します。

図 5.7　ファイルの作成

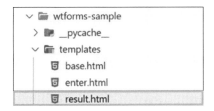

リスト 5.9　result.html

```
001:   {% extends "base.html" %}
002:
003:   {% block title %}
004:       <h1>WTForm：結果</h1>
005:   {% endblock %}
006:
007:   {% block content %}
```

```
008:        <ul>
009:            <li>名前: {{form.name.data}}</li>
010:            <li>年齢: {{form.age.data}}</li>
011:            <li>パスワード: {{form.password.data}}</li>
012:            <li>確認用: {{form.confirm_password.data}}</li>
013:            <li>Email: {{form.email.data}}</li>
014:            <li>生年月日: {{form.birthday.data}}</li>
015:            <li>性別: {{form.gender.data}}</li>
016:            <li>地域: {{form.area.data}}</li>
017:            <li>既婚: {{form.is_married.data}}</li>
018:            <li>備考: {{form.note.data}}</li>
019:        </ul>
020:    {% endblock %}
```

9行目～18行目で「form」から「データ」を取得して表示しています。

インストールする

リスト5.6内の「validators=[Email('メールアドレスのフォーマットではありません')])」を実行するには別途モジュールが必要です。「ターミナル」でコマンド「pip install email-validator==2.0.0.post2」を実行します(**図5.8**)。

図5.8 email_validator

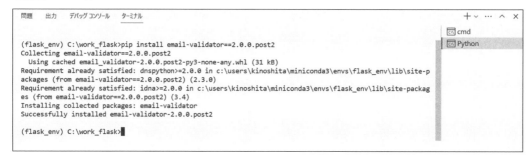

実行する(入力チェック:HTML側)

app.pyを実行してください。「ターミナル」に表示された「http://127.0.0.1:5000」の部分にマウスオーバーして、「Ctrlキー」を押しながら、マウスを左クリックすると、ブラウザが立ち上がり「WTForms」を使用して作成された「Form」画面を確認できます。

「画面」が表示されたら「名前項目」を未入力で「送信ボタン」をクリックしてください。「エラーメッセージ」が表示されます(**図5.9**)。

その後、「名前項目」に「HTML太郎」と入力し「年齢項目」に「10」と入力して「送信ボタン」をクリックしてください。「エラーメッセージ」が表示されます(**図5.10**)。

図5.9　エラーメッセージ1

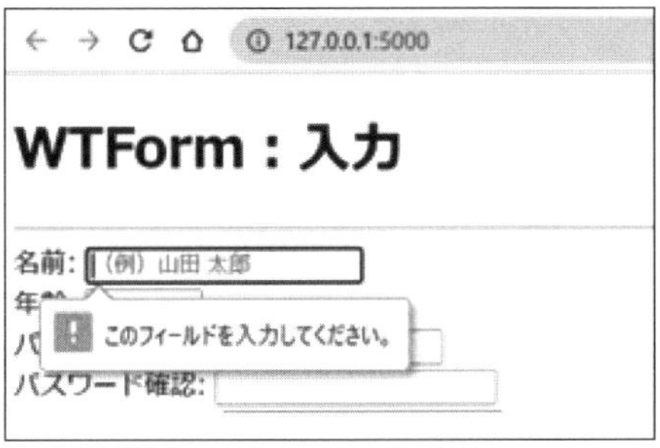

図5.10　エラーメッセージ2

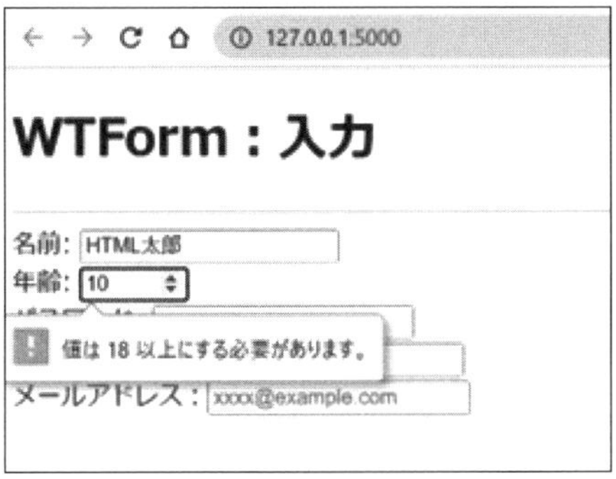

この「エラーメッセージ」は、HTML側の「エラーメッセージ」です。ファイルforms.pyに「validators」を設定したことで、ファイルenter.htmlのHTMLソースに「required」、「min」、「max」などの「input」要素に対する「属性」が追加されます。

「required」属性は、フォームの要素が空でないことを要求します。つまり、ユーザーが入力フォームに何かを入力することが「必須」であることを示します。

「min」属性は、入力値の最小値を指定することができます。

「max」属性は、入力値の最大値を指定することができます。「min = "18" max = "100"」の場合、ユーザーが入力フォームに可能な範囲は「18〜100」であることを示します。

novalidate属性

ファイルenter.htmlの「form」タグに「novalidate」属性を追記します（リスト5.10）。

リスト5.10　enter.html

```
001:        <!-- ▼▼▼ リスト5.10追加部分 ▼▼▼ -->
002:        <form method="POST" novalidate>
003:        <!-- ▲▲▲ リスト5.10追加部分 ▲▲▲ -->
```

「form」タグの「novalidate」属性は、HTML5から新たに導入された属性です。HTML側「フォーム」への入力内容の検証を無効に指定します。これでHTML側の「入力必須の検証」、「入力可能範囲の検証」を無効にできます。

実行する（入力チェック：Flask側）

app.pyを再度実行し、入力チェックを行います。

- 「名前項目」を未入力にします。
- 「年齢項目」に「10」と入力します。
- 「パスワード項目」に「abc」と入力して、「パスワード確認項目」に「xyz」と入力します。
- 「メールアドレス項目」に「test」と入力します。

「送信ボタン」をクリックするとファイルforms.pyで設定した「validators」の内容が「エラーメッセージ」として表示されます（**図5.11**）。

図5.11 エラーメッセージ3

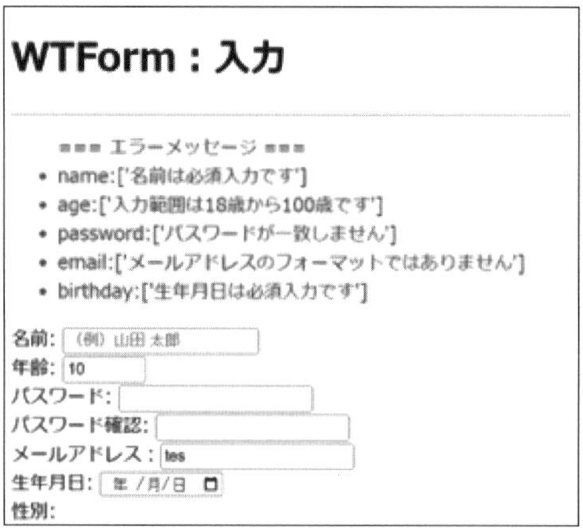

実行する（正常処理）

「入力画面」で「バリデーション」に引っかからない「データ」を入力します。
ここでは以下を入力しました。

- 「名前項目」に「HTML太郎」と入力します。
- 「年齢項目」に「18」と入力します。
- 「パスワード項目」に「pass」と入力します。
- 「パスワード確認項目」にも「pass」と入力します。
- 「メールアドレス項目」に「test@example.com」と入力します。

- 「生年月日」に「2023/02/15」と入力します。
- 「性別」を「男性」に選択します。
- 「出身地域」を「西日本」に選択します。
- 「既婚？」の「チェックボックス」を「チェック」します。
- 「備考」に「その他」と入力します。

「送信ボタン」をクリックすると「結果画面」が表示されます（**図5.12**）。

図5.12 正常処理

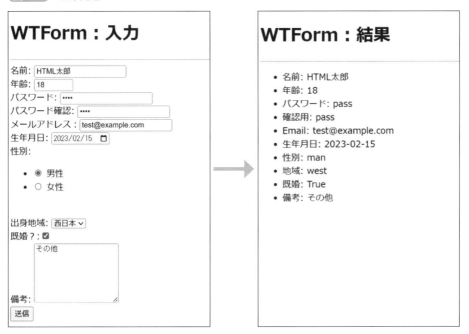

「WTForms」を使用することで「Form」を楽に作成できることがわかりました。

5-2-3 テンプレートマクロとは？

「テンプレートマクロ」はテンプレートエンジンにおいて、特定のタグや記号を使って定義する再利用可能な「テンプレート」です。jinja2のテンプレートマクロは、よく使用する表示形式を「関数」として「再利用可能」にします。マクロの定義と呼び出しを以下に記述します。

○ マクロの定義

```
{% macro マクロ名 ( 引数 ) %}
    …表示形式…
{% endmacro %}
```

○ マクロの呼び出し

```
{{ マクロ名 ( 引数 ) }}
```

■ ファイルの作成

○ **_formhelpers.html**

プロジェクト wtforms-sample 配下のフォルダ templates 配下に、ファイル _formhelpers.html を作成します。作成したファイル _formhelpers.html に **リスト 5.11** を記述します。マクロの内容は「公式ドキュメント」を参照してください。

● 公式サイト

https://flask.palletsprojects.com/en/2.3.x/patterns/wtforms/

リスト5.11 **_formhelpers.html**

```
001:    {% macro render_field(field) %}
002:        <dt>{{ field.label }}
003:        <dd>{{ field(**kwargs)|safe }}
004:        {% if field.errors %}
005:            <ul style="color: red;">
006:            {% for error in field.errors %}
007:                <li>{{ error }}</li>
008:            {% endfor %}
009:            </ul>
010:        {% endif %}
011:        </dd>
012:    {% endmacro %}
```

1行目〜12行目で囲まれた内容が「テンプレートマクロ」になります。

1行目「render_field」がマクロ名です。マクロの内容は、ラベルを使用してフィールドを表示し、もしエラーがあればそのリストを表示します。このマクロは引数として「field」を取ります。

注意する点は3行目「<dd>{{ field(**kwargs)|safe }}」です。WTForms は標準的な Python 文字列を返します。既に HTML 上エスケープされているため、「safe」フィルターという、文字列を「エスケープ」せずに直接出力するためのフィルターを使用して、「エスケープ済み」なので「エスケープ」する必要はないことを Jinja2 に伝えています。

エスケープとは、コンピュータにおいて特別な意味を持つ文字や記号などをそのまま出力するために、別の文字列に変換する処理を指します。特殊文字や予約語などを文字列内で利用したい場合、それらがコンピュータにおいて解釈されることを防ぐために、予めエスケープ処理を行う必要があります。例えば、HTML のタグを出力する場合、タグ内に含まれる特殊文字 (<, >, &, ", ') はエスケープ処理を行わないと、意図しない表示結果になってしまいます。

○ **enter.html**

フォルダtemplates配下のファイルenter.htmlをコピーし、同じフォルダに貼り付けます。ファイル名はenter2.htmlとしてください。作成したファイルenter2.htmlに**リスト5.12**を記述します。

リスト5.12　enter2.html

```
001:   {% extends "base.html" %}
002:
003:   {% block title %}
004:       <h1>WTForm：入力（マクロ使用）</h1>
005:   {% endblock %}
006:
007:   {% block content %}
008:       <!-- formhelpers.htmlで定義したrender_fieldマクロをインポート -->
009:       {% from "_formhelpers.html" import render_field %}
010:       <form method="POST" novalidate>
011:           {{ render_field(form.name) }}
012:           {{ render_field(form.age) }}
013:           {{ render_field(form.password) }}
014:           {{ render_field(form.confirm_password) }}
015:           {{ render_field(form.email) }}
016:           {{ render_field(form.birthday) }}
017:           {{ render_field(form.gender) }}
018:           {{ render_field(form.area) }}
019:           {{ render_field(form.is_married) }}
020:           {{ render_field(form.note) }}
021:           {{ form.submit() }}
022:       </form>
023:   {% endblock %}
```

9行目「{% from "_formhelpers.html" import render_field %}」でファイル_formhelpers.htmlからマクロ「render_field」をimportしています。

11行目〜20行目でimportしたマクロ「render_field」を使用しています。

○ **app.py**

ファイルapp.pyの関数「show_enter」を**リスト5.13**に修正します。

リスト5.13　app.pyの関数「show_enter」

```
001:   # ユーザー情報：入力
002:   @app.route('/', methods=['GET','POST'])
003:   def show_enter():
004:       # フォームの作成
```

```
005:        form = UserInfoForm(request.form)
006:        # POST
007:        if request.method == "POST" and form.validate():
008:            return render_template('result.html', form=form)
009:        # POST以外と「form.validate()がfalse」
010:        return render_template('enter2.html', form=form)
```

10行目「return render_template('enter2.html', form=form)」と「入力画面」を先ほど作成した
「enter2.html」に修正します。

☐ 実行する（テンプレートマクロ）

app.pyを実行してください。「テンプレートマクロ」を使用して作成された「Form」を確認でき
ます。

- 「名前項目」を未入力にします。
- 「年齢項目」に「10」と入力します。
- 「パスワード項目」に「abc」と入力して、「パスワード確認項目」に「xyz」と入力します。
- 「メールアドレス項目」に「test」と入力します。

「送信ボタン」をクリックすると、「forms.py」で設定した「validators」の内容が「テンプレート
マクロ」を通して「エラーメッセージ」として表示されます（**図5.13**）。

図5.13 テンプレートマクロ

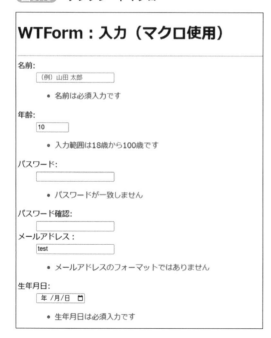

5-2-4 カスタムバリデータとは？

「5-2-2　WTFormsの使用方法」で、WTFormsが用意している「バリデーション」を説明しました。しかしWTFormsに用意されていない「バリデータ」が必要になる場合もあります。そんな場合は独自で「バリデータ」を作成しましょう。独自で作成されたバリデータを「カスタムバリデータ」と呼びます。再度の説明になりますが「バリデーション」は、データ検証のプロセスを指し、「バリデータ」は、そのプロセスを実装するプログラムのことを指します。WTFormsで「カスタムバリデータ」を作成する方法は、次のようになります。

○ 「**Form**」クラスにカスタムバリデータ関数を定義

```
関数名
validate_フィールド名
```

「Form」クラスに「カスタムバリデータ」用の関数を定義し、関数名は「validate_ フィールド名」とします。

○ 例：「**Form**」クラス

```
# フィールド
username = StringField('ユーザー名', validators=[DataRequired()])

# カスタムバリデータ
def validate_username(self, username):
    処理内容
```

☐ コードを書く

○ **forms.py**

ファイルforms.pyの「class UserInfoForm(Form):」内に、**リスト5.14**の関数を追記します。

リスト5.14　**forms.py**

```
001:   # 使用するvalidatorをインポート
002:   # リスト5.14 で「ValidationError」を追加
003:   from wtforms.validators import (
004:       DataRequired, EqualTo, Length, NumberRange, Email, ValidationError
005:   )
006:
007:   # 途中のソースコードは省略
008:
```

```
009:     # ▼▼▼ リスト5.14で追加 ▼▼▼
010:     # カスタムバリデータ
011:     # 英数字と記号が含まれているかチェックする
012:     def validate_password(self, password):
013:         if not (any(c.isalpha() for c in password.data) and ¥
014:             any(c.isdigit() for c in password.data) and ¥
015:             any(c in '!@#$%^&*()' for c in password.data)):
016:             raise ValidationError('パスワードには【英数字と記号：!@#$%^&*()】を含める必要があ
       ります')
017:     # ▲▲▲ リスト5.14で追加 ▲▲▲
```

　12行目「関数名」を「validate_フィールド名」としています。ここでは「validate_password」と
しているので、フィールド「password」に対する「カスタムバリデータ」になります。「バリデータ」
の内容は、「英数字と記号が含まれているか」のチェックになります。「入力チェック」に引っかかっ
た場合は、「ValidationError」を発生させます。

　「ValidationError」とは、「WTForms」で「バリデーション」に失敗したときに発生する「例外ク
ラス」です。「カスタムバリデータ」関数で「ValidationError」を発生させると、カスタムのエラー
メッセージを表示することができます。4行目で「ValidationError」をimportしています。

■ 実行する（入力チェック：Flask側）

　app.pyを実行し「カスタムバリデータ」のチェックを確認します。

　「パスワード項目」に「test」（英字のみ）とチェックに引っかかる値を入力します。ファイル
forms.pyで設定した「カスタムバリデータ」の内容が「エラーメッセージ」として表示されます。

　「パスワード項目」に「1test」（英数字のみ）とチェックに引っかかる値を入力します。ファイル
forms.pyで設定した「カスタムバリデータ」の内容が「エラーメッセージ」として表示されます（**図
5.14**）。

　「パスワード項目」に「1test@」（英数字と記号）とチェックに引っかからない値を入力します。

　ファイルforms.pyで設定した「カスタムバリデータ」の内容が「エラーメッセージ」に表示され
ないことを確認できます（**図5.15**）。

図5.14　カスタムバリデータ1

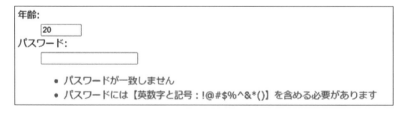

図5.15　カスタムバリデータ2

```
年齢:
 20
パスワード:
 
   • パスワードが一致しません
```

　Formクラスを作成し、クラス内に「入力フィールド」の種類や「バリデーション」のルールなど
を定義することで、定義内容に則りテンプレート側の「form」を作成してくれ、かつ「バリデーショ
ン」を実行する「WTForms」の使用方法をイメージできましたでしょうか。
　「WTForms」のイメージを図5.16に示します。

図5.16　WTFormsのイメージ

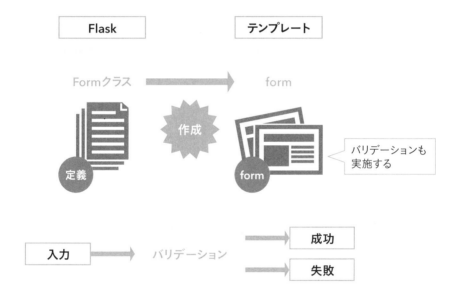

Section
5-3 Flask-WTFを使おう

WTFormsは、「フォーム」の作成、「バリデーション」、「フィールド」の自動生成などを行えました。実はFlaskとWTFormsの機能を組み合わせることで、Webアプリケーションの「フォーム」の作成、バリデーション、フィールドの自動生成などをより簡単に行える拡張機能があります。次は、Flaskアプリケーションで「フォーム」をさらに使いやすくするための拡張モジュール「Flask-WTF」について説明します。

5-3-1 Flask-WTFのインストール

「Flask-WTF」を使用するにはインストールする必要があります。仮想環境「flask_env」上でコマンド「pip install flask-wtf==1.1.1」と入力し「Flask-WTF」をインストールします（図**5.17**）。

図5.17 インストール

```
問題   出力   デバッグ コンソール   ターミナル                                          cmd  + ∨

(flask_env) C:\work_flask>pip install flask-wtf==1.1.1
Collecting flask-wtf==1.1.1
  Using cached Flask_WTF-1.1.1-py3-none-any.whl (12 kB)
Requirement already satisfied: Flask in c:\users\kinoshita\miniconda3\envs\flask_env\lib\site-packages (from fla
1.1) (2.3.2)
```

5-3-2 Flask-WTFの使用方法

☐ フォルダとファイルの作成

「Flask-WTF」を理解するために、実際にプログラムを作成しましょう。まず、VSCode画面で「新しいフォルダを作る」アイコンをクリックし、「flask-wtf-sample」という名前のフォルダを作成します。作成したフォルダを選択して、「新しいファイルを作る」アイコンをクリックし、「app.py」と「forms.py」を作成します。

次にフォルダ「flask-wtf-sample」配下に「新しいフォルダを作る」アイコンをクリックし、「templates」という名前のフォルダを作成します。フォルダ「templates」の中に、「base.html」と「input.html」と「output.html」と「_formhelpers.html」というファイルを作成します。

最後にフォルダ「flask-wtf-sample」配下に「新しいフォルダを作る」アイコンをクリックして、「static」という名前のフォルダを作成します。フォルダ「static」の中に、「style.css」という名前

のファイルを作成します。

図**5.18**にフォルダとファイルの構造を示します。

図5.18　フォルダとファイルの作成

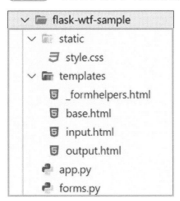

「Flask」の「static」フォルダは、静的ファイル（CSS、JavaScript、画像ファイルなど）を保存するためのディレクトリです。「static」フォルダ内のファイルは、Webアプリケーションからアクセスすることができます。

☐ コードを書く

○ **forms.py**

ファイルforms.pyに、**リスト5.15**のコードを記述します。

リスト5.15　**forms.py**

```
001: from flask_wtf import FlaskForm
002: from wtforms import StringField, EmailField, SubmitField
003: from wtforms.validators import DataRequired, Email
004:
005: # ==================================================
006: # Formクラス
007: # ==================================================
008: # 入力クラス
009: class InputForm(FlaskForm):
010:     name = StringField('名前：', validators=[DataRequired('必須入力です')])
011:     email = EmailField('メールアドレス：',
012:                       validators=[Email('メールアドレスのフォーマットではありません')])
013:     submit = SubmitField('送信')
```

9行目「Flask-WTF」を使用する場合、「Form」クラスを作成するには「FlaskForm」クラスを継承したクラスを作成します。1行目で「FlaskForm」クラスを使用するために「import」しています。

147

○ **app.py**

ファイルapp.pyに、**リスト5.16**のコードを記述します。

app.py

```
001:  from flask import Flask, render_template, session, redirect, url_for
002:
003:  # =======================================================
004:  # インスタンス生成
005:  # =======================================================
006:  app = Flask(__name__)
007:  import os
008:  # 乱数を設定
009:  app.config['SECRET_KEY'] = os.urandom(24)
010:
011:  # =======================================================
012:  # ルーティング
013:  # =======================================================
014:  from forms import InputForm
015:
016:  # 入力
017:  @app.route('/', methods=['GET', 'POST'])
018:  def input():
019:      form = InputForm()
020:      # POST
021:      if form.validate_on_submit():
022:          session['name'] = form.name.data
023:          session['email'] = form.email.data
024:          return redirect(url_for('output'))
025:      # GET
026:      if 'name' in session:
027:          form.name.data = session['name']
028:      if 'email' in session:
029:          form.email.data = session['email']
030:      # GETリクエストの場合、またはフォームの値がバリデーションを通過しなかった場合
031:      return render_template('input.html', form=form)
032:
033:  # 出力
034:  @app.route('/output')
035:  def output():
036:      return render_template('output.html')
037:
038:  # =======================================================
039:  # 実行
040:  # =======================================================
041:  if __name__ == '__main__':
042:      app.run()
```

　7行目～9行目「app.config['SECRET_KEY']」は、Flaskにおいてアプリケーションのセキュリティに関連する重要な設定です。この値は、セッション情報を暗号化するためのキーなどに使用されます。設定する値は、自分で任意の文字列を設定できますが、推奨されるのは長いランダムな文字列です。

　9行目「os.urandom(24)」は「Python」の標準ライブラリ「osモジュール」に含まれる関数です。ここでは関数を利用して、指定されたバイト数のランダムなバイト列を生成し「app.config['SECRET_KEY']」に代入しています。

　Flaskでは「SECRET_KEY」を設定することで、Flask拡張機能で利用される「セキュリティ」機能を使用することができます。たとえば、セッションの保護やCSRF保護などです（セッションに関してはコラムを参照してください）。

　19行目「form = InputForm()」は「FlaskForm」クラスを継承したクラスをインスタンス化しています。

　21行目「form.validate_on_submit()」は「POST」リクエストが送信され、かつ「フォーム」の値がすべてバリデーションを通過した場合に「True」を返します。

　22行目～24行目で「フォーム」の値が「バリデーション」を通過した場合、「フォーム」の値を取得して「セッション」に保存し、出力画面に「リダイレクト」しています。リダイレクトなどのWebアプリケーション作成に必須の知識はコラムで説明させて頂きます。

　26行目～29行目は「GET」メソッド時の処理です。「セッション」に値がある場合は「セッション」からデータを取得してフォームにセットします。

5
▼
Formに触れてみよう

Column │ Webアプリケーション作成に必須の知識

○ **セッション**

　セッションを簡単に説明すると「サーバー内に情報を保存し、複数ページ間で共有する」仕組みのことです。例えば、通販サイトで利用されるカート機能は、複数の商品ページを遷移し、カートに追加した各商品の情報をずっと保持しています。セッションにデータを登録することで、他の画面に遷移してもデータを取り出し利用することができます。「Flask」では、「session」オブジェクトを使用することで「セッション」を使用することができるため、**リスト5.16**の1行目で「session」を「import」しています。

○ **リダイレクト**

　リダイレクトとはサイトやページなどを新しいURLに変更した際、自動的に転送する仕組みです。リダイレクトはHTTPの「3xx」ステータスコードを使用して行われます※1。「3xx」ステータスコードは、ブラウザに対して別の「URL」にアクセスするよう指示します。Flaskでは、「redirect」メソッドを使用することで「リダイレクト」を使用する

※1　「xx」には色々な数値が入ります。

ことができるため、**リスト5.16**の1行目で「redirect」を「import」しています。

○ **PRGパターン**

Webアプリケーションで「リダイレクト」を用いる例に紹介されるのが「PRGパターン」です。

PRGパターンの名前は、「Post」「Redirect」「Get」の頭文字を繋いだものになります。

PRGパターンは、「POST」メソッドによるリクエストに対して「Redirect」を返し、「GET」メソッドの応答として遷移先の画面を表示するというデザインパターンです。

POSTリクエスト後に、Redirectして画面を表示していることで、ブラウザを再読み込みしても送信されるのは、GETリクエストなのでフォームデータの二重送信を防げます。

○ **デザインパターン**

「デザインパターン」は、ソフトウェア設計においてよく使用される再利用可能な解決方法のことを指します。簡単に言うと問題を解決するための先人達の知恵による手法です。

○ **base.html**

ファイルbase.htmlに、**リスト5.17**のコードを記述します。

(リスト 5.17)　**base.html**

```
001:  <!DOCTYPE html>
002:  <html lang="ja">
003:  <head>
004:      <meta charset="utf-8" />
005:      <title>Flask-WTF</title>
006:      <link rel="stylesheet" type="text/css" href="{{ url_for('static',
      filename='style.css') }}">
007:  </head>
008:  <body>
009:      {% block title %} タイトル {% endblock %}
010:      <hr />
011:      {% block content %} 内容 {% endblock %}
012:  </body>
013:  </html>
```

6行目「<link rel="stylesheet" type="text/css" href="{{ url_for('static', filename='style.css') }}">」は「スタイルシート」の設定です。Flaskの「static」フォルダは、静的ファイル（CSS、JavaScript、画像ファイルなど）を保存するためのディレクトリです。「static」フォルダ内のファイルは、Webアプリケーションからアクセスすることができます。Flaskの「static」フォルダは、デフォルトでアプリケーションのルートディレクトリに配置します。

「url_for」関数を使用することで、静的ファイルへの正しいURLを生成することができます。また、「static」フォルダには、サブディレクトリを作成することもできます。

例えば、「static/images」という画像ファイルを保存するディレクトリを作成した場合、「url_for」関数を使用して「<img src="{{ url_for('static', filename='images/test.png') }}">」とすることで、サブフォルダ「images」配下の「test.png」という画像ファイルを参照できます。

○ _formhelpers.html

ファイル_formhelpers.htmlに、**リスト5.18**のコードを記述します。

> **リスト5.18** _formhelpers.html

```
001:   {% macro render_field(field) %}
002:       <dt>{{ field.label }}
003:       <dd>{{ field(**kwargs)|safe }}
004:       {% if field.errors %}
005:           <ul style="color: red;">
006:           {% for error in field.errors %}
007:               <li>{{ error }}</li>
008:           {% endfor %}
009:           </ul>
010:       {% endif %}
011:       </dd>
012:   {% endmacro %}
```

「テンプレートマクロ」です。特に新しい内容はありませんので、説明は割愛します。

○ input.html

ファイルinput.htmlに、**リスト5.19**のコードを記述します。

> **リスト5.19** input.html

```
001:   {% extends "base.html" %}
002:
003:   {% block title %}
004:       <h1>Flask-WTF：入力</h1>
005:   {% endblock %}
006:
007:   {% block content %}
008:       {% from "_formhelpers.html" import render_field %}
009:       <form method="POST" novalidate>
010:           {{ form.csrf_token }}
011:           {{ render_field(form.name) }}
012:           {{ render_field(form.email) }}
013:           <br>
```

```
014:          {{ form.submit() }}
015:      </form>
016:  {% endblock %}
```

10行目「{{ form.csrf_token }}」は「CSRFトークン」を生成します。

CSRF（Cross-Site Request Forgery、クロスサイトリクエストフォージェリ）は、Webアプリケーションのセキュリティ上の脅威の1つで、攻撃者が被害者に代わって意図しないアクションを実行するために悪意のあるリクエストを送信する攻撃方法です。被害者に「なりすます」ことから「オレオレ詐欺」をイメージしていただけたら理解しやすいと思います。「CSRFトークン」は、この攻撃を防ぐために使用します。「トークン」はランダムな文字列であり、フォームの送信時にサーバーからクライアントに送信され、フォームの送信時に再度サーバーに送信されます。サーバーは送信されたトークンが正しい場合にのみリクエストを受け付けます。攻撃者はトークンを知らないため、攻撃を行うことはできません。

○ **output.html**

ファイルoutput.htmlに、**リスト5.20**のコードを記述します。

(リスト5.20)　**output.html**

```
001:  {% extends "base.html" %}
002:
003:  {% block title %}
004:      <h1>Flask-WTF：出力</h1>
005:  {% endblock %}
006:
007:  {% block content %}
008:      <div>
009:          <ul>
010:              <li>名前: {{session['name']}}</li>
011:              <li>メールアドレス: {{session['email']}}</li>
012:          </ul>
013:          <p><a href="{{ url_for('input') }}">入力画面に戻る</a></p>
014:      </div>
015:  {% endblock %}
```

10、11行目は「session」からデータを取得し、表示しています。

○ **style.css**

ファイルstyle.cssに、**リスト5.21**のコードを記述します。

```
001: /* ========== 全体のスタイル ========== */
002: /*
003:     body: ページ全体のスタイルを定義します。
004:     フォントファミリーをArialとsans-serifに設定し、
005:     背景色を#f7f7f7（薄い灰色）に設定しています。
006: */
007: body {
008:     font-family: Arial, sans-serif;
009:     background-color: #f7f7f7;
010: }
011:
012: /* ========== エラーのスタイル ========== */
013: /*
014:     .field-errors: このクラスセレクタは、エラーメッセージのスタイルを定義します。
015:     色は赤、マージンとパディングは0に設定されています。
016:     パディング: パディングは要素の内側のスペースを指します。
017:     マージン: マージンは要素の外側のスペースを指します。
018: */
019: .field-errors {
020:     color: red;
021:     margin: 0;
022:     padding: 0;
023: }
024: /*
025:     .field-errors li: このクラスセレクタは、
026:     エラーメッセージのリストアイテムのスタイルを定義します。
027:     リストのスタイルタイプはnoneに設定されています。
028:     noneに設定することで、リストアイテムのマーカー
029:     （通常は順序なしリストでの黒い点や順序付きリストでの数字）を非表示にできます。
030: */
031: .field-errors li {
032:     list-style-type: none;
033: }
034:
035: /* ========== ヘッダーのスタイル ========== */
036: /*
037:     h1: h1見出しのスタイルを定義します。
038:     フォントサイズは2em、テキストは中央揃え、上下のマージンは1emに設定しています。
039: */
040: h1 {
041:     font-size: 2em;
042:     text-align: center;
043:     margin-top: 1em;
044:     margin-bottom: 1em;
```

```
045:   }
046:   /*
047:       hr: このセレクタは、水平線のスタイルを定義します。
048:       上下のマージンは1em、ボーダーはなく、上部に1pxの#ccc（薄い灰色）
049:       のボーダーに設定しています。
050:   */
051:   hr {
052:       margin-top: 1em;
053:       margin-bottom: 1em;
054:       border: none;
055:       border-top: 1px solid #ccc;
056:   }
057:
058:   /* ========== フォームのスタイル ========== */
059:   /*
060:       form: このセレクタは、フォームのスタイルを定義します。
061:       表示はフレックスボックス、方向は縦、アイテムは中央揃えに設定しています。
062:       ※フレックスボックスは、レスポンシブデザインに特に適している
063:         レイアウトモデルです。
064:   */
065:   form {
066:       display: flex;
067:       flex-direction: column;
068:       align-items: center;
069:   }
070:   /*
071:       label: このセレクタは、ラベルのスタイルを定義します。
072:       表示はブロック、下のマージンは0.5emに設定しています。
073:   */
074:   label {
075:       display: block;
076:       margin-bottom: 0.5em;
077:   }
078:   /*
079:       input[type=text], input[type=email]: このセレクタは、
080:       テキスト入力とメール入力のスタイルを定義します。
081:       パディングは0.5em、ボーダーラディウスは4px、
082:       ボーダーは1pxの#ccc、幅は100%に設定されています。
083:       ※ボーダーラディウス（border-radius）は、CSSプロパティの一つで、
084:       HTML要素の角を丸くするために使用します。
085:   */
086:   input[type=text], input[type=email] {
087:       padding: 0.5em;
088:       border-radius: 4px;
089:       border: 1px solid #ccc;
090:       width: 100%;
091:   }
092:   /*
```

```
093:            input[type=submit]: このセレクタは、送信ボタンのスタイルを定義します。
094:            背景色は#4CAF50（緑色）、文字色は白、ボーダーはなし、
095:            ボーダーラディウスは4px、パディングは0.5emと1em、カーソルはポインタ、
096:            上のマージンは1emに設定しています。
097: */
098: input[type=submit] {
099:            background-color: #4CAF50;
100:            color: white;
101:            border: none;
102:            border-radius: 4px;
103:            padding: 0.5em 1em;
104:            cursor: pointer;
105:            margin-top: 1em;
106: }
107: /*
108:            input[type=submit]:hover: このセレクタは、
109:            送信ボタンにマウスがホバーした時のスタイルを定義します。
110:            背景色が#3e8e41（濃い緑色）に変わります。
111: */
112: input[type=submit]:hover {
113:            background-color: #3e8e41;
114: }
115:
116: /* ========== 出力画面のスタイル ========== */
117: /*
118:            div: このセレクタは、div要素のスタイルを定義します。
119:            表示はフレックスボックス、方向は縦、アイテムは中央揃えに設定しています。
120: */
121: div {
122:            display: flex;
123:            flex-direction: column;
124:            align-items: center;
125: }
126: /*
127:            ul: このセレクタは、順序なしリストのスタイルを定義します。
128:            リストスタイルはなし、左パディングは0に設定しています。
129: */
130: ul {
131:            list-style: none;
132:            padding-left: 0;
133: }
134: /*
135:            li: このセレクタは、リストアイテムのスタイルを定義します。
136:            下のマージンは0.5emに設定しています。
137: */
138: li {
139:            margin-bottom: 0.5em;
140: }
```

5

▼ Form に触れてみよう

```
141:    /*
142:        a: このセレクタは、リンクのスタイルを定義します。
143:        色は#4CAF50 (緑色)、テキスト装飾はなしに設定しています。
144:    */
145:    a {
146:        color: #4CAF50;
147:        text-decoration: none;
148:    }
149:    /*
150:        a:hover: このセレクタは、リンクにマウスがホバーした時の
151:        スタイルを定義します。
152:        テキスト装飾が下線に変わります。
153:    */
154:    a:hover {
155:        text-decoration: underline;
156:    }
```

　style.cssの説明はソースにコメントを詳細に記述しましたので割愛します。CSSは、HTMLとともにWebデザインの基礎となる技術の一つであり、Webページのデザインやレイアウトを改善するために広く利用されています。CSSは、モダンなWebデザインやレスポンシブWebデザインを実現するための重要な役割を果たします。

◻ 実行する

　app.pyを実行して「セッション」と「リダイレクト」の動きを確認しましょう。

- URL「http://127.0.0.1:5000」にアクセスします。
- 表示された入力画面にて、名前項目に「HTML太郎」、メールアドレス項目に「html@example.com」とバリデーションに引っかからない値を入力します。
- 出力画面にて「入門画面に戻る」リンクをクリックすると、入力画面が再度表示されます。

　「セッション」から入力した「値」が取得され、入力画面では「作業2で入力した値」が設定された入力画面が表示されます (**図5.19**)。

図5.19 画面遷移

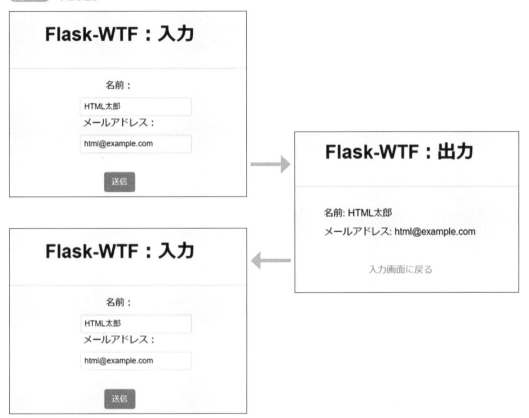

　復習になりますが「セッション」とは、クライアントごとに必要な情報を保持する仕組みです。セッションのメリットは、「データベース」などに「データ」を保存する必要がなく、データを簡単に取得できる点になります。ここでは、入力画面で「入力した値」をセッションに格納して、使用することで出力画面での値表示、出力画面から入力画面へ戻った場合の値表示に使用しています。

　Flaskでは、「session」オブジェクトを使って「セッション」を管理できます。sessionオブジェクトは辞書型のように扱えるので、「キーと値のペア」でデータを保存したり取り出したりできます。

　「PRGパターン」とは、フォームデータの「二重送信」を防止する手法の一つでした。復習になりますがPRGパターンでは、POSTした後にリダイレクトをかけてGETしてページを表示します。これにより、ブラウザの更新ボタンや戻るボタンを押しても、フォームデータが再送信されることを防ぎます（**図5.20**）。

　ここで作成したサンプルプログラムでは、「PRGパターン」のメリットを具体的にイメージすることはできませんが、データベースへのSQL「更新処理」系を作成する場合などにPRGパターンのメリットをイメージできるため、後の章でサンプルプログラムを作成して試しましょう。

5

▼ Formに触れてみよう

図5.20 PRGパターン

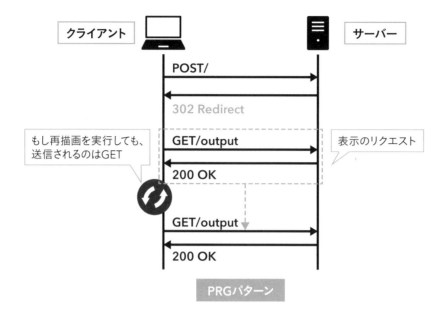

PRGパターン

次の章ではFlaskで「データベース」を使用する方法について説明します。

第 **6** 章

データベースに
触れてみよう

6-1 データベースを作成しよう

Flaskには「データベース」機能がありません。もしデータベースを扱う場合には「外部モジュール」を自分で準備する必要があります。この章では、データベースにアクセスし、データを操作する方法について説明します。まずは「データベース」、「リレーショナルデータベース」について簡単に確認しましょう。

6-1-1 データベースとは？

「データベース」とは「データを格納する」ための「入れ物」です。「データ」の集まりに「何らかのルール」を持たせ、データを整理し保持します。「DB」と略されることが多いです（図6.1）。

図6.1 データベース概要

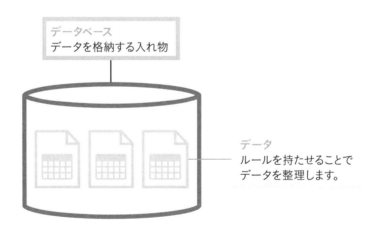

6-1-2 リレーショナルデータベースとは？

「リレーショナルデータベース」とはデータを「表形式」で表し、複数の「表」が「項目の値で関連付け」されているデータベースです。表のことを「テーブル」と言い、テーブルとテーブルとの関連のことを「リレーションシップ」と言います。リレーショナルデータベースは、もっとも一般的なデータベースであり、「RDB」と略されます（図6.2）。

図6.2　リレーショナルデータベース概要

社員テーブル

社員番号	社員氏名	部署番号
1001	山本 一郎	101
1002	田中 次郎	102
1003	鈴木 三郎	101
1004	斎藤 四郎	104

部署テーブル

部署番号	部署名
101	総務部
102	経理部
103	人事部
104	開発部

部署番号を使用して
テーブル間に関連を持たせている

テーブル間の関連のことを
リレーションシップという

6-1-3　SQLiteの使用方法

「SQLite」は、データを「ファイル」として保存する軽量な「リレーショナルデータベース」管理システムです。このシステムは「データベースサーバー」をインストールする必要がなく、データベースを直接ファイルとして扱うことができます。そのため、データベースの管理や設定が容易であり、データベースの学習に適しています。またSQLiteは、多くのプログラミング言語から利用できます。例えばPythonでSQLiteを使用するには「sqlite3」モジュールを使います。sqlite3はPython標準ライブラリに含まれているので、別途インストールする必要はありません。

フォルダとファイルの作成

「SQLite」を使用したプログラムを作成して、理解を深めましょう。

VSCode画面で、「新しいフォルダを作る」アイコンをクリックして、フォルダ「sqlite3-sample」を作成します。作成したフォルダを選択した後、「新しいファイルを作る」アイコンをクリックして、ファイル「db.py」を作成します（**図6.3**）。

図6.3　フォルダとファイルの作成

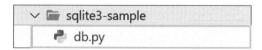

SQLite拡張機能を追加

VSCodeでSQLiteを便利に使用する「SQLite Viewer」拡張機能を追加します。SQLite Viewerは拡張子「sqlite」で作成されたDBファイルをグラフィカルに参照できる拡張機能です。

VSCode画面の「拡張機能」ボタンをクリックし、「拡張機能」の検索バーに「sqlite」と入力します。「SQLite Viewer」を選択し、「インストール」ボタンをクリックし拡張機能を追加します（**図6.4**）。

図 6.4 SQLite

db.pyへの書き込み

ファイルdb.pyに、**リスト6.1**を書き込み後、実行します。

リスト6.1 db.py

```
001: import os
002: import sqlite3
003:
004: # =======================================================
005: # DBファイル作成
006: # =======================================================
007: base_dir = os.path.dirname(__file__)
008: database = os.path.join(base_dir, 'data.sqlite')
009:
010: # =======================================================
011: # SQL
012: # =======================================================
013: # 接続
014: conn = sqlite3.connect(database)
015: print('▼▼▼▼▼▼▼▼▼▼ コネクションの接続 ▼▼▼▼▼▼▼▼▼▼')
016: print()
017: # カーソル
018: cur = conn.cursor()
019: # テーブル削除SQL
020: drop_sql = """
021:     DROP TABLE IF EXISTS items;
022: """
023: cur.execute(drop_sql)
024: print('(1)対象テーブルがあれば削除')
025: # テーブル作成SQL
026: create_sql = """
027:     CREATE TABLE items (
028:         item_id INTEGER PRIMARY KEY AUTOINCREMENT,
029:         item_name STRING UNIQUE NOT NULL,
030:         price INTEGER NOT NULL)
```

```
031:        """
032:    cur.execute(create_sql)
033:    print('(2)テーブル作成')
034:    # データ登録SQL
035:    insert_sql = """
036:        INSERT INTO items (item_name, price) VALUES (?, ?)
037:        """
038:    insert_data_list = [
039:        ('団子', 100), ('肉まん', 150), ('どら焼き', 200)
040:    ]
041:    cur.executemany(insert_sql, insert_data_list)
042:    conn.commit()
043:    print('(3)データ登録：実行')
044:    # データ参照(全件)SQL
045:    select_all_sql = """
046:        SELECT * FROM items
047:        """
048:    cur.execute(select_all_sql)
049:    print('(4)---------- 全件取得：実行 ----------')
050:    data = cur.fetchall()
051:    print(data)
052:    # データ参照(1件)SQL
053:    select_one_sql = """
054:        SELECT * FROM items WHERE item_id = ?
055:        """
056:    id = 3
057:    cur.execute(select_one_sql, (id,))
058:    print('(5)---------- 1件取得：実行 ----------')
059:    data = cur.fetchone()
060:    print(data)
061:    # データ更新SQL
062:    update_sql = """
063:        UPDATE items SET price=? WHERE item_id= ?
064:        """
065:    price = 500
066:    id = 1
067:    cur.execute(update_sql, (price, id))
068:    print('(6)---------- データ更新：実行 ----------')
069:    conn.commit()
070:    cur.execute(select_one_sql, (id,))
071:    data = cur.fetchone()
072:    print('確認のため1件取得：実行', data)
073:    # データ削除SQL
074:    delete_sql = """
075:        DELETE FROM items WHERE item_id= ?
076:        """
077:    id = 3
078:    cur.execute(delete_sql, (id,))
```

6

データベースに触れてみよう

```
079:     conn.commit()
080:     print('(7)---------- データ削除：実行 ----------')
081:     cur.execute(select_all_sql)
082:     data = cur.fetchall()
083:     print('確認のため全件取得：実行', data)
084:     # 閉じる
085:     conn.close()
086:     print()
087:     print('▲▲▲▲▲▲▲▲▲▲ コネクションを閉じる ▲▲▲▲▲▲▲▲▲▲')
```

　7行目「os.path.dirname(__file__)」は現在のスクリプトが存在するディレクトリのパスを取得します。簡単に言うと「db.py」を実行している「ディレクトリ」のパスを取得しています。

　8行目「os.path.join(base_dir, 'data.sqlite')」はdb.pyと同じ「ディレクトリ」に「data.sqlite」という名前の「DBファイル」を作成しています。DBファイルが存在しない場合は自動で新規作成され、DBファイルが存在する場合はそのファイルを使用します。「SQLite」データベースの正体は、ただのファイルです。

　14行目「sqlite3.connect()」関数を使用して「SQLite」データベースに接続します。

　18行目「conn.cursor()」メソッドを使用して「カーソルオブジェクト」を取得しています。「カーソルオブジェクト」は、クエリを実行することで、データベースに対して「登録、参照、更新、削除」などの操作を行うことができます。クエリとは、データベースから特定の情報を取得するための要求のことを指します。これは一般的にSQL（Structured Query Language）という言語を使用して行われ、「CRUD」処理を提供します（コラム参照）。

　「カーソルオブジェクト」のメソッドである「execute()」と「executemany()」は、データベースに対してクエリを送信します。「execute()」メソッドは、SQLクエリを1つだけ実行し、結果を1つだけ取得します。クエリの引数は「タプル」で指定します。

　「executemany()」メソッドは、複数のタプルを「リスト」で渡すことでSQLクエリを複数回実行します。「execute()」は1つの引数を処理するために1回実行され、「executemany()」は引数で渡されるリストの要素数分処理が実行されます。

　「executemany()」は主に、複数のデータを処理したい場合にINSERTやDELETEなどで使用されます。

　50行目「cur.fetchall()」は、「カーソル」から全ての結果を取得し、結果をタプルのリストとして返します。

　59行目「cur.fetchone()」は、「カーソル」から1つの結果を取得し、結果をタプルで返します。これらのメソッドは、主に「SELECT」文の結果を取得するために使用されます。データベースへの変更を保存するには、「conn.commit()」メソッドを使用します。

　85行目「conn.close()」メソッドを使用してデータベース接続を閉じています。

「CRUD」とは、「データベース」における「データ操作」において、以下4つの基本的な操作の頭文字をとった用語です。

- Create（登録）　Read（参照）　Update（更新）　Delete（削除）

これらの操作は、データベース内のテーブルに対して行われます。「Create」は新しいレコードを登録するために使われ、「Read」はレコードの情報を参照するために使われます。「Update」は既存のレコードを更新するために使われ、「Delete」はレコードを削除するために使われます。「CRUD」は、ほとんどのアプリケーションで必要とされる基本的なデータベース操作であり、データベースの設計や実装において重要な考慮事項です。

「プレースホルダー」とは、SQL文の中に埋め込む変数のようなものです。「プレースホルダー」を使用すると、SQL文を動的に生成でき、「SQLインジェクション」などの攻撃を防ぐことができます。

「SQLインジェクション」とは、悪意のあるユーザーが、Webアプリケーションなどの入力フォームに対して、意図的にSQLコマンドを埋め込み、データベースに不正アクセスをする攻撃のことです。

Pythonで「sqlite3」を使用する場合、「プレースホルダー」には「?」を使用します。リスト6.1の67行目「cur.execute(update_sql, (price, id))」を例に説明すると、引数のタプル「(price, id)」が63行目のプレースホルダー「?」へ順番に「値」が代入されます（図6.A）。注意点として、「タプル」の「要素数」は「?の数」と一致させる必要があります。

図6.A　プレースホルダー

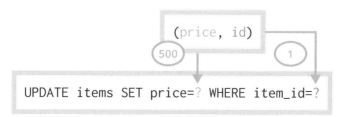

実行する

ファイルdb.pyを実行します。するとDBファイル「data.sqlite」が作成されます(**図6.5**)。

実行すると、ターミナルで「CRUD」の動きを確認できます(**図6.6**)。

作成されたDBファイルdata.sqliteをクリックすると、データをグラフィカルに確認できます(**図6.7**)。

図6.5 DBファイル

sqlite3-sample
data.sqlite
db.py

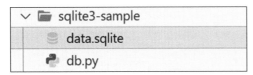

図6.6 CRUD確認

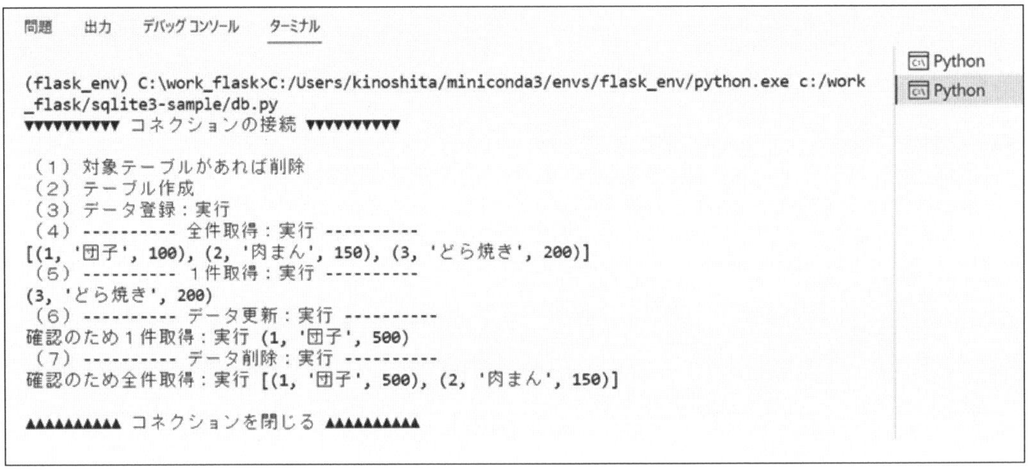

問題
出力
デバッグ コンソール
ターミナル
Python
Python
(flask_env) C:\work_flask>C:/Users/kinoshita/miniconda3/envs/flask_env/python.exe c:/work_flask/sqlite3-sample/db.py
▼▼▼▼▼▼▼▼▼▼ コネクションの接続 ▼▼▼▼▼▼▼▼▼▼
（1）対象テーブルがあれば削除
（2）テーブル作成
（3）データ登録：実行
（4）---------- 全件取得：実行 ----------
[(1, '団子', 100), (2, '肉まん', 150), (3, 'どら焼き', 200)]
（5）---------- 1件取得：実行 ----------
(3, 'どら焼き', 200)
（6）---------- データ更新：実行 ----------
確認のため1件取得：実行 (1, '団子', 500)
（7）---------- データ削除：実行 ----------
確認のため全件取得：実行 [(1, '団子', 500), (2, '肉まん', 150)]
▲▲▲▲▲▲▲▲▲▲ コネクションを閉じる ▲▲▲▲▲▲▲▲▲▲

図6.7 SQLite Viewer

data.sqlite
sqlite3-sample > data.sqlite
Search tables...
Reset Filters
Records: 2
Search 2 records...
Tables (2)
sqlite_sequence
items
item_id
item_name
price
Search column...
1 1 団子 500
2 2 肉まん 150
Page 1 / 1
SQLite Viewer is looking for Sponsors

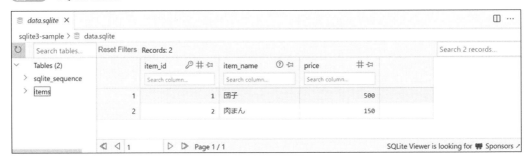

Section

6-2

ORMを使おう

現在のプログラム開発では、DBとのアクセス処理には「O/Rマッパー」というフレームワークを使用することが一般的です。Pythonでは、「ORM（Object Relational Mapper）」と呼ばれます。本文では「ORM」について簡単に説明してから、PythonのORMの一つである「SQLAlchemy」を使用してプログラムを作成する方法を説明します。

6-2-1　ORMとは？

　「ORM」とは、アプリケーションで扱う「O：オブジェクト」と「R：リレーショナルデータベース」とのデータをマッピングするものです。より詳しく説明すると、「ORM」はあらかじめ設定された「O：オブジェクト」と「R：リレーショナルデータベース」との対応関係情報に基づき、インスタンスのデータを対応するテーブルに書き出したり、データベースから値を読み込んでインスタンスに代入したりする操作を自動的に行います（**図6.8**）。

図6.8　ORMのイメージ

6-2-2　SQLAlchemyとは？

　「SQLAlchemy（エスキューエルアルケミー）」とはPythonでよく利用される「ORM」です（**図6.9**）。「SQLAlchemy」を使用するメリットには以下のようなものがあります。

☐ SQLを書かなくてよい

　「SQLAlchemy」を使うことで、「Python」のオブジェクトを使用してデータベース操作ができ

るため、直感的でわかりやすい書き方ができます。SQL文を直接書く必要がなくなるため、データベースに関する知識が不足している場合でも、コードを書くことができます。

ORMによるクロスプラットフォーム

「クロスプラットフォーム (Cross-platform)」とは、異なるオペレーティングシステムやデバイスで同じアプリケーションを実行することができるソフトウェア開発技術のことです。「ORM」を使用することにより、異なるデータベース間での移植性が向上します。つまり、同じコードを異なるデータベースで使用することができます。

セッション管理

「SQLAlchemy」は、セッション管理を行えます。これにより、データベースへの接続やトランザクション処理などを自動的に行うことができます。セッションを使用することで、トランザクションが自動的にコミットまたはロールバックされるため、データの整合性を維持することができます。

図6.9 SQLAlchemyのイメージ

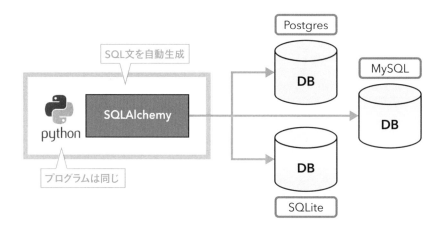

6-2-3 SQLAlchemyの使用方法

フォルダとファイルの作成

「SQLAlchemy」を使ったプログラムを作成して、理解を深めましょう。VSCodeの画面で、「新しいフォルダを作る」アイコンをクリックして、「sqlalchemy-sample」という名前のフォルダを作成します。作成したフォルダを選択した後、「新しいファイルを作る」アイコンをクリックして、「db.py」という名前のファイルを作成します（**図6.10**）。

図6.10 フォルダとファイルの作成

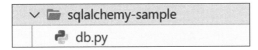

図6.10 フォルダとファイルの作成

```
∨ 📁 sqlalchemy-sample
      🐍 db.py
```

SQLAlchemyのインストール

「SQLAlchemy」を使用するためには、コマンド「pip install sqlalchemy==2.0.15」を使用して SQLAlchemyをインストールします（**図6.11**）。仮想環境「flask_env」上で実行してください。

図6.11 SQLAlchemy

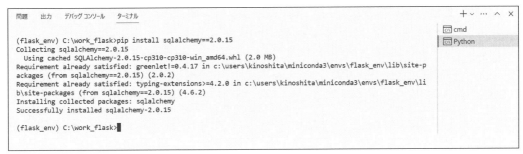

```
問題   出力   デバッグ コンソール   ターミナル                                              + ∨ … ∧ ×     cmd
                                                                                                  Python
(flask_env) C:\work_flask>pip install sqlalchemy==2.0.15
Collecting sqlalchemy==2.0.15
  Using cached SQLAlchemy-2.0.15-cp310-cp310-win_amd64.whl (2.0 MB)
Requirement already satisfied: greenlet!=0.4.17 in c:\users\kinoshita\miniconda3\envs\flask_env\lib\site-p
ackages (from sqlalchemy==2.0.15) (2.0.2)
Requirement already satisfied: typing-extensions>=4.2.0 in c:\users\kinoshita\miniconda3\envs\flask_env\li
b\site-packages (from sqlalchemy==2.0.15) (4.6.2)
Installing collected packages: sqlalchemy
Successfully installed sqlalchemy-2.0.15

(flask_env) C:\work_flask>█
```

db.pyへの書き込み

ファイルdb.pyに、**リスト6.2**を書き込みます。

リスト6.2 db.py

```python
001:  import os
002:  from sqlalchemy import create_engine, Column, Integer, String, or_
003:  from sqlalchemy.ext.declarative import declarative_base
004:  from sqlalchemy.orm import sessionmaker
005:
006:  # ==================================================
007:  # DBファイル作成
008:  # ==================================================
009:  base_dir = os.path.dirname(__file__)
010:  database = 'sqlite:///' + os.path.join(base_dir, 'data.sqlite')
011:  # データベースエンジンを作成
012:  db_engine = create_engine(database, echo=True)
013:  Base = declarative_base()
014:
015:  # ==================================================
016:  # モデル
017:  # ==================================================
018:  class Item(Base):
```

```
019:        # テーブル名
020:        __tablename__ = 'items'
021:        # 商品ID
022:        id = Column(Integer, primary_key=True, autoincrement=True)
023:        # 商品名
024:        name = Column(String(255), nullable=False, unique=True)
025:        # 価格
026:        price = Column(Integer, nullable=False)
027:
028:        # コンストラクタ
029:        def __init__(self, name, price):
030:            self.name = name
031:            self.price = price
032:
033:        # 表示用関数
034:        def __str__(self):
035:            return f"Item(商品ID：{self.id}, 商品名：{self.name}, 価格：{self.price})"
036:
037:    # ===================================================
038:    # テーブル操作
039:    # ===================================================
040:    print('(1)テーブルを作成')
041:    Base.metadata.create_all(db_engine)
042:
043:    # セッションの生成
044:    session_maker = sessionmaker(bind=db_engine)
045:    session = session_maker()
046:
047:    print('(2)データ削除：実行')
048:    session.query(Item).delete()
049:    session.commit()
050:
051:    # データ作成
052:    print('(3)データ登録：実行')
053:    item01 = Item('団子', 100)
054:    item02 = Item('肉まん', 150)
055:    item03 = Item('どら焼き', 200)
056:    session.add_all([item01, item02, item03])
057:    session.commit()
058:
059:    print('(4)データ参照：実行')
060:    item_all_list = session.query(Item).order_by(Item.id).all()
061:    for row in item_all_list:
062:        print(row)
063:
064:    print('(5)データ更新1件：実行')
065:    target_item = session.query(Item).filter(Item.id==3).first()
066:    target_item.price = 500
```

```
067:    session.commit()
068:    target_item = session.query(Item).filter(Item.id==3).first()
069:    print('確認用', target_item)
070:
071:    print('(6)データ更新複数件：実行')
072:    target_item_list = session.query(Item).filter(or_(Item.id==1, Item.id==2)).all()
073:    for target_item in target_item_list:
074:        target_item.price = 999
075:    session.commit()
076:    item_all_list = session.query(Item).order_by(Item.id).all()
077:    print('確認')
078:    for row in item_all_list:
079:        print(row)
```

2行目〜4行目の「from sqlalchemy」は「SQLAlchemy」の機能をインポートしています。

9行目の「base_dir = os.path.dirname(__file__)」は実行したファイルdb.pyのあるフォルダの場所を取得しています。

10行目の「database = 'sqlite:///' + os.path.join(base_dir, 'data.sqlite')」で使用するDBを作成しています。今回は「SQLite」を使用するため接頭辞が「sqlite:///」になります。

12行目の「db_engine = create_engine(database , echo=True)」で「SQLAlchemy」からDBに接続するための「データベースエンジン」を作成しています。「データベースエンジン」とはデータベース管理システム（DBMS）がデータベースからデータを「登録、参照、更新、削除」するための基盤ソフトウェアです。「echo=True」を記述することで「SQLAlchemy」が裏で実行する「SQL」文を「ターミナル」に表示させることができます。「SQLAlchemy」では「データベース」の「テーブル」を表現する「モデル」クラスを定義します。

○「モデル」クラスとは？

「モデル」クラスは、アプリケーションのロジックにおいて扱いやすい形式でデータを表現するためのクラスです。「SQLAlchemy」ではモデルは「Base」と呼ばれる型オブジェクトを継承したクラスを作成する必要があります。「モデル」クラスは、アプリケーション内でデータを表現するためのものであり、ORMを通じてデータベースとやり取りをします。

「Base」と呼ばれる型オブジェクトを作成している処理が13行目の「Base = declarative_base()」です。

18行目〜35行目で「モデル」クラスを定義しています。「モデル」は13行目で取得した「Base」を継承したクラスになります。

20行目の「__tablename__ = 'items'」はテーブル名を「items」と設定しています。アプリケーションを実行した後に作成されるDBファイルdata.sqliteの中を参照すると、テーブル名が「items」になっていることを確認できます（**図6.12**）。

まだ実行していないので実行したら確認してください。

<figure>
図6.12 テーブル名

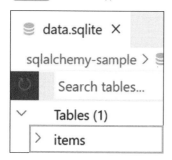
</figure>

　21行目〜26行目が「カラム」の定義です。「Column」クラスは、「SQLAlchemy」でテーブルの列を定義するためのクラスです。列のデータ型や制約を指定するために使用されます。

　22行目「id = Column(Integer, primary_key=True, autoincrement=True)」は、id列のデータ型は「整数型」であり、「primary_key=True」によって「主キー制約」が設定されています。また、「autoincrement=True」によって、新しい行がテーブルへ追加されるたびにid列の値が自動的に「インクリメント」されます。「インクリメント」とは、数値を1だけ増やすことを指します。

　24行目、26行目「nullable=False」は、その列に対して「NULL値」を許容しないことを示します。つまり、その列には常に値が入力されなければなりません。

　24行目「unique=True」は、その列に対して一意の値しか許容しないことを示します。つまり、同じ値が列内で重複することを許可しません。

　表6.1に一般的な列の型を、**表6.2**に設定できる制約の一例を示します。他にも多くの型があります。また「SQLAlchemy」は、データベース固有の列の型を定義するための機能も提供しています。

　列の型について、もっと詳細に知りたい場合は公式ドキュメントを参照してください。

- URL

  https://docs.sqlalchemy.org/en/14/core/type_basics.html#generic-types

表6.1 SQLAlchemyの列の種類

名前	説明
Integer	整数型
Float	浮動小数点型
String	文字列：長さを指定することができる
Text	長い文字列
Boolean	真偽値
Date	日付：年、月、日
DateTime	日付と時間：年、月、日、時間、分、秒、およびマイクロ秒

表6.2 SQLAlchemyの列の制約

名前		説明
primary_key	主キー制約	一意の値を識別するためのカラムを定義するには「primary_key=True」とします。複合主キー制約：対象の複数列に「primary_key=True」を設定します
unique	ユニーク制約	重複する値を持たせないためのカラムを定義するには「unique=True」とします。主キーとは異なり、NULL値を含めることができます
nullable	NULL許容制約	NULL値を許容するかどうかを定義します。許可しない場合は「nullable=False」とします
default	デフォルト値制約	新しい行が挿入されたときにカラムに設定されるデフォルト値を定義するには「default=値」とします
index	インデックス制約	カラムに対してインデックスを作成するには「index=True」とします。インデックスを利用することでデータベースのパフォーマンスを向上させ、検索の処理速度を高速化することができます。インデックスをイメージすると「本の目次」のようなものです

34行目「def __str__(self):」は「Python」でオブジェクトを文字列に変換するための「特殊メソッド」です。

41行目「Base.metadata.create_all(db_engine)」は、「SQLAlchemy」で定義された「モデル」クラスに基づいて、データベースの「テーブル」を作成するメソッドです。引数には「create_engine」メソッドで作成されたオブジェクトを渡します。「create_all」メソッドを呼び出すと、「モデル」クラスから、接続しているデータベースに対しテーブルが作成されます。

SQLiteのテーブル構造を確認するには？

アプリケーションを実行した後に作成されるDBファイルdata.sqliteに対して処理を行います[注1]。

「SQLite」のコマンドラインツールである「sqlite3」にアクセスします。「ターミナル」にて「sqlite3 data.sqlite」コマンドを入力します（**図6.13**）。

図6.13 sqlite3 その1

```
問題   出力   デバッグコンソール   ターミナル

(flask_env) C:\work_flask\sqlalchemy-sample>sqlite3 data.sqlite
SQLite version 3.41.2 2023-03-22 11:56:21
Enter ".help" for usage hints.
sqlite> █
```

（注1）ファイルdb.pyをまだ実行していないので、実行後に確認してください。

「.tables」コマンドを実行して、データベースに存在するテーブルの一覧を表示します（**図6.14**）。

sqlite3 その2

```
sqlite> .tables
items
sqlite> █
```

「.schema テーブル名」コマンドを実行して、指定したテーブルの構造を表示します（**図6.15**）。

sqlite3 その3

```
sqlite> .schema items
CREATE TABLE items (
        id INTEGER NOT NULL,
        name VARCHAR(255) NOT NULL,
        price INTEGER NOT NULL,
        PRIMARY KEY (id),
        UNIQUE (name)
);
sqlite> █
```

「sqlite3」から抜け出すには「.quit」コマンドまたは「.exit」コマンドを実行します（**図6.16**）。

sqlite3 その4

```
(flask_env) C:\work_flask\sqlalchemy-sample>sqlite3 data.sqlite
SQLite version 3.41.2 2023-03-22 11:56:21
Enter ".help" for usage hints.
sqlite> .quit

(flask_env) C:\work_flask\sqlalchemy-sample>█
```

44行目、45行目で「SQLAlchemy」でデータベースとの「セッション」を管理するための「セッションオブジェクト」を生成しています。

48行目「session.query(Item).delete()」でItemモデルから全てのデータを削除しています。

56行目「session.add_all()」を使用することで、複数のオブジェクトを一度にセッションに追加しています。

「session.commit()」は、セッション内で実行された「トランザクション」をデータベースにコミットするためのメソッドです。セッション内で「登録、削除、更新」などの操作を行った場合、「session.commit()」を呼び出すことで、変更をデータベースに反映することができます。

session.query()メソッド

「session.query()」の引数には、「取得したいテーブル」を指定します。「query」メソッドに対しては**表6.3**のようなメソッドを続けて記述できます。

表6.3 メソッド

名前	説明
filter( )	条件に合致するレコードのみを抽出します
first( )	最初の1件だけを取得します
all( )	全てのレコードを取得します
order_by( )	取得したレコードを指定のカラムでソートできます

「SQLAlchemy」では、「session.query()」を使用して「クエリ」を作成できます。このメソッドを呼び出すと、「Query」オブジェクトが作成されます。「Query」オブジェクトには、テーブルから取得したいデータを指定するためのメソッドが多々あり、これらのメソッドをチェーン（鎖）の様に繋げることで一度に複数の条件を指定できます。

72行目「session.query(Item).filter(or_(Item.id==1, Item.id==2)).all()」を例に説明します。

「session.query(Item)」までが「Item」モデルが対象という記述です。（ここまでが処理1）

「.filter(or_(Item.id==1, Item.id==2))」までが（処理1）に対して抽出条件として「idが1または2」のデータを抽出します。「or_()」を使用しているので条件は「または」になります（ここまでが処理2）。

「.all()」で（処理2）で抽出したデータを全て取得しています。

「SQLAlchemy」で更新を行う場合、「session.query()」を使用してデータを取得し、取得したデータを変更してから「session.commit()」を呼び出すことでデータを更新できます。72行目～75行目で更新処理を行っています。

実行する

「db.py」を実行します。DBファイル「data.sqlite」が作成されます（**図6.17**）。

図6.17 data.sqlite

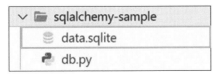

12行目「db_engine = create_engine(database, echo=True)」で「echo=True」としていることで、「SQLAlchemy」が裏で実行しているSQLをターミナルに表示しています（**図6.18**）。オブジェクトのメソッドを使用することでSQLがORMによって生成され実行されています。Pythonで人

気のあるORM、「SQLAlchemy」の使用方法をイメージできましたでしょうか？

図6.18 ターミナル

```
問題   出力   デバッグコンソール   ターミナル                                    CN Python
                                                                           CN cmd
s.id = ?
2023-05-29 05:37:22,567 INFO sqlalchemy.engine.Engine [generated in 0.00035s] [(999, 1),
(999, 2)]
2023-05-29 05:37:22,568 INFO sqlalchemy.engine.Engine COMMIT
2023-05-29 05:37:22,575 INFO sqlalchemy.engine.Engine BEGIN (implicit)
2023-05-29 05:37:22,575 INFO sqlalchemy.engine.Engine SELECT items.id AS items_id, items.
name AS items_name, items.price AS items_price
FROM items ORDER BY items.id
2023-05-29 05:37:22,576 INFO sqlalchemy.engine.Engine [cached since 0.02856s ago] ()
確認
Item(商品ID : 1, 商品名 : 団子, 価格 : 999)
Item(商品ID : 2, 商品名 : 肉まん, 価格 : 999)
Item(商品ID : 3, 商品名 : どら焼き, 価格 : 500)
```

Column | ORMを使用するメリットとデメリット

ORM (Object-Relational Mapping) は、プログラミング言語のオブジェクトとデータベースのリレーション (テーブル) をマッピングする技術です。これにより、データベース操作をプログラムのオブジェクトとして扱うことができます。

○ メリット
● SQLを直接書く必要がない
ORMを使用すると、データベース操作をプログラムのメソッドとして扱うことができます。これにより、SQLを直接書く必要がなくなります。
● データベースの抽象化
ORMはデータベースの具体的な実装を抽象化します。これにより、異なる種類のデータベース間での移行が容易になります。

○ デメリット
● パフォーマンス
ORMは抽象化のレイヤーを追加するため、直接SQLを書くよりもパフォーマンスが低下する可能性があります。
● 複雑なクエリ
ORMは基本的なCRUD操作を簡単にする一方で、複雑なクエリを書くのを難しくする可能性があります。

6-3 結合を使おう

前節で作成した**db.py**で「**SQLAlchemy**」を使用して1テーブルに対する「**CRUD**」処理を行いました。しかし実業務で１テーブルだけに対する処理を行うのは稀な例です。「**RDB**」を使用する場合、テーブル関係を示すリレーションを用いて複数テーブルからデータを取得する「結合」を使用するのが一般的です。ここでは「**SQLAlchemy**」を使用した「結合」について説明します。

6-3-1 内部結合「join()」

SQLAlchemyでは、「query()」の後に「join()」を記述することでテーブル同士を「内部結合」できます。以下に「内部結合の方法」を示します。

○ 内部結合

```
session.query(テーブル名, 出力するフィールド)
.join(結合するテーブル名, テーブル同士の関連付け)
```

☐ テーブル構成

図**6.19**に示すテーブル構造を使用して「結合」について説明します。

図6.19　テーブル構造

商品テーブル

列	型	制約
商品ID	数値	PK
商品名	文字列	UK、NOT NULL
価格	数値	NOT NULL

店舗テーブル

列	型	制約
店舗ID	数値	PK
店舗名	文字列	UK、NOT NULL

在庫テーブル

列	型	制約
店舗ID	数値	PK
商品ID	数値	PK
在庫	数値	

FK制約は設定していません

FK制約とは、あるテーブルのカラムにある値が、他のテーブルのカラムにある値と一致することを強制する制約です。

フォルダとファイルの作成

「SQLAlchemy」を使用した「内部結合」のプログラムを作成し、理解を深めましょう。VSCode画面にて、「新しいフォルダを作る」アイコンをクリックし、フォルダ「sqlalchemy-join-sample」を作成します。作成したフォルダを選択後「新しいファイルを作る」アイコンをクリックし、ファイル「db.py」を作成します（**図6.20**）。

図6.20 フォルダとファイルの作成

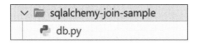

db.pyへの書き込み

ファイルdb.pyに、**リスト6.3**を書き込みます。

リスト6.3 db.py

```
001:    import os
002:    from sqlalchemy import create_engine, Column, Integer, String
003:    from sqlalchemy.ext.declarative import declarative_base
004:    from sqlalchemy.orm import sessionmaker
005:
006:    # ======================================================
007:    # DBファイル作成
008:    # ======================================================
009:    base_dir = os.path.dirname(__file__)
010:    database = 'sqlite:///' + os.path.join(base_dir, 'data.sqlite')
011:    # データベースエンジンを作成
012:    db_engine = create_engine(database, echo=True)
013:    Base = declarative_base()
014:
015:    # ======================================================
016:    # モデル
017:    # ======================================================
018:    # 商品
019:    class Item(Base):
020:        # テーブル名
021:        __tablename__ = 'items'
022:        # 商品ID
023:        item_id = Column(Integer, primary_key=True)
024:        # 商品名
025:        item_name = Column(String(255), nullable=False, unique=True)
026:        # 価格
027:        price = Column(Integer, nullable=False)
```

```
028:
029:    # 店舗
030:    class Shop(Base):
031:        # テーブル名
032:        __tablename__ = 'shops'
033:        # 店舗ID
034:        shop_id = Column(Integer, primary_key=True)
035:        # 店舗名
036:        shop_name = Column(String(255), nullable=False, unique=True)
037:
038:    # 在庫
039:    class Stock(Base):
040:        # テーブル名
041:        __tablename__ = 'stocks'
042:        # 店舗ID
043:        shop_id = Column(Integer, primary_key=True)
044:        # 商品ID
045:        item_id = Column(Integer, primary_key=True)
046:        # 在庫
047:        stock = Column(Integer)
048:
049:    # ===================================================
050:    # テーブル操作
051:    # ===================================================
052:    print('(1)テーブルを削除してから作成')
053:    Base.metadata.drop_all(db_engine)
054:    Base.metadata.create_all(db_engine)
055:
056:    # セッションの生成
057:    session_maker = sessionmaker(bind=db_engine)
058:    session = session_maker()
059:
060:    # データ作成
061:    print('(2)データ登録：実行')
062:    # 商品
063:    item01 = Item(item_id=1, item_name='団子', price=100)
064:    item02 = Item(item_id=2, item_name='肉まん', price=150)
065:    item03 = Item(item_id=3, item_name='どら焼き', price=200)
066:    item04 = Item(item_id=4, item_name='コンビーフ', price=500)
067:    session.add_all([item01, item02, item03, item04])
068:    session.commit()
069:    # 店
070:    shop01 = Shop(shop_id=1, shop_name='東京店')
071:    shop02 = Shop(shop_id=2, shop_name='大阪店')
072:    session.add_all([shop01, shop02])
073:    session.commit()
074:    # 在庫
075:    stock01 = Stock(shop_id=1, item_id=1, stock=10)
```

```
076:    stock02 = Stock(shop_id=1, item_id=2, stock=20)
077:    stock03 = Stock(shop_id=1, item_id=3, stock=30)
078:    stock04 = Stock(shop_id=2, item_id=1, stock=100)
079:    stock05 = Stock(shop_id=2, item_id=2, stock=200)
080:    stock06 = Stock(shop_id=2, item_id=3, stock=300)
081:    session.add_all([stock01, stock02, stock03, stock04, stock05, stock06])
082:    session.commit()
083:
084:    print('(3)データ参照：実行')
085:    print('■：内部結合')
086:    join_3tables_all = session.query(Shop, Item.item_name, Stock.stock).join¥
087:        (Stock, Shop.shop_id == Stock.shop_id).join¥
088:        (Item, Item.item_id == Stock.item_id).all()
089:
090:    for row in join_3tables_all:
091:        print(f'店：{row.Shop.shop_name} -> 商品名：{row.item_name} -> 在庫数：{row.
        stock}')
```

53行目「Base.metadata.drop_all(db_engine)」は、SQLAlchemyが提供するメソッドの1つで、指定されたエンジンに接続して、そのエンジンに関連する全てのテーブルを削除します。

63行目「item01 = Item(item_id=1, item_name='団子', price=100)」はモデルのインスタンスを生成しています。SQLAlchemyのモデルでは、コンストラクタ（__init__メソッド）を明示的に定義しなくても、モデルのインスタンスを作成する際にフィールド名と値をキーワード引数として渡すことができます。これはSQLAlchemyが内部でデフォルトのコンストラクタを提供しているためです。

この場合、item_id、item_name、priceというキーワード引数を使用して、各フィールドに値を設定しています。ただし、item01 = Item(1, '団子', 100)のようにキーワード引数を省略してインスタンスを作成することはできません。これはSQLAlchemyのデフォルトのコンストラクタがキーワード引数のみを受け取るためです。

86行目～88行目で「join()」を使用して店テーブル、商品テーブル、在庫テーブルに対して「内部結合」を実施しています。内部結合部分のソースコードを分割して説明します。

⊙ session.query(Shop, Item.item_name, Stock.stock)

session.query()メソッドを使用して、ShopテーブルのフィールドすべてとItemテーブルのitem_nameフィールド、Stockテーブルのstockフィールドをデータ取得対象としています。

⊙ .join(Stock, Shop.shop_id == Stock.shop_id)

join()メソッドを使用して、ShopテーブルとStockテーブルを内部結合します。結合条件は、Shopテーブルのshop_idフィールドがStockテーブルのshop_idフィールドと等しい場合に結合します。

○ **.join(Item, Item.item_id == Stock.item_id)**

同様に、ItemテーブルとStockテーブルを内部結合します。結合条件は、Itemテーブルの item_idフィールドがStockテーブルのitem_idフィールドと等しい場合に結合します。

○ **.all()**

最後に、all()メソッドを使用してクエリを実行し、結果を全て取得します。このクエリの結果は、店の全てのフィールドと商品名、在庫数のリストになります。

90、91行目で「内部結合」を実施した結果データを「for」繰り返し文を使用して、1行毎に表示しています。row.Shop.shop_nameはShopテーブルのshop_nameフィールドを参照し、row.item_nameとrow.stockはItemテーブルのitem_nameフィールドとStockテーブルのstockフィールドをそれぞれ参照しています。

🔲 実行する

db.pyを実行するとDBファイルdata.sqliteが作成されます。作成されたDBファイルdata.sqliteをクリックしてデータを確認しましょう（**図6.21**）。

図6.21 データ

○ **items**

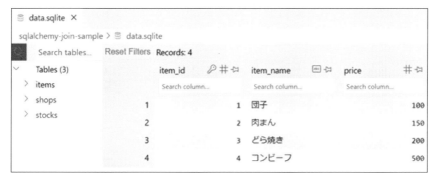

○ **shops**

○ **stocks**

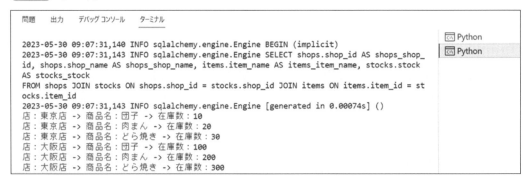

ターミナルで「内部結合」の動きを確認できます（**図6.22**）。

図6.22 ターミナル

```
問題    出力    デバッグ コンソール    ターミナル

                                                                        📟 Python
2023-05-30 09:07:31,140 INFO sqlalchemy.engine.Engine BEGIN (implicit)  📟 Python
2023-05-30 09:07:31,143 INFO sqlalchemy.engine.Engine SELECT shops.shop_id AS shops_shop_
id, shops.shop_name AS shops_shop_name, items.item_name AS items_item_name, stocks.stock
AS stocks_stock
FROM shops JOIN stocks ON shops.shop_id = stocks.shop_id JOIN items ON items.item_id = st
ocks.item_id
2023-05-30 09:07:31,143 INFO sqlalchemy.engine.Engine [generated in 0.00074s] ()
店：東京店 -> 商品名：団子 -> 在庫数：10
店：東京店 -> 商品名：肉まん -> 在庫数：20
店：東京店 -> 商品名：どら焼き -> 在庫数：30
店：大阪店 -> 商品名：団子 -> 在庫数：100
店：大阪店 -> 商品名：肉まん -> 在庫数：200
店：大阪店 -> 商品名：どら焼き -> 在庫数：300
```

SQLAlchemyを使用した「内部結合」についてイメージできましたでしょうか？
次はSQLAlchemyを使用した「外部結合」について説明します。

6-3-2 外部結合「outerjoin()」

「SQLAlchemy」では、「query()」の後に「outerjoin()」を記述することでテーブル同士を「外部結合」できます。外部結合とは、2つのテーブルを結合する際に、結合する要素が両方のテーブルに存在しない場合でも、各テーブルのデータをすべて表示する結合です。以下に「外部結合の方法」を示します。

○ 外部結合

```
session.query(テーブル名, 出力するフィールド)
.outerjoin(結合するテーブル名, テーブル同士の関連付け)
```

db.pyへの書き込み

ファイルdb.pyの末尾に、**リスト6.4**を追記します。

リスト6.4 db.py

```
001:   # ▼▼▼ リスト6.4 追加 ▼▼▼
002:   print('■' * 100)
003:
004:   print('■：外部結合')
005:   outerjoin_2tables_all = session.query(Item, Stock.stock).outerjoin¥
006:       (Stock, Item.item_id == Stock.item_id).all()
007:
008:   for row in outerjoin_2tables_all:
009:       print(f'商品名：{row.Item.item_name} -> 在庫数：{row.stock}')
010:   # ▲▲▲ リスト6.4 追加 ▲▲▲
```

5行目〜6行目で「outerjoin()」を使用して商品テーブル、在庫テーブルに対して「外部結合」を実施しています。外部結合部分のソースコードを分割して説明します。

○ session.query(Item, Stock.stock)

session.query()メソッドを使用して、Itemテーブルの全てとStockテーブルのstockフィールドをデータ取得対象としています。

○ .outerjoin(Stock, Item.item_id == Stock.item_id)

outerjoin()メソッドを使用して、ItemテーブルとStockテーブルを外部結合します。結合条件は、Itemテーブルのitem_idフィールドがStockテーブルのitem_idフィールドと等しい場合に結合します。SQLAlchemyのouterjoin()メソッドは、デフォルトで左外部結合を実施します。

○ .all()

最後に、all()メソッドを使用してクエリを実行し、結果を全て取得します。

8、9行目で「外部結合」を実施した結果データを「for」繰り返し文を使用して、1行毎に表示しています。

実行する

ファイルdb.pyを実行します。ターミナルで「外部結合」の動きを確認できます（図**6.23**）。

図6.23 ターミナル

```
問題    出力    デバッグ コンソール    ターミナル                              Python
■：外部結合                                                               Python
2023-05-30 20:04:30,627 INFO sqlalchemy.engine.Engine SELECT items.item_id AS items_item_
id, items.item_name AS items_item_name, items.price AS items_price, stocks.stock AS stock
s_stock
FROM items LEFT OUTER JOIN stocks ON items.item_id = stocks.item_id
2023-05-30 20:04:30,627 INFO sqlalchemy.engine.Engine [generated in 0.00039s] ()
商品名：団子 -> 在庫数：10
商品名：団子 -> 在庫数：100
商品名：肉まん -> 在庫数：20
商品名：肉まん -> 在庫数：200
商品名：どら焼き -> 在庫数：30
商品名：どら焼き -> 在庫数：300
商品名：コンビーフ -> 在庫数：None
```

6-3-3　SQLAlchemyの「relationship」

　SQLAlchemyの「relationship」は、「ORM」で定義された2つのクラス間の「関係性」を表現するために使用されます。「relationship」を使用することで、外部キー制約の定義やJOINの作成、クエリの自動生成などをサポートしてくれます。また、モデル間の「1対1」、「1対多」、「多対多」の関係を定義することができます。

■「1対1」、「1対多」、「多対多」

　「1対1」、「1対多」、「多対多」とはデータベースにおけるテーブル同士の関連性（リレーションシップ）の種類です。

○ 1対1

　「1対1」とは2つのテーブル間において、テーブル「1レコード」に対して、別テーブルの「1レコード」が対応する関連性です。例えば、「従業員」テーブルとその従業員の所属する「部署」テーブルを考えると、1人の従業員に対して、所属部署は1つです。これが「1対1」のリレーションシップになります（**図6.24**）。

図6.24 1対1

開発部

①　　　　　　　　　　①

○ 1対多

　「1対多」とは「1レコード」に対して、別テーブルの「複数レコード」が対応する関連性です。例

えば、「部署」テーブルと部署に所属する従業員の「従業員」テーブルを考えると、「部署」に対して「複数の従業員」が所属しています。これが「1対多」のリレーションシップになります（**図6.25**）。

図6.25　1 対 多

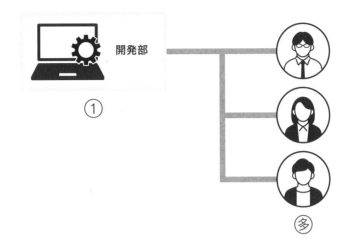

①

多

多対多

　「多対多」とはテーブル間で「複数レコード」がお互いに対応する関連性です。例えば、「店舗」テーブルと「商品」テーブルを考えると、商品は複数の店舗に置かれます。店舗に置かれる商品の「在庫数」を考える場合、「店舗」テーブルと「商品」テーブルに「多対多」のリレーションシップを持たせることで「店舗」毎の「商品」の「在庫数」を表すことができます。「多対多」のリレーションシップを実現するには「店舗」テーブルと「商品」テーブルの2テーブルを中間テーブル「在庫」テーブルで繋げることで実現できます（**図6.26**）。

図6.26　多対多

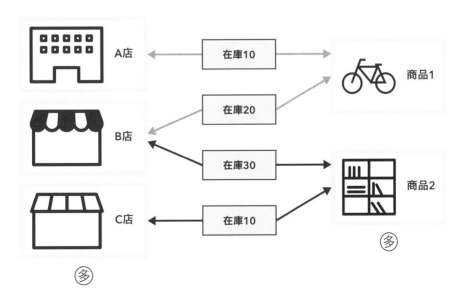

フォルダとファイルの作成

SQLAlchemyの「relationship」を使用したプログラムを作成し、理解を深めましょう。VSCode画面にて「新しいフォルダを作る」アイコンをクリックし、フォルダ「sqlalchemy-relationship-sample」を作成します。作成したフォルダを選択後「新しいファイルを作る」アイコンをクリックし、ファイルdb.pyを作成します（**図6.27**）。

図6.27 フォルダとファイルの作成

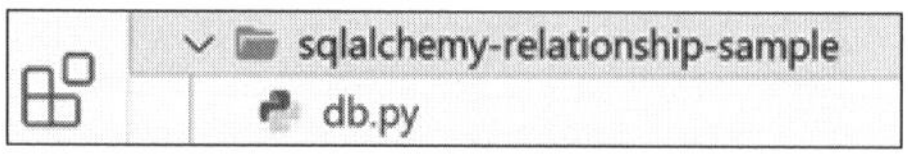

```
⊟⊟     ∨ 🗀 sqlalchemy-relationship-sample
           🐍 db.py
```

db.pyへの書き込み

ファイルdb.pyに、**リスト6.5**を記述します。

リスト6.5 db.py

```python
001:  import os
002:  from sqlalchemy import create_engine, Column, Integer, String, ForeignKey
003:  from sqlalchemy.ext.declarative import declarative_base
004:  from sqlalchemy.orm import sessionmaker, relationship
005:
006:  # ===================================================
007:  # DBファイル作成
008:  # ===================================================
009:  base_dir = os.path.dirname(__file__)
010:  database = 'sqlite:///' + os.path.join(base_dir, 'data.sqlite')
011:  # データベースエンジンを作成
012:  db_engine = create_engine(database, echo=True)
013:  Base = declarative_base()
014:
015:  # ===================================================
016:  # モデル
017:  # ===================================================
018:  # 部署
019:  class Department(Base):
020:      # テーブル名
021:      __tablename__ = 'departments'
022:      # 部署ID
023:      id = Column(Integer, primary_key=True, autoincrement=True)
024:      # 部署名
025:      name = Column(String, nullable=False, unique=True)
026:      # リレーション: 1対多
027:      employees = relationship("Employee", back_populates = "department")
```

```
028:
029:     # 表示用関数
030:     def __str__(self):
031:         return f"部署ID：{self.id}，部署名：{self.name}"
032:
033: # 従業員
034: class Employee(Base):
035:     # テーブル名
036:     __tablename__ = 'employees'
037:     # 従業員ID
038:     id = Column(Integer, primary_key=True, autoincrement=True)
039:     # 従業員名
040:     name = Column(String, nullable=False)
041:     # ForeignKeyには「テーブル名.カラム名」を指定
042:     department_id = Column(Integer, ForeignKey('departments.id'))
043:     # リレーション： 1対1
044:     department = relationship("Department", back_populates = "employees",
     uselist=False)
045:
046:     # 表示用関数
047:     def __str__(self):
048:         return f"従業員ID：{self.id}，従業員名：{self.name}"
049:
050: # ====================================================
051: # テーブル操作
052: # ====================================================
053: print('(1)テーブルを削除してから作成')
054: Base.metadata.drop_all(db_engine)
055: Base.metadata.create_all(db_engine)
056:
057: # セッションの生成
058: session_maker = sessionmaker(bind=db_engine)
059: session = session_maker()
060:
061: # データ作成
062: print('(2)データ登録：実行')
063: # 部署
064: dept01 = Department(name='開発部')
065: dept02 = Department(name='営業部')
066:
067: # 従業員
068: emp01 = Employee(name='太郎')
069: emp02 = Employee(name='ジロウ')
070: emp03 = Employee(name='さぶろう')
071: emp04 = Employee(name='花子')
072:
073: # 部署に従業員を紐づける
074: # 開発部：太郎、ジロウ
```

```
075:    # 営業部：さぶろう、花子
076:    dept01.employees.append(emp01)
077:    dept01.employees.append(emp02)
078:    dept02.employees.append(emp03)
079:    dept02.employees.append(emp04)
080:
081:    # セッションで「部署」を登録
082:    session.add_all([dept01, dept02])
083:    session.commit()
084:
085:    print('(3)データ参照：実行')
086:    print('■：Employeeの参照')
087:    target_emp = session.query(Employee).filter_by(id=1).first()
088:    print(target_emp)
089:    print('■：Employeeに紐付いたDepartmentの参照')
090:    print(target_emp.department)
091:
092:    print('■' * 100)
093:
094:    print('■：Departmentの参照')
095:    target_dept = session.query(Department).filter_by(id=1).first()
096:    print(target_dept)
097:    print('■：Departmentに紐付いたのEmployeeの参照')
098:    for emp in target_dept.employees:
099:        print(emp)
```

　リスト**6.5**の重要点である、2行目「ForeignKey」、4行目「relationship」についてまずは説明します。

◎ ForeignKey

　SQLAlchemyの「ForeignKey」は、「外部キー制約」を表現するためのクラスです。「ForeignKey」は、テーブル間のリレーションシップを表現するときに使用されます。

　42行目で「ForeignKey」を使用しています。外部キー制約とは、あるテーブルの列が、他テーブルの特定列と関連付けられていることを保証する制約のことです。

　例えば、あるテーブルの列が他テーブルの主キーを参照する場合、外部キー制約を使用して「参照先のテーブル」のデータを変更または削除する際に、「参照元のテーブル」の整合性を保つことができます。

　図**6.28**に「ForeignKey」の設定方法を示します。

図6.28 ForeignKey

ForeignKeyのコンストラクタには、外部テーブルのテーブル名とカラム名を指定する

```
# 従業員テーブル内
# ForeignKeyには「テーブル名.カラム名」を指定
department_id = Column(Integer, ForeignKey('departments.id'))
```

```
# 部署
class Department(base):
    # テーブル名
    __tablename__ = 'departments'
    # 部署ID
    id = Column(Integer, primary_key=True, autoincrement=True)
```

relationship

SQLAlchemyの「relationship」関数は、テーブル間のリレーションシップを定義するために使用されます。リレーションシップを定義するには、関数の引数に関連する「モデル」クラスを指定し、2つのテーブル間のリレーションシップの種類（1対1、1対多、多対多）を指定します。「relationship」関数は、27行目、44行目で使用しています。**図6.29**に「relationship」の設定方法を示します。

図6.29 relationship

```
Departmentクラス
# リレーション: 1対多        ①                    ②
employees = relationship("Employee", back_populates = "department")
```

「Department」クラスの「employees」プロパティは①と②の設定で、「Employee」クラスの「department」プロパティに関連付けられます。
back_populates：リレーションの双方向性を定義しています。
双方向性とは簡単に言うと、リレーションシップを定義してどちらからでも参照できることを言います。
つまり「部署」テーブルからも「従業員」テーブルからも参照できる定義です。
リレーションシップは「部署」と「従業員」の関係が「1対多」になっています。

```
Employee クラス
# リレーション: 1対1        ③                    ④
department = relationship("Department", back_populates = "employees", uselist=False)
```

「Employee」クラスの「department」プロパティは③と④の設定で、「Department」クラスの「employees」プロパティに関連付けられます。
uselist=False：リレーションシップが関連オブジェクトのコレクションではなく、単一のオブジェクトを返す方法を指定するオプションです。
リレーションシップは「従業員」と「部署」の関係が「1対1」になっています。

189

「relationship」関数の詳細をもっと知りたい場合は、公式ドキュメントを参照ください。

- URL
  https://docs.sqlalchemy.org/en/14/orm/basic_relationships.html#one-to-many

ソースコード詳細解説

76行目〜79行目で「Department」クラスの「employees」フィールドに対してリレーションシップ「1対多」が設定されているので、「append()」を使用して「Employee」インスタンスを追加することができます。「append()」は、リストオブジェクトのメソッドで、新しい要素をリストの末尾に追加します。

86行目〜90行目で、「従業員」情報から関連する「1対1」関係の「部署」情報を取得しています。

「session.query(Employee).filter_by(id=1).first()」は、EmployeeテーブルからIDが1のレコードを検索するクエリを作成し、その結果の最初のレコードを取得します。「query」メソッドは、検索対象のテーブルを指定し、「filter_by」メソッドは、検索条件を指定します。「first」メソッドは、検索結果の最初のレコードを返します。

「print(target_emp.department)」は、検索で取得した従業員が所属する部署を表示します。部署は、Employeeオブジェクトのdepartment属性を通じてアクセス可能です。つまり従業員が所属する部署を直接取得することができます。

95行目〜99行目で「部署」情報から関連する「1対多」関係の「従業員」情報を取得しています。

「session.query(Department).filter_by(id=1).first()」は、DepartmentテーブルからIDが1のレコードを検索するクエリを作成し、その結果の最初のレコードを取得します。

「for emp in target_dept.employees:」は、特定の部署（target_dept）に所属するすべての「従業員」情報を繰り返し表示します。employeesは、Departmentクラスに定義されたrelationship関数によって作成された属性で、部署に所属するすべての従業員を表します。この属性を通じて、部署に所属するすべての従業員を直接取得することができます。

「モデル」内に「relationship」を設定することで、「ORM」により裏でSQLが自動実行され関連する情報を取得することができます。

実行する

ファイルdb.pyを実行します。ターミナルで従業員から部署のリレーションシップ「1対1」と、部署から従業員のリレーションシップ「1対多」の動きを確認できます（**図6.30**）。

図6.30 ターミナル

```
（3）データ参照：実行
■：Employeeの参照
2023-07-29 20:00:18,613 INFO sqlalchemy.engine.Engine BEGIN (implicit)
2023-07-29 20:00:18,615 INFO sqlalchemy.engine.Engine SELECT employees.id AS employees_id, employees.
FROM employees
WHERE employees.id = ?
 LIMIT ? OFFSET ?
2023-07-29 20:00:18,616 INFO sqlalchemy.engine.Engine [generated in 0.00064s] (1, 1, 0)
従業員ID：1，従業員名：太郎
■：Employeeに紐付いたDepartmentの参照
2023-07-29 20:00:18,619 INFO sqlalchemy.engine.Engine SELECT departments.id AS departments_id, depart
FROM departments
WHERE departments.id = ?
2023-07-29 20:00:18,619 INFO sqlalchemy.engine.Engine [generated in 0.00059s] (1,)
部署ID：1，部署名：開発部
████████████████████████████████████████████████████████████████████████████████████
■：Departmentの参照
2023-07-29 20:00:18,621 INFO sqlalchemy.engine.Engine SELECT departments.id AS departments_id, depart
FROM departments
WHERE departments.id = ?
 LIMIT ? OFFSET ?
2023-07-29 20:00:18,622 INFO sqlalchemy.engine.Engine [generated in 0.00040s] (1, 1, 0)
部署ID：1，部署名：開発部
■：Departmentに紐付いたのEmployeeの参照
2023-07-29 20:00:18,623 INFO sqlalchemy.engine.Engine SELECT employees.id AS employees_id, employees.
FROM employees
WHERE ? = employees.department_id
2023-07-29 20:00:18,624 INFO sqlalchemy.engine.Engine [generated in 0.00031s] (1,)
従業員ID：1，従業員名：太郎
従業員ID：2，従業員名：ジロウ

(flask_env) C:\work_flask>
```

Column | 条件抽出メソッド

　プロジェクト sqlalchemy-sample で記述した**リスト6.2**では「filter()」を使用していました。今回のプロジェクト sqlalchemy-relationship-sample で記述した**リスト6.5**では「filter_by()」を使用して条件に一致するデータを抽出していました。以下に違いをまとめます。

○ **filter() メソッド**

　フィルタ条件をオブジェクトとして指定します。比較演算子や論理演算子を使用して複雑なクエリを構築することができます。

　例えば、session.query(Item).filter(Item.item_id == 1).filter(Item.price == 100).first() というクエリは、Item モデルから ID が1で、金額が100の商品を取得します。

○ **filter_by() メソッド**

　キーワード引数を使用してフィルタ条件を指定します。フィルタ条件は列名と値のペアとして指定されます。

　例えば、session.query(Item).filter_by(item_id=1, price=100).first() というクエリは、

6

▼

データベースに触れてみよう

ItemモデルからIDが1で、金額が100の商品を取得します。

「filter」と「filter_by」の動作を確認する場合は、前回作成したプロジェクトsqlalchemy-join-sampleのファイルdb.pyの末尾に、**リスト6.6**を追記して、db.pyを実行してください。

リスト6.6 **db.py**

```
001:  # ▼▼▼ リスト6.6 追加 ▼▼▼
002:  # filter
003:  target_A = session.query(Item).filter(Item.item_id == 1).filter(Item.
      price == 100).first()
004:  print(f'商品ID : {target_A.item_id} -> 商品名 : {target_A.item_name} ->
      金額 : {target_A.price}')
005:  # filter_by
006:  target_B = session.query(Item).filter_by(item_id=1, price=100).first()
007:  print(f'商品ID : {target_B.item_id} -> 商品名 : {target_B.item_name} ->
      金額 : {target_B.price}')
008:  # ▲▲▲ リスト6.6 追加 ▲▲▲
```

プロジェクトsqlalchemy-join-sampleのファイルdb.pyを実行します。

フォルダとファイルの作成

リレーションシップ「多対多」の動きについて、プログラムを作成しながら学習しましょう。既に作成しているプロジェクトsqlalchemy-join-sampleのファイルdb.pyを修正して動作を確認したいと思います。

○ フォルダのコピー&ペースト

プロジェクトsqlalchemy-join-sampleに対し、右クリックで表示される「ダイアログ」にて「コピー」をクリックします。その後プロジェクトsqlalchemy-join-sampleと同じ階層に右クリックで表示される「ダイアログ」にて「貼り付け」をクリックして、フォルダを作成します（**図6.31**）。

図6.31 プロジェクトのコピー

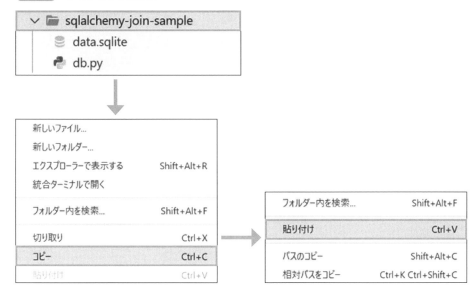

作成されたプロジェクトsqlalchemy-join-sample copyをプロジェクト名sqlalchemy-relationship-sample2に変更します（**図6.32**）。

図6.32 プロジェクト名変更

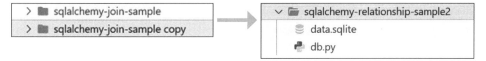

db.pyへの修正1

ファイルdb.pyのモデル記述部分を、**リスト6.7**に修正してください。

リスト6.7 db.py

```
001:    # ▼▼▼ リスト6.7 修正 ▼▼▼
002:    # =================================================
003:    # モデル
004:    # =================================================
005:    # 商品
006:    class Item(Base):
007:        # テーブル名
008:        __tablename__ = 'items'
009:        # 商品ID
010:        item_id = Column(Integer, primary_key=True)
011:        # 商品名
012:        item_name = Column(String(255), nullable=False, unique=True)
```

```
013:        # 価格
014:        price = Column(Integer, nullable=False)
015:        # リレーション
016:        shops = relationship("Shop", secondary="stocks", back_populates="items")
017:
018: # 店舗
019: class Shop(Base):
020:        # テーブル名
021:        __tablename__ = 'shops'
022:        # 店舗ID
023:        shop_id = Column(Integer, primary_key=True)
024:        # 店舗名
025:        shop_name = Column(String(255), nullable=False, unique=True)
026:        # リレーション
027:        items = relationship("Item", secondary="stocks", back_populates="shops")
028:
029: # 在庫
030: class Stock(Base):
031:        # テーブル名
032:        __tablename__ = 'stocks'
033:        # 店舗ID
034:        shop_id = Column(Integer, ForeignKey('shops.shop_id'), primary_key=True)
035:        # 商品ID
036:        item_id = Column(Integer, ForeignKey('items.item_id'), primary_key=True)
037:        # 在庫
038:        stock = Column(Integer)
039: # ▲▲▲ リスト6.7 修正 ▲▲▲
```

　変更部分16行目と27行目の「secondary="stocks"」は、「SQLAlchemy」において「多対多」の
リレーションシップを定義するためのパラメータです。このパラメータは「多対多」の「リレーショ
ンシップ」で「中間テーブル」として使用されるテーブルを指定するために使用されます。ここで
は、ItemモデルとShopモデルの間に「多対多」のリレーションシップがあることを示しています。
このリレーションシップは、Stockモデルを「中間テーブル」として使用しています。つまり、
ItemモデルとShopモデルは、Stockモデルを介して関連付けられます（**図6.33**）。

図6.33 多対多

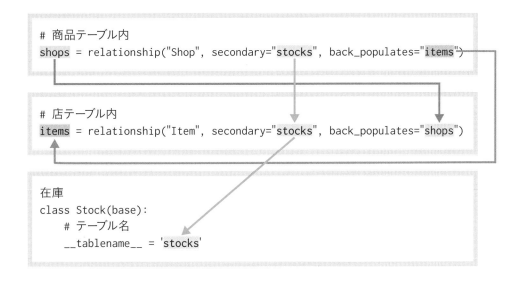

```
# 商品テーブル内
shops = relationship("Shop", secondary="stocks", back_populates="items")

# 店テーブル内
items = relationship("Item", secondary="stocks", back_populates="shops")

在庫
class Stock(base):
    # テーブル名
    __tablename__ = 'stocks'
```

Itemモデルのshopsフィールドに、Shopモデルのitemsフィールドにリレーションを定義しています。どちらのリレーションも「secondary="stocks"」を指定します。「stocks」はStockモデルで定義しているテーブル名になります。これによりItemモデルとShopモデルは、Stockモデルを介して関連付けられ「多対多」のリレーションシップが定義されます。

34行目、36行目で「ForeignKey」を使用してStockモデルに外部キー制約を定義しています。

db.pyへの修正2

ファイルdb.pyのデータ参照：実行部分を、リスト6.8に書き換えてください。

リスト6.8 db.py

```
001:  # ▼▼▼ リスト6.8 追加 ▼▼▼
002:  print('(3)データ参照：実行')
003:  print('■：Shopの参照')
004:  target_shop = session.query(Shop).filter_by(shop_id=1).first()
005:  print(f'店舗名：{target_shop.shop_name}')
006:  print('■：リレーションから商品の参照')
007:  # target_shopが持つ商品情報を取得する
008:  for item in target_shop.items:
009:      # itemに対応する在庫情報を取得する
010:      stock = session.query(Stock).filter_by(shop_id=target_shop.shop_id, item_
      id=item.item_id).first()
011:      # 在庫数を表示する
012:      print(f"商品名：{item.item_name} -> 在庫数: {stock.stock}")
013:  # ▲▲▲ リスト6.8 追加 ▲▲▲
```

6

データベースに触れてみよう

4行目「target_shop = session.query(Shop).filter_by(shop_id=1).first()」店舗IDが1の店舗を
データベースから取得します。first()メソッドは、クエリ結果の最初のレコードを返します。

8行目「for item in target_shop.items:」取得した店舗(target_shop)が持つすべての商品を繰
り返し処理します。itemsは、Shopクラスに定義されたrelationship関数によって作成された
フィールドで、店舗が持つすべての商品を表します。この属性を通じて、店舗が持つすべての商
品を直接取得することができます。

10行目は繰り返し処理で取得した各商品(item)に対応する在庫情報をデータベースから取得
します。

「stock = session.query(Stock).filter_by(shop_id=target_shop.shop_id, item_id=item.item_
id).first()」filter_byメソッドを使用して、店舗IDと商品IDが一致する在庫情報を検索します。

12行目「print(f"商品名：{item.item_name} -> 在庫数: {stock.stock}")」は取得した商品名とそ
の在庫数を表示します。

このコードにより、特定の店舗が持つすべての商品とその在庫数が表示されます。

■ 実行する

ファイルdb.pyを実行します。ターミナルでリレーションシップ「多対多」の動きを確認でき
ます(図**6.34**)。「SQLAlchemy」の「relationship」を使用して「リレーションシップ」からデータ
を取得する方法をイメージできましたでしょうか？

図6.34 ターミナル結果「多対多」

```
（3）データ参照：実行
■：Shopの参照
2023-07-23 09:45:07,896 INFO sqlalchemy.engine.Engine BEGIN (implicit)
2023-07-23 09:45:07,898 INFO sqlalchemy.engine.Engine SELECT shops.shop_id AS shops_shop_id, shops.shop_name AS shops_shop_name
FROM shops
WHERE shops.shop_id = ?
 LIMIT ? OFFSET ?
2023-07-23 09:45:07,899 INFO sqlalchemy.engine.Engine [generated in 0.00044s] (1, 1, 0)
店舗名：東京店
■：リレーションから商品の参照
2023-07-23 09:45:07,902 INFO sqlalchemy.engine.Engine SELECT items.item_id AS items_item_id, items.item_name AS items_item_name, items.price AS items_price
FROM items, stocks
WHERE ? = stocks.shop_id AND items.item_id = stocks.item_id
2023-07-23 09:45:07,903 INFO sqlalchemy.engine.Engine [generated in 0.00056s] (1,)
2023-07-23 09:45:07,904 INFO sqlalchemy.engine.Engine SELECT stocks.shop_id AS stocks_shop_id, stocks.item_id AS stocks_item_id, stocks.stock AS stocks_stock
FROM stocks
WHERE stocks.shop_id = ? AND stocks.item_id = ?
 LIMIT ? OFFSET ?
2023-07-23 09:45:07,905 INFO sqlalchemy.engine.Engine [generated in 0.00112s] (1, 1, 1, 0)
商品名：団子 -> 在庫数: 10
2023-07-23 09:45:07,907 INFO sqlalchemy.engine.Engine SELECT stocks.shop_id AS stocks_shop_id, stocks.item_id AS stocks_item_id, stocks.stock AS stocks_stock
FROM stocks
WHERE stocks.shop_id = ? AND stocks.item_id = ?
 LIMIT ? OFFSET ?
2023-07-23 09:45:07,907 INFO sqlalchemy.engine.Engine [cached since 0.003914s ago] (1, 2, 1, 0)
商品名：肉まん -> 在庫数: 20
2023-07-23 09:45:07,909 INFO sqlalchemy.engine.Engine SELECT stocks.shop_id AS stocks_shop_id, stocks.item_id AS stocks_item_id, stocks.stock AS stocks_stock
FROM stocks
WHERE stocks.shop_id = ? AND stocks.item_id = ?
 LIMIT ? OFFSET ?
2023-07-23 09:45:07,909 INFO sqlalchemy.engine.Engine [cached since 0.005563s ago] (1, 3, 1, 0)
商品名：どら焼き -> 在庫数: 30

(flask_env) C:\work_flask>
```

Flaskでデータベースを使おう

7-1 Flask-SQLAlchemyを使おう

「SQLAlchemy」は「ORM」として「Pythonオブジェクト」と「リレーショナルデータベース」のテーブルをマッピングし、データベース操作を簡単に行えました。実は「Flask」と「SQLAlchemy」を組み合わせることで、Webアプリケーションで基本的なデータベース操作（登録、参照、更新、削除など）を簡単に行える拡張機能があります。それが「Flask-SQLAlchemy」です。

7-1-1 Flask-SQLAlchemyのインストール

「Flask-SQLAlchemy」を使用するにはインストールする必要があります。仮想環境「flask_env」上でコマンド「pip install flask-sqlalchemy==3.0.3」と入力してFlask-SQLAlchemyをインストールしましょう（**図7.1**）。

図7.1 Flask-SQLAlchemy

```
問題   出力   デバッグ コンソール   ターミナル                                    + ∨  ⋯
                                                                      cmd
                                                                      Python
(flask_env) C:\work_flask>pip install flask-sqlalchemy==3.0.3
Collecting flask-sqlalchemy==3.0.3
  Using cached Flask_SQLAlchemy-3.0.3-py3-none-any.whl (24 kB)
Requirement already satisfied: Flask>=2.2 in c:\users\kinoshita\miniconda3\envs\flask_env\lib\site-pa
ckages (from flask-sqlalchemy==3.0.3) (2.3.2)
```

7-1-2 Flask-SQLAlchemyの使用方法

☐ フォルダとファイルの作成

「Flask-SQLAlchemy」を使用したプログラムを作成し、理解を深めましょう。VSCode画面にて「新しいフォルダを作る」アイコンをクリックし、フォルダ「flask-sqlalchemy-sample」を作成します。

作成したフォルダを選択後「新しいファイルを作る」アイコンをクリックし、ファイル「app.py」を作成します（**図7.2**）。

図7.2 フォルダとファイルの作成

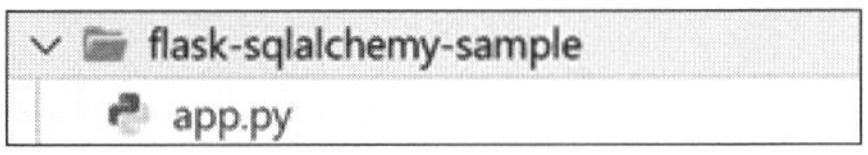

```
∨  📁 flask-sqlalchemy-sample
      🐍 app.py
```

app.pyへの書き込み

ファイルapp.pyに、**リスト7.1**を書き込みます。

リスト7.1 **app.py**

```python
001:  import os
002:  from flask import Flask
003:  from flask_sqlalchemy import SQLAlchemy
004:
005:  # =================================================
006:  # インスタンス生成
007:  # =================================================
008:  app = Flask(__name__)
009:
010:  # =================================================
011:  # Flaskに対する設定
012:  # =================================================
013:  import os
014:  # 乱数を設定
015:  app.config['SECRET_KEY'] = os.urandom(24)
016:  # DBファイルの設定
017:  base_dir = os.path.dirname(__file__)
018:  database = 'sqlite:///' + os.path.join(base_dir, 'data.sqlite')
019:  app.config['SQLALCHEMY_DATABASE_URI'] = database
020:  app.config['SQLALCHEMY_TRACK_MODIFICATIONS'] = False
021:
022:  # ★db変数を使用してSQLAlchemyを操作できる
023:  db = SQLAlchemy(app)
024:
025:  #=================================================
026:  # モデル
027:  #=================================================
028:  # 課題
029:  class Task(db.Model):
030:      # テーブル名
031:      __tablename__ = 'tasks'
032:
033:      # 課題ID
034:      id = db.Column(db.Integer, primary_key=True, autoincrement=True)
035:      # 内容
036:      content = db.Column(db.String(200), nullable=False)
```

Flaskでデータベースを使おう

```
037:
038:        # 表示用
039:        def __str__(self):
040:            return f'課題ID：{self.id} 内容：{self.content}'
041:
042:    # =====================================================
043:    # DB作成
044:    # =====================================================
045:    def init_db():
046:        with app.app_context():
047:            print('（1）テーブルを削除してから作成')
048:            db.drop_all()
049:            db.create_all()
050:
051:            # データ作成
052:            print('（2）データ登録：実行')
053:            task01 = Task(content='風呂掃除')
054:            task02 = Task(content='洗濯')
055:            task03 = Task(content='買い物')
056:            db.session.add_all([task01, task02, task03])
057:            db.session.commit()
058:
059:    # =====================================================
060:    # CRUD操作
061:    # =====================================================
062:    # 登録
063:    def insert():
064:        with app.app_context():
065:            print('========== 1件登録 ==========')
066:            task04 = Task(content='請求書作成')
067:            db.session.add(task04)
068:            db.session.commit()
069:            print('登録 =>', task04)
070:
071:    # 参照（全件）
072:    def select_all():
073:        print('========== 全件取得 ==========')
074:        with app.app_context():
075:            tasks = Task.query.all()
076:            for task in tasks:
077:                print(task)
078:
079:    # 参照（1件）
080:    def select_filter_pk(pk):
081:        print('========== 1件取得 ==========')
082:        with app.app_context():
083:            target = Task.query.filter_by(id = pk).first()
084:            print('更新後 =>', target)
```

```
085:
086:     # 更新
087:     def update(pk):
088:         print('========== 更新実行 ==========')
089:         with app.app_context():
090:             target = Task.query.filter_by(id = pk).first()
091:             print('更新前 =>', target)
092:             target.content = '課題を変更'
093:             db.session.add(target)
094:             db.session.commit()
095:
096:     # 削除
097:     def delete(pk):
098:         print('========== 削除処理 ==========')
099:         with app.app_context():
100:             target = Task.query.filter_by(id = pk).first()
101:             db.session.delete(target)
102:             db.session.commit()
103:             print('削除 =>', target)
104:
105:     # ===================================================
106:     # 実行
107:     # ===================================================
108:     if __name__ == '__main__':
109:         init_db()              # DB初期化
110:         insert()               # 1件登録処理
111:         update(1)              # 更新処理
112:         select_filter_pk(1)    # 1件取得（更新後の値を取得）
113:         delete(2)              # 削除処理
114:         select_all()           # 全件取得
```

　19行目「app.config['SQLALCHEMY_DATABASE_URI'] = database」はFlaskアプリケーションにおける、SQLAlchemyを使用して「データベース」との接続を確立するためのURI（Uniform Resource Identifier）を表し、データベースの種類、場所、認証情報などの情報を設定します。「URI」とは、インターネット上のリソースを一意に識別するための文字列のことです。今回は「SQLite」を使用するためURIの先頭に「sqlite:///」を付与し、「app.py」と同じディレクトリにあるDBファイル「data.sqlite」を指定しています。

　設定するURIの例として、データベース別に**表7.1**のようなものがあります。

表7.1　Database URI

DB名	Database URI
SQLite	sqlite:///example.sqlite
PostgreSQL	postgresql://username:password@hostname/database
MySQL	mysql://username:password@hostname/database

設定するURIの構造は、「データベース」の種類によって異なりますので使用する「データベース」に合わせてください。

20行目「SQLALCHEMY_TRACK_MODIFICATIONS」は、SQLAlchemyが不必要なトラッキングを行わないようにするための設定です。推奨される設定は「False」です。「トラッキング」とはオブジェクトの変更を追跡することを意味します。SQLAlchemyは、アプリケーションで発生した変更をトラッキングできますが、この機能は大量のオーバーヘッドを引き起こし、パフォーマンスに悪影響を与える可能性があります。「オーバーヘッド」とは処理時に余計にかかる負荷のことです。したがって、「False」に設定することが推奨されます。

23行目「db = SQLAlchemy(app)」この記述をすることで、変数「db」を使用してFlaskアプリケーションでSQLAlchemyを使用できます。

29行目「class Task(db.Model):」の内容は「6-2-3　SQLAlchemyの使用方法」のリスト6.2で行っていた「class Item(Base):」と同様です。Flask-SQLAlchemyを使用する場合は、23行目「db = SQLAlchemy(app)」で作成した変数「db」の「Model」を継承したクラスを作成することで、「モデル」クラスを作成します。「モデル」クラスは、アプリケーションで扱うデータを表現するためのオブジェクトです。

46行目「app.app_context()」は、「アプリケーションコンテキスト」を作成するための構文です。「アプリケーションコンテキスト」は、Flaskアプリケーションがリクエストを処理する際に必要な情報を保存するためのオブジェクトです。Flaskでデータベースへ「クエリ」を実行する際には、「with app.app_context():」ブロック内で「クエリ」を実行しましょう。

45行目〜57行目で「テーブル」を作成し「データ」を投入する処理を関数にしています。

63行目〜69行目で登録処理「C」、87行目〜94行目で更新処理「U」、97行目〜103行目で削除処理「D」を関数にしています。

SQLAlchemyを用いた更新系処理「CUD」は、23行目「db = SQLAlchemy(app)」で作成した変数「db」を用いて「db.session」の後に「add」や「delete」を記述することで処理します。

参照系処理「R」は、75行目「tasks = Task.query.all()」、83行目「target = Task.query.filter_by(id = pk).first()」で記述しています。「flask_sqlalchemy」パッケージが提供する機能により「モデル」クラスに続けて「query」を記述できます。処理内容は「SQLAlchemy」で使用していた「session.query(Task)」と同じようにデータを取得できます。

108行目「if __name__ == '__main__':」以降にapp.pyを実行したときに、呼び出す各関数を記述しています。

app.pyを実行する

ファイルapp.pyを実行します。Flaskで「SQLAlchemy」を使用した動きを確認できます（図7.3）。

図7.3　ターミナル

```
(flask_env) C:\work_flask>C:/Users/kinoshita/miniconda3/envs/flask_env/python.exe c:/work_flask/
（1）テーブルを削除してから作成
（2）データ登録：実行
========== 1件登録 ==========
登録 => 課題ID：4 内容：請求書作成
========== 更新実行 ==========
更新前 => 課題ID：1 内容：風呂掃除
========== 1件取得 ==========
更新後 => 課題ID：1 内容：課題を変更
========== 削除処理 ==========
削除 => 課題ID：2 内容：洗濯
========== 全件取得 ==========
課題ID：1 内容：課題を変更
課題ID：3 内容：買い物
課題ID：4 内容：請求書作成
```

Column | SQLite3を使用するメリットとデメリット

SQLite3を使用するメリットとデメリットを以下にまとめます。

○ **メリット**

● **軽量**

SQLite3は非常に軽量なデータベースで、サーバーが不要で、使用するのに設定もほとんど必要ありません。これにより、開発に直ぐに入れます。

● **移植性**

SQLite3のデータベースは単一のファイルとして保存されるため、システム間で簡単に移動することができます。

● **使いやすさ**

インストールの設定などがほとんどないため、学習に適しています。

○ **デメリット**

● **スケーラビリティ**

SQLite3は小規模なアプリケーションには適していますが、大量データを扱う大規模なアプリケーションには向いていません。

● **並行性**

SQLite3は書き込み操作が同時に一つしかできないため、多くのユーザーが同時にデータを更新しようとするとパフォーマンスが低下する可能性があります。

● **高度な機能の欠如**

SQLite3は基本的なSQL操作をサポートしていますが、より高度な機能（ストアドプロシージャなど）はサポートしていません[1]。

※1　ストアドプロシージャとは、データベースに対する連続した複数の処理を一つのプログラムにまとめ、データと共に保存できるようにしたものです。

7-2 Flask-Migrateを使おう

> 「**Flask-Migrate**」は**Flask**アプリケーションで「データベース」の「マイグレーション」
> を簡単に行うことができるライブラリです。このライブラリを使用することで、データ
> ベースのスキーマを変更する際に必要な手順を自動化することができます。「スキー
> マ」とは、データベースの構造や制約を定義する仕組みを指します。まずは「マイグレー
> ション」について説明します。

7-2-1 マイグレーションとは？

　「マイグレーション」とは、「データベース」の設計を変更する処理のことです。例えば、既存
アプリケーションに新しい機能を追加する場合、「データベース」に新しいテーブルや列を追加
する必要があります。その時、マイグレーションを行うことで、データベースの「スキーマ」を
変更することができます。

マイグレーションの実行方法

　マイグレーションの実行方法は、使用している言語やフレームワークによって異なりますが、
一般的な方法は以下になります。

　① マイグレーション用の「スクリプト」を作成します。
　②「スクリプト」を実行して、データベースの「スキーマ」を変更します。

7-2-2 Flask-Migrateのインストール

　Flaskでマイグレーションを使用するには「Flask-Migrate」を使用します。まずは「Flask-
Migrate」を使用するためにインストールしましょう。仮想環境「flask_env」上でコマンド「pip
install flask-migrate==4.0.4」と入力してFlask-Migrateをインストールします（図**7.4**）。

図7.4 Flask-Migrate

```
問題    出力    デバッグ コンソール    ターミナル                                    + ∨  ⋯  ∧  ×
                                                                              🖥 cmd
(flask_env) C:\work_flask>pip install flask-migrate==4.0.4                    🖥 Python
Collecting flask-migrate==4.0.4
  Using cached Flask_Migrate-4.0.4-py3-none-any.whl (20 kB)
Requirement already satisfied: alembic>=1.9.0 in c:\users\kinoshita\miniconda3\envs\flask_env\lib\sit
e-packages (from flask-migrate==4.0.4) (1.11.1)
Requirement already satisfied: Flask>=0.9 in c:\users\kinoshita\miniconda3\envs\flask_env\lib\site-pa
ckages (from flask-migrate==4.0.4) (2.3.2)
Requirement already satisfied: Flask-SQLAlchemy>=1.0 in c:\users\kinoshita\miniconda3\envs\flask_env\
lib\site-packages (from flask-migrate==4.0.4) (3.0.3)
```

7-2-3 Flask-Migrateの使用方法

☐ フォルダとファイルの作成

「Flask-Migrate」を使用したプログラムを作成し理解を深めましょう。VSCode画面にて「新しいフォルダを作る」アイコンをクリックし、フォルダ「flask-migrate-sample」を作成します。

作成したフォルダを選択後「新しいファイルを作る」アイコンをクリックし、ファイル「app.py」を作成します（**図7.5**）。

図7.5 フォルダとファイルの作成

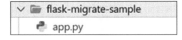

☐ app.pyへの書き込み

ファイルapp.pyに、**リスト7.2**を書き込みます。

リスト7.2 app.py

```
001:    import os
002:    from flask import Flask
003:    from flask_sqlalchemy import SQLAlchemy
004:    from flask_migrate import Migrate
005:
006:    # ================================================
007:    # インスタンス生成
008:    # ================================================
009:    app = Flask(__name__)
010:
011:    # ================================================
012:    # Flaskに対する設定
013:    # ================================================
```

```
014:    import os
015:    # 乱数を設定
016:    app.config['SECRET_KEY'] = os.urandom(24)
017:    base_dir = os.path.dirname(__file__)
018:    database = 'sqlite:///' + os.path.join(base_dir, 'data.sqlite')
019:    app.config['SQLALCHEMY_DATABASE_URI'] = database
020:    app.config['SQLALCHEMY_TRACK_MODIFICATIONS'] = False
021:
022:    # ★db変数を使用してSQLAlchemyを操作できる
023:    db = SQLAlchemy(app)
024:    # ★「flask_migrate」を使用できる様にする
025:    Migrate(app, db)
026:
027:    #==================================================
028:    # モデル
029:    #==================================================
030:    # 課題
031:    class Task(db.Model):
032:        # テーブル名
033:        __tablename__ = 'tasks'
034:
035:        # 課題ID
036:        id = db.Column(db.Integer, primary_key=True, autoincrement=True)
037:        # 内容
038:        content = db.Column(db.String(200), nullable=False)
039:
040:        # 表示用
041:        def __str__(self):
042:            return f'課題ID：{self.id} 内容：{self.content}'
```

　「Flask-Migrate」はFlaskアプリケーションのデータベーススキーマを「マイグレーション」するための拡張機能です。「Migrate」オブジェクトを使用して、データベーススキーマの変更を検出し、適切なSQLを生成してデータベースを更新します（**図7.6**）。

　Migrateオブジェクトを使用するには、まず「Flask」と「SQLAlchemy」の「オブジェクト」を作成する必要があります。25行目「Migrate(app, db)」は、Migrateオブジェクト作成時に「app」と「db」を引数で渡しています。

図7.6 Migrateイメージ

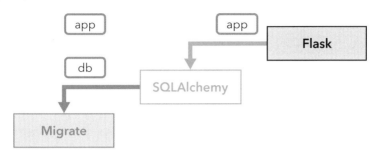

Flask-Migrateでマイグレーションする

表7.2に主要なマイグレーションコマンドを記述します。

表7.2 マイグレーションコマンド

コマンド	説明
flask db init	「Flask-Migrate」を使用する前に必要なファイルを作成するために使用されます。このコマンドは、マイグレーション用のディレクトリとファイルを作成します
flask db migrate	マイグレーションスクリプトを作成するために使用されます。このコマンドは、アプリケーションの現在のデータベーススキーマの状態を記録するために使用されます
flask db upgrade	データベースのスキーマをアップグレードするために使用されます。このコマンドは、マイグレーションスクリプトを使用して、データベーススキーマを最新のバージョンに更新します
flask db downgrade	データベースのスキーマをダウングレードするために使用されます。このコマンドは、以前のバージョンのマイグレーションスクリプトを使用して、データベーススキーマを以前の状態に戻します

プロジェクト flask-migrate-sample を選択し、右クリックして表示されるダイアログにて「統合ターミナルで開く」を選択し、ターミナルを表示させます。選択したプロジェクトがカレントディレクトリになります（図7.7）。カレントディレクトリとは、現在作業しているディレクトリ（フォルダ）のことを指します。

図7.7 統合ターミナル

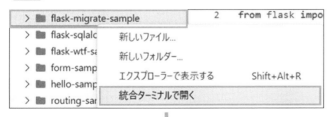

```
問題   出力   デバッグ コンソール   ターミナル

Microsoft Windows [Version 10.0.22621.1702]
(c) Microsoft Corporation. All rights reserved.

C:\work_flask\flask-migrate-sample>C:/Users/kinoshita/miniconda3/Scripts/activate

(base) C:\work_flask\flask-migrate-sample>conda activate flask_env

(flask_env) C:\work_flask\flask-migrate-sample>█
```

　ターミナルでコマンド「flask db init」を実行します（**図7.8**）。もし実行するファイルが「app.
py」や「wsgi.py」でない場合、「FLASK_APP環境変数」にファイルを設定する必要があります。詳
しくは「2-1-2 ハローワールドを読み解く」の**表2.1**を参照ください。

図7.8　ターミナル

```
(flask_env) C:\work_flask\flask-migrate-sample>flask db init
Creating directory 'C:\\work_flask\\flask-migrate-sample\\migrations' ... done
Creating directory 'C:\\work_flask\\flask-migrate-sample\\migrations\\versions' ... done
Generating C:\work_flask\flask-migrate-sample\migrations\alembic.ini ... done
Generating C:\work_flask\flask-migrate-sample\migrations\env.py ... done
Generating C:\work_flask\flask-migrate-sample\migrations\README ... done
Generating C:\work_flask\flask-migrate-sample\migrations\script.py.mako ... done
Please edit configuration/connection/logging settings in 'C:\\work_flask\\flask-migrate-sample\\migratio
ns\\alembic.ini' before proceeding.
```

　マイグレーション用のディレクトリとファイルが作成されます（**図7.9**）。作成された主要ディ
レクトリについて以下に説明します。

○「**migrations**」ディレクトリ
　マイグレーション用のディレクトリです。

○「**versions**」ディレクトリ
　マイグレーションスクリプトが格納されるディレクトリです。「migrations」ディレクトリ配
下に作成されます。

図7.9　作成ディレクトリとフォルダ

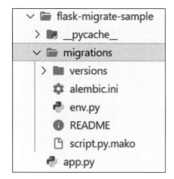

ターミナルで「flask db migrate -m "コメント"」コマンドを実行します。ここではコマンド「flask db migrate -m "create tasks table"」を入力します（**図7.10**）。

「versions」ディレクトリ配下にマイグレーションスクリプトが作成されます（**図7.11**）。作成されるスクリプトファイル名は「revision番号」+「コメント」.pyになります。

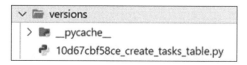
図7.10 flask db migrate

```
(flask_env) C:\work_flask\flask-migrate-sample>flask db migrate -m "create tasks table"
INFO  [alembic.runtime.migration] Context impl SQLiteImpl.
INFO  [alembic.runtime.migration] Will assume non-transactional DDL.
INFO  [alembic.autogenerate.compare] Detected added table 'tasks'
Generating C:\work_flask\flask-migrate-sample\migrations\versions\10d67cbf58ce_create_tasks_table.py ...  done
```

図7.11 スクリプトファイル

```
∨  📁 versions
   >  📁 __pycache__
      🐍 10d67cbf58ce_create_tasks_table.py
```

ターミナルでコマンド「flask db upgrade」を実行します。先ほど作成された「マイグレーションスクリプト」が実行され、DBファイル「data.sqlite」が作成されます。**図7.12**にコマンド「flask db upgrade」の実行結果を、**図7.13**にDBファイルdata.sqliteにtasksテーブルが作成された結果を示します。

図7.12 flask db upgrade

```
(flask_env) C:\work_flask\flask-migrate-sample>flask db upgrade
INFO  [alembic.runtime.migration] Context impl SQLiteImpl.
INFO  [alembic.runtime.migration] Will assume non-transactional DDL.
INFO  [alembic.runtime.migration] Running upgrade  -> 10d67cbf58ce, create tasks table
```

図7.13 tasksテーブル作成

app.pyへの追記

データを「tasks」テーブルに登録するために、ファイルapp.pyの末尾に**リスト7.3**を追記後、ファイルapp.pyを実行します。実行後、データが登録されていることをDBファイルdata.sqliteから確認できます（**図7.14**）。

リスト7.3 app.py

```
001:   # ▼▼▼ リスト7.3で追加 ▼▼▼
002:   # =========================================================
003:   # CRUD操作
004:   # =========================================================
005:   # 登録
006:   def insert():
007:       with app.app_context():
008:           print('========== 3件登録 ==========')
009:           # データ作成
010:           print('(1)データ登録：実行')
011:           task01 = Task(content='風呂掃除')
012:           task02 = Task(content='洗濯')
013:           task03 = Task(content='買い物')
014:           db.session.add_all([task01, task02, task03])
015:           db.session.commit()
016:
017:   # =========================================================
018:   # 実行
019:   # =========================================================
020:   if __name__ == '__main__':
021:       insert()                 # データ登録
022:   # ▲▲▲ リスト7.3で追加 ▲▲▲
```

図7.14 データ登録

テーブルを変更する

tasksテーブルに「is_completed」カラムを増やして、データベーススキーマを変更しましょう。

「Task」モデルにフィールドを追記します。ファイルapp.pyの「Task」モデルの箇所を**リスト7.4**のように修正してください。

リスト7.4 **app.py**

```
001:   #==================================================
002:   # モデル
003:   #==================================================
004:   # 課題
005:   class Task(db.Model):
006:       # テーブル名
007:       __tablename__ = 'tasks'
008:
009:       # 課題ID
010:       id = db.Column(db.Integer, primary_key=True, autoincrement=True)
011:       # 内容
012:       content = db.Column(db.String(200), nullable=False)
013:       # ▼▼▼ リスト7.4で追加 ▼▼▼
014:       # 完了フラグ
015:       is_completed = db.Column(db.Boolean, default=False)
016:
017:       # 表示用
018:       def __str__(self):
019:           return f'課題ID：{self.id} 内容：{self.content} 完了フラグ：{self.is_
       completed}'
020:       # ▲▲▲ リスト7.4で追加 ▲▲▲
```

☐ 再びFlask-Migrate でマイグレーションする

コマンド「flask db migrate -m "Add is_completed column to tasks table"」を実行し、「マイグレーションスクリプト」を作成します（「flask-migrate-sample」配下で実行してください）。

その後、コマンド「flask db upgrade」を実行しスキーマをアップグレードします。

「tasks」テーブルに「is_completed」カラムが増えていることを、DBファイルdata.sqliteから確認できます（**図7.15**）。

図7.15 データ確認

もしも、以前のデータベーススキーマに戻したい場合は、「ターミナル」でコマンド「flask db downgrade」を実行しましょう。

DB ファイル data.sqlite を確認して、「tasks」テーブルから「is_completed」カラムが存在しない、前回の状態に戻っています（**図7.16**）。やはり「is_completed」カラムは必要だと思いますので「flask db upgrade」コマンドを実行します。

再び「is_completed」カラムが 追加されたので、「sqlite3」につなげて、「is_completed」カラムにデータを投入します（**図7.17**）。

図7.16 データ確認

図7.17 データ確認

「ターミナル」にてコマンド「sqlite3 data.sqlite」を入力します（「flask-migrate-sample」配下で実行してください）。

コマンド「update tasks set is_completed = False;」と打ち込み、全レコードの「is_completed」カラムを「False」に設定します（**図7.18**）。設定完了後「.quit」コマンドまたは「.exit」コマンドを実行し「sqlite3」から抜け出します（**図7.19**）。

図7.18 データ確認

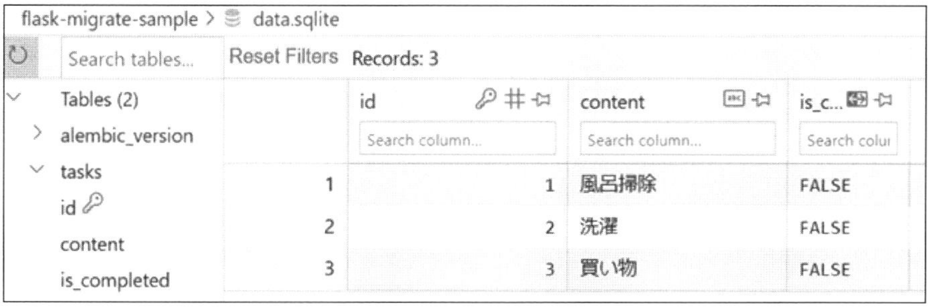
flask-migrate-sample > data.sqlite
Search tables...
Reset Filters
Records: 3
Tables (2)
alembic_version
tasks
id
content
is_completed
id
content
is_c...
Search column...
Search column...
Search colu
1
1
風呂掃除
FALSE
2
2
洗濯
FALSE
3
3
買い物
FALSE

図7.19 sqlite3

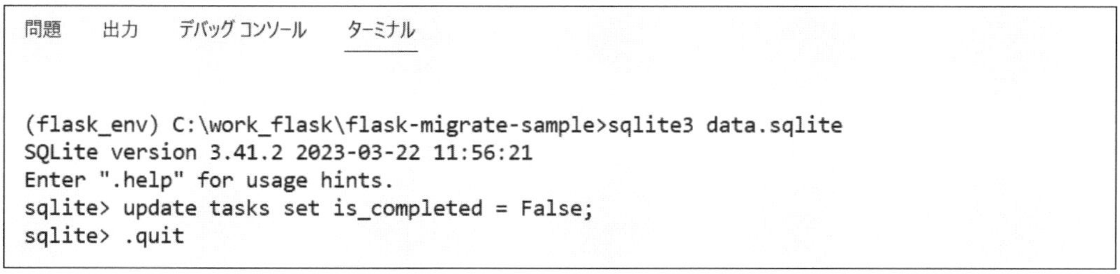
問題
出力
デバッグ コンソール
ターミナル
(flask_env) C:\work_flask\flask-migrate-sample>sqlite3 data.sqlite
SQLite version 3.41.2 2023-03-22 11:56:21
Enter ".help" for usage hints.
sqlite> update tasks set is_completed = False;
sqlite> .quit

<div>
<p>Section</p>

7-3 簡易「Flask」アプリケーションを作成しよう

ここまでの学習で、Flaskアプリケーションから「データベース」を操作する方法として
ORM「SQLAlchemy」と「マイグレーション」を扱う「Flask-Migrate」を学習しました。
ここでは、先ほど作成したプロジェクト「flask-migrate-sample」に「ルーティング」
処理を追加し、簡易な「Flask」アプリケーションを作成していきましょう。

7-3-1　簡易アプリ説明

「課題」を表す「Task」モデルを使用したアプリケーションを作成します。「Task」モデルは「データベース」の「tasks」テーブルを扱うクラスです。

今回のFlaskアプリケーションでできることを以下に記述します。

- 「課題」の登録ができる（登録時に入力チェックなどは行わない）。
- 「登録」された「課題」は「未完了の課題」一覧に表示される。
- 「未完了の課題」に表示された「課題」には「完了」ボタンを持たせる。
- 「完了」ボタンをクリックすると、「未完了の課題」から「完了の課題」に移す。
- 「完了の課題」に表示された「課題」には「戻す」ボタンを持たせる。
- 「戻す」ボタンをクリックすると、「完了の課題」から「未完了の課題」に移す。

画面は「登録」画面と「一覧」画面となります。図7.20に画面構成を示します。

図7.20　画面構成

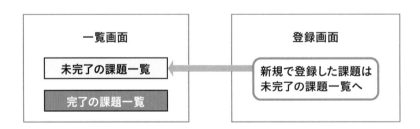

214

7-3-2　簡易アプリ作成

☐ app.pyへの書き込み

ファイルapp.pyを、**リスト7.5**に書き換えます。

リスト7.5　**app.py**

```python
001:   import os
002:   from flask import Flask, render_template, request, redirect, url_for
003:   from flask_sqlalchemy import SQLAlchemy
004:   from flask_migrate import Migrate
005:
006:   # ===================================================
007:   # インスタンス生成
008:   # ===================================================
009:   app = Flask(__name__)
010:
011:   # ===================================================
012:   # Flaskに対する設定
013:   # ===================================================
014:   import os
015:   # 乱数を設定
016:   app.config['SECRET_KEY'] = os.urandom(24)
017:   base_dir = os.path.dirname(__file__)
018:   database = 'sqlite:///' + os.path.join(base_dir, 'data.sqlite')
019:   app.config['SQLALCHEMY_DATABASE_URI'] = database
020:   app.config['SQLALCHEMY_TRACK_MODIFICATIONS'] = False
021:
022:   # ★db変数を使用してSQLAlchemyを操作できる
023:   db = SQLAlchemy(app)
024:   # ★「flask_migrate」を使用できる様にする
025:   Migrate(app, db)
026:
027:   #===================================================
028:   # モデル
029:   #===================================================
030:   # 課題
031:   class Task(db.Model):
032:       # テーブル名
033:       __tablename__ = 'tasks'
034:
035:       # 課題ID
036:       id = db.Column(db.Integer, primary_key=True, autoincrement=True)
037:       # 内容
038:       content = db.Column(db.String(200), nullable=False)
039:       # 完了フラグ
```

```
040:        is_completed = db.Column(db.Boolean, default=False)
041:
042:        # 表示用
043:        def __str__(self):
044:            return f'課題ID：{self.id} 内容：{self.content}'
045:
046:    # ====================================================
047:    # ルーティング
048:    # ====================================================
049:    # 一覧
050:    @app.route('/')
051:    def index():
052:        # 未完了課題を取得
053:        uncompleted_tasks = Task.query.filter_by(is_completed=False).all()
054:        # 完了課題を取得
055:        completed_tasks = Task.query.filter_by(is_completed=True).all()
056:        return render_template('index.html', uncompleted_tasks= uncompleted_tasks,
057:                          completed_tasks=completed_tasks)
058:
059:    # 登録
060:    @app.route('/new', methods=['GET', 'POST'])
061:    def new_task():
062:        # POST
063:        if request.method == 'POST':
064:            # 入力値取得
065:            content = request.form['content']
066:            # インスタンス生成
067:            task = Task(content=content)
068:            # 登録
069:            db.session.add(task)
070:            db.session.commit()
071:            # 一覧へ
072:            return redirect(url_for('index'))
073:        # GET
074:        return render_template('new_task.html')
075:
076:    # 完了
077:    @app.route('/tasks/<int:task_id>/complete', methods=['POST'])
078:    def complete_task(task_id):
079:        # 対象データ取得
080:        task = Task.query.get(task_id)
081:        # 完了フラグに「True」を設定
082:        task.is_completed = True
083:        db.session.commit()
084:        return redirect(url_for('index'))
085:
086:    # 未完了
087:    @app.route('/tasks/<int:task_id>/uncomplete', methods=['POST'])
```

```
088:    def uncomplete_task(task_id):
089:        # 対象データ取得
090:        task = Task.query.get(task_id)
091:        # 完了フラグに「False」を設定
092:        task.is_completed = False
093:        db.session.commit()
094:        return redirect(url_for('index'))
095:
096:    # ================================================
097:    # 実行
098:    # ================================================
099:    if __name__ == '__main__':
100:        app.run()
```

特に新しい内容はありません。「ルーティング」について、もし忘れてしまったら「2-2 ルーティングについて知ろう」、「2-3 動的ルーティングについて知ろう」を参照してください。

フォルダとファイルの追加

プロジェクト「flask-migrate-sample」の配下にフォルダ「templates」を作成し、templatesフォルダ配下に一覧画面用「index.html」、登録画面用「new_task.html」を作成します。プロジェクト「flask-migrate-sample」の配下にスタイルシートを格納するフォルダ「static」を作成し、フォルダ配下に「style.css」を作成します（**図7.21**）。

主要フォルダとファイルについて以下に記述します。

図7.21 フォルダ構成

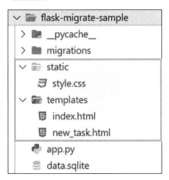

○「__pycache__」フォルダ

Python 3から導入された、Pythonバイトコードのキャッシュを格納するためのディレクトリです。同じモジュールを再度インポートするときに、Pythonはこのディレクトリ内にあるバイトコードを再利用することでプログラムの起動時間を短縮します。特定のPythonモジュールがコンパイルされると「__pycache__」ディレクトリにキャッシュファイルが自動で作成されます。

○ 「**migrations**」フォルダ

「flask db init」コマンドを行うことで、作成されるマイグレーション用のディレクトリです。

○ 「**static**」フォルダ

Flaskアプリケーションで使用される静的ファイル（CSS、JavaScript、画像ファイルなど）を保存するためのフォルダです。Flaskは、このフォルダを自動的に検出し、静的ファイルを読み込みます。「static」フォルダは、Flaskアプリケーションのルートディレクトリに置くことが一般的です。

○ 「**templates**」フォルダ

Flaskアプリケーションで使用されるHTMLファイルを保存するためのフォルダです。「templates」フォルダは、Flaskアプリケーションのルートディレクトリに置くことが一般的です。Flaskは、このフォルダを自動的に検出し、テンプレートのレンダリングに使用します。レンダリングとは、ウェブページに変換するプロセスです。

☐ コードを書く

○ **index.html**

ファイルindex.htmlに、**リスト7.6**を記述します。

リスト7.6　index.html

```
001: <!DOCTYPE html>
002: <html>
003: <head>
004:     <title>Task List</title>
005:     <link rel="stylesheet" type="text/css" href="{{ url_for('static',
      filename='style.css') }}">
006: </head>
007: <body>
008:     <div class="container">
009:         <a href="{{ url_for('new_task') }}" class="button">新規作成</a>
010:         <hr>
011:         <h2 class="no-complete">未完了：課題一覧</h2>
012:         <ul>
013:             {% for task in uncompleted_tasks %}
014:             <div>
015:                 <p>{{ task.content }}</p>
016:                 <form method="post" action="{{ url_for('complete_task', task_
      id=task.id) }}">
017:                     <button type="submit" class="complete-button">完了</button>
018:                 </form>
019:             </div>
```

```
020:              {% endfor %}
021:          </ul>
022:          <hr>
023:          <h2 class="complete">完了：課題一覧</h2>
024:          <ul>
025:              {% for task in completed_tasks %}
026:              <div>
027:                  <p>{{ task.content }}</p>
028:                  <form method="post" action="{{ url_for('uncomplete_task', task_
      id=task.id) }}">
029:                      <button type="submit" class="uncomplete-button">戻す</button>
030:                  </form>
031:              </div>
032:              {% endfor %}
033:          </ul>
034:      </div>
035:  </body>
036:  </html>
```

　新しい内容はありません。再度の説明になってしまいますが「url_for()」は、Flaskアプリケーションで登録された「ビュー関数の名前」を引数として受け取り、そのビュー関数に対応する「URL」を返します。「url_for()」を利用することでURL変更に伴った修正の手間を省くことができます。もしも忘れてしまっている場合は「3-2-2 url_forとは？」を参照ください。

　{% for %} {% endfor %} は、指定したリストや辞書の要素を1つずつ取り出して、ブロック内のコードを繰り返し実行するためのjinja2で使用できる制御構文です。jinja2で使用できる「{%%}」は制御構文に、「{{ }}」は変数出力に使われます。jinja2に関しては「3章 Jinja2に触れてみよう」を参照ください。

○ **new_task.html**

ファイルnew_task.htmlに、**リスト7.7**を記述します。

リスト7.7　**new_task.html**

```
001:  <!DOCTYPE html>
002:  <html>
003:  <head>
004:      <title>New Task</title>
005:      <link rel="stylesheet" type="text/css" href="{{ url_for('static',
      filename='style.css') }}">
006:  </head>
007:  <body>
008:      <div class="container">
009:          <h1>新規課題</h1>
010:          <form method="POST" action="{{ url_for('new_task') }}">
011:              <label for="content">課題内容:</label><br>
```

```
012:                <input type="text" id="content" name="content" class="text-input"><br>
013:                <input type="submit" value="追加" class="button">
014:         </form>
015:     </div>
016: </body>
017: </html>
```

　新しい内容はありません。再度の説明になってしまいますが、5行目「<link rel="stylesheet" type="text/css" href="{{ url_for('static', filename='style.css') }}">」の「url_for()」は、静的ファイルへのURLを生成するために使用されています。

　「{{ url_for('static', filename='style.css') }}」はJinja2のテンプレート記法で、url_for関数を使ってstaticディレクトリ内のstyle.cssという名前のファイルへのURLを動的に生成しています。Flaskでは、静的ファイル（CSSやJavaScript、画像ファイルなど）は通常staticディレクトリに格納します。url_for関数の第一引数に'static'を指定することで、このディレクトリ内のファイルへのURLを生成することができます。

○ **style.css**

　ファイルstyle.cssを**リスト7.8**を記述します。

リスト7.8　**style.css**

```
001:    /* ページ全体の設定 */
002:    .container {
003:        /* 背景色を#f8f8f8（薄いグレー） */
004:        background-color: #f8f8f8;
005:        /* 最大幅を800pxに制限 */
006:        max-width: 800px;
007:        /* 上下左右に20pxのパディング（内側の余白）を設定 */
008:        padding: 20px;
009:        /* フォントファミリー（文字の種類）をArialとsans-serifに設定 */
010:        font-family: Arial, sans-serif;
011:    }
012:
013:    /* ヘッダー（大見出し）のスタイル設定 */
014:    h1 {
015:        /* 文字色を#333（ダークグレー）に設定 */
016:        color: #333;
017:        /* テキストを中央寄せ */
018:        text-align: center;
019:        /* 上部のマージン（外側の余白）を50pxに設定 */
020:        margin-top: 50px;
021:    }
022:
023:    /* ラベルのフォントサイズを20pxに設定 */
024:    label {
```

```
025:        font-size: 20px;
026:    }
027:
028:    /* 未完了のヘッダー */
029:    .no-complete {
030:        /* 色を緑に設定 */
031:        color: green;
032:    }
033:
034:    /* 完了のヘッダー */
035:    .complete {
036:        /* 色を赤に設定 */
037:        color:red;
038:    }
039:
040:    /* ボタンのスタイル */
041:    .button {
042:        /* 背景色を緑 */
043:        background-color: blue;
044:        /* ボーダーなし */
045:        border: none;
046:        /* テキストの色を白 */
047:        color: white;
048:        /* パディングを10px 20pxに設定 */
049:        padding: 10px 20px;
050:        /* テキストを中央寄せ */
051:        text-align: center;
052:        /* テキストの装飾なし */
053:        text-decoration: none;
054:        /* 表示をインラインブロック */
055:        display: inline-block;
056:        /* 文字サイズ */
057:        font-size: 14px;
058:        /* 要素の下側に20ピクセルのスペース */
059:        margin-bottom: 20px;
060:    }
061:
062:    /* 新規作成ボタンのスタイル */
063:    a.button {
064:        /* 表示をブロック */
065:        display: block;
066:        /* 幅を200pxに設定 */
067:        width: 200px;
068:    }
069:
070:    /* 完了・戻すボタンのスタイル */
071:    .complete-button, .uncomplete-button {
072:        /* 背景色を緑 */
```

```
073:        background-color: green;
074:        /* ボーダーなし */
075:        border: none;
076:        /* テキストの色を白 */
077:        color: white;
078:        /* パディングを5px 10pxに設定 */
079:        padding: 5px 10px;
080:        /* テキストを中央寄せ */
081:        text-align: center;
082:        /* テキストの装飾なし */
083:        text-decoration: none;
084:        /* 表示をインラインブロック */
085:        display: inline-block;
086:        /* 文字サイズ */
087:        font-size: 14px;
088:    }
089:
090:    .uncomplete-button {
091:        /* 背景色を赤 */
092:        background-color: red;
093:    }
094:
095:    /* 課題一覧・完了した課題一覧のスタイル */
096:    /* リストのスタイルを設定 */
097:    ul {
098:        /* リストスタイルなし */
099:        list-style-type: none;
100:        /* マージンとパディングを0 */
101:        margin: 0;
102:        padding: 0;
103:    }
104:
105:    /* div要素のスタイル */
106:    div {
107:        /* 背景色を白 */
108:        background-color: white;
109:        /* ボーダーを1pxのソリッド（実線）ライトグレー */
110:        border: 1px solid #ccc;
111:        /* 要素の下側に外側の余白（マージン）を10pxに設定 */
112:        margin-bottom: 10px;
113:        /* 要素の全ての辺（上、右、下、左）に対して、内側に10pxに設定 */
114:        padding: 10px;
115:    }
116:
117:    /* 段落のフォントサイズを20pxに設定 */
118:    p {
119:        font-size: 20px;
120:    }
```

```
121:
122:    .text-input {
123:        /* 要素の全ての辺（上、右、下、左）に対して、内側に10pxに設定 */
124:        padding: 10px;
125:        /* 要素の幅を親要素の80%に設定 */
126:        width: 80%;
127:        /* 要素のボーダーの角を丸くするために使用 */
128:        border-radius: 5px;
129:        /* ボーダーを1pxのソリッド（実線）ライトグレー */
130:        border: 1px solid #ccc;
131:        /* 要素の全ての辺（上、右、下、左）に対して、内側に10pxに設定 */
132:        margin: 10px;
133:    }
```

style.cssの説明はソースにコメントを詳細に記述しているので割愛します。

7-3-3 簡易アプリ確認

実行（一覧）

ファイルapp.pyを実行して、「http://127.0.0.1:5000」をブラウザで表示しましょう。

一覧画面が表示され、「未完了：課題一覧」と「完了：課題一覧」が表示されます（**図7.22**）。

「風呂掃除」の「完了」ボタンをクリックしてみましょう。「未完了：課題一覧」から「風呂掃除」が削除され「完了：課題一覧」に追加されることを確認できます（**図7.23**）。

次は「買い物」の「完了」ボタンをクリックしてみましょう。同様に「完了：課題一覧」に追加されることを確認できます。

「完了：課題一覧」の「風呂掃除」の「戻す」ボタンをクリックしてみましょう。「完了：課題一覧」から「風呂掃除」が削除され。「未完了：課題一覧」に戻されることを確認できます（**図7.24**）。

図7.22 一覧画面

図7.23 一覧画面（完了）

図7.24 一覧画面（戻す）

実行 (登録)

「課題一覧」画面の「新規作成」ボタンをクリックし、表示される「新規課題」画面にて「課題内容」を入力し、「追加」ボタンをクリックします。「課題一覧」画面が表示され、「未完了：課題一覧」に「新規登録」した「課題」が「追加」されます（**図7.25**）。

図7.25 登録処理

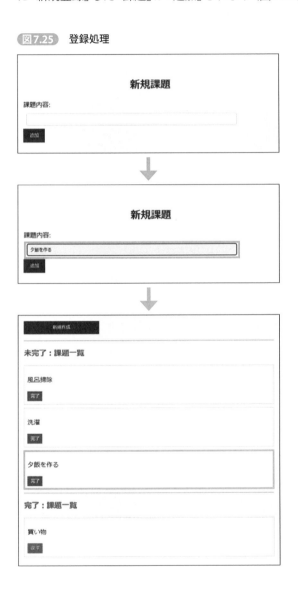

簡易ではありますが、「データベース」を利用した「Flask」アプリケーションを作成することができました。

225

マイグレーションの初期化

　マイグレーションを行っている途中で、データベースの状態がおかしくなってしまった場合は、マイグレーションを初期化しましょう。初期化するには以下の手順を実行します。

① データベースを削除またはリセットします。これはデータベース自体を削除したり、全てのテーブルを削除するSQLコマンドを実行したりすることで行います。具体的な手順は使用しているデータベース管理システムによります。今回はsqlite3を使用しているのでDBファイルを削除するとデータベース自体を削除したことになります。

② migrations ディレクトリを削除します。これにより、全てのマイグレーション履歴が削除されます。migrations ディレクトリを削除すると、すべてのマイグレーション履歴が失われます。これは元に戻すことができない操作なので、必要な場合はバックアップを取ってから行ってください。

③ 再度コマンド「flask db init」を実行します。これにより新たなマイグレーションリポジトリが作成され、マイグレーションの初期状態に戻ります。このリポジトリには、マイグレーションスクリプトとデータベーススキーマのバージョン履歴が格納されます。

　この手順はすべてのデータベースデータとマイグレーション履歴を削除します。必要なデータのバックアップを取るなど、適切な処理を行ってください。

第 **8** 章

開発に役立つ便利機能について知ろう

8-1 Blueprintを活用しよう

7章までの学習でルーティング、**Jinja2**、**Form**クラス、**ORM**、マイグレーションなど **Flask**アプリケーションを作成するために必要最低限な知識について説明しました。この章では、補足的な知識として「**Blueprint**」、グローバル変数「**g**」、「**デバッグ**」について説明します。まずは**Blueprint**の説明です。

8-1-1 Blueprintの概要

「Blueprint」は、大規模なアプリケーションを開発する場合に利用します。大規模なアプリケーションを作成する場合、「機能ごとに分割」して開発することが一般的です。Blueprintを利用することで、アプリケーションの各機能を独立したモジュールとして開発することができます。これにより、機能ごとに開発を分担することができ、開発効率の向上が期待できます。

8-1-2 Blueprintの使用方法

Blueprintを使用するには、以下の手順を実施します。サンプルプログラムは後で作成するので先ずは手順を学びましょう。

① Blueprintオブジェクトの作成

　Blueprintオブジェクトを作成し、アプリケーション内で使用するBlueprintを定義します。

② ルーティングの定義

　Blueprintオブジェクトにルート URLを定義します。この定義により、アプリケーション全体のURLルーティングとは別に、Blueprint内でのURLルーティングを定義できます。

③ アプリケーションへの登録

　作成したBlueprintオブジェクトを、アプリケーションに登録します。アプリケーションにBlueprintを登録することで、アプリケーション内で、Blueprintで定義したURLが使用できます。

8-1-3 Blueprintを使用したアプリケーションの作成

□ フォルダとファイルの作成

「Blueprint」を使用したプログラムを作成し、理解を深めましょう。VSCode画面にて「新しいフォルダを作る」アイコンをクリックし、フォルダ「blueprint-sample」を作成します。作成したフォルダを選択後「新しいファイルを作る」アイコンをクリックし、ファイル「app.py」を作成します。

大規模なアプリケーションを作成すると仮定して、フォルダ「blueprint-sample」配下にフォルダ「application」を作成し、配下にフォルダ「one」を作成し、そのフォルダ配下にファイル「views.py」を作成します。同様にフォルダ「application」配下にフォルダ「two」を作成し、そのフォルダ配下にファイル「views.py」を作成します。

フォルダ「blueprint-sample」配下に、フォルダ「templates」を作成し、配下にフォルダ「one」を作成し、そのフォルダ配下にファイル「index.html」を作成します。同様にフォルダ「templates」配下にフォルダ「two」を作成し、そのフォルダ配下にファイル「index.html」を作成します。フォルダ「templates」配下にレイアウトのベースとなるファイル「base.html」、複数あるアプリケーションをまとめる画面としてファイル「home.html」を作成します。

フォルダ「blueprint-sample」配下にフォルダ「static」を作成し、配下にファイル「style_one.css」、ファイル「style_two.css」を作成します。

図8.1に今回作成したフォルダ／ファイル構成を示します。

図8.1 フォルダ構成

今回のプログラム概要としては、アプリケーション「one」と「two」を別々に作成して、大本の

Flaskアプリケーションを表す「app.py」に登録するようにします。**図8.2**に今回のアプリケーション構成のイメージを示します。

図8.2 イメージ

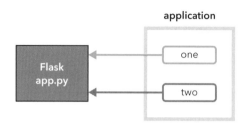

☐ コードを書く

○ **one/views.py**

フォルダapplication→フォルダone→ファイルviews.pyに、**リスト8.1**を記述します。

リスト8.1 views.py

```
001:   from flask import Blueprint, render_template
002:
003:   # ================================================
004:   # Blueprintの定義
005:   # ================================================
006:   one_bp = Blueprint('one_app', __name__, url_prefix='/one')
007:
008:   # ================================================
009:   # ルーティング
010:   # ================================================
011:   @one_bp.route('/')
012:   def show_template():
013:       return render_template('one/index.html')
```

6行目「one_bp = Blueprint('one_app', __name__, url_prefix='/one')」は以下のように機能しています。

「one_bp = Blueprint('one_app', __name__, url_prefix='/one')」によって、「one_bp」という名前のBlueprintインスタンスが生成されます。このインスタンスを使用して11行目「@one_bp.route('/')」でルーティングを行えます。

「one_bp = Blueprint('one_app', __name__, url_prefix='/one')」を分解して説明します。

「one_app」はBlueprintに名前を付けています。この名前は「url_for」関数に使用できます。
「__name__」はBlueprintが含まれるPythonパッケージの名前を指定しています。「__

name＿」は、Pythonの特殊なグローバル変数の1つで、現在実行されているモジュールの名前を表します。

「url_prefix」は、Blueprintが扱うURLの先頭に追加されるURLプレフィックスを指定します。「URLプレフィックス」とは、Flaskアプリケーション内でURLの先頭に追加される文字列です。つまり、このBlueprintが扱うURLはすべて「/one」で始まります。

13行目「return render_template('one/index.html')」はフォルダtemplates配下のフォルダone配下のファイルindex.htmlを表示します。

○ **two/views.py**

フォルダapplication→フォルダtwo→ファイルviews.pyに、**リスト8.2**を記述します。処理内容は**リスト8.1**と同様です。

リスト8.2 **views.py**

```
001:    from flask import Blueprint, render_template
002:
003:    # ================================================
004:    # Blueprintの定義
005:    # ================================================
006:    two_bp = Blueprint('two_app', __name__, url_prefix='/two')
007:
008:    # ================================================
009:    # ルーティング
010:    # ================================================
011:    @two_bp.route('/')
012:    def show_template():
013:        return render_template('two/index.html')
```

○ **base.html**

フォルダtemplates→ファイルbase.htmlに、**リスト8.3**を記述します。

リスト8.3 **base.html**

```
001:    <!DOCTYPE html>
002:    <html lang="ja">
003:    <head>
004:        <meta charset="utf-8" />
005:        <title>Flask-Blueprint</title>
006:        {% block style %}{% endblock %}
007:    </head>
008:    <body>
009:        {% block content %} 内容 {% endblock %}
010:    </body>
011:    </html>
```

6行目「{% block style %}{% endblock %}」には、アプリケーション毎のスタイルシートを設定します。

○ **home.html**

フォルダtemplates→ファイルhome.htmlに、**リスト8.4**を記述します。

リスト 8.4 **home.html**

```
001:    {% extends "base.html" %}
002:
003:    {% block content %}
004:        <h1>Home</h1>
005:        <a href="{{url_for('one_app.show_template')}}">アプリケーション：1</a>
006:        <br>
007:        <a href="{{url_for('two_app.show_template')}}">アプリケーション：2</a>
008:    {% endblock %}
```

1行目「{% extends "base.html" %}」で、Jinja2のテンプレート機能を使って「base.html」を継承しています。

5行目「<a href="{{url_for('one_app.show_template')}}">アプリケーション：1</a>」は、**リスト8.1**でBlueprintに付けた名前「one_app」を使用して、url_for関数を呼び出しています。「url_for」関数は「3-2-2 url_forとは？」で説明しているのでそちらを参照してください。

7行目「<a href="{{url_for('two_app.show_template')}}">アプリケーション：2</a>」も同様の処理です。

○ **one/index.html**

フォルダtemplates→フォルダone→ファイルindex.htmlに、**リスト8.5**を記述します。

リスト 8.5 **index.html**

```
001:    {% extends "base.html" %}
002:
003:    {% block style %}
004:        <link rel=stylesheet type=text/css href="{{ url_for('static', filename='style_
        one.css') }}">
005:    {% endblock %}
006:
007:    {% block content %}
008:        <h1>アプリケーション：1</h1>
009:        <a href="{{url_for('show_home')}}">HOMEへ</a>
010:    {% endblock %}
```

4行目「<link rel=stylesheet type=text/css href="{{ url_for('static', filename='style_one.css') }}">」

は、スタイルシートとして、ルートディレクトリにあるフォルダstatic → ファイルstyle_one.
cssを参照しています。

3行目～5行目でファイルbase.htmlの「{% block style %}{% endblock %}」を上書きしています。

○ **two/index.html**

フォルダtemplates→フォルダtwo→ファイルindex.htmlに、**リスト8.6**を記述します。

リスト8.6　index.html

```
001:   {% extends "base.html" %}
002:
003:   {% block style %}
004:       <link rel=stylesheet type=text/css href="{{ url_for('static', filename='style_
       two.css') }}">
005:   {% endblock %}
006:
007:   {% block content %}
008:       <h1>アプリケーション：2</h1>
009:       <a href="{{url_for('show_home')}}">HOMEへ</a>
010:   {% endblock %}
```

処理内容は**リスト8.5**と同じです。アプリケーション毎にスタイルシートを変えたいので、4
行目「<link rel=stylesheet type=text/css href="{{ url_for('static', filename='style_two.css') }}">」
でスタイルシートとして、ルートディレクトリにあるフォルダstatic→ファイルstyle_two.cssを
参照しています。

○ **style_one.css**

フォルダstatic→ファイルstyle_one.cssに、**リスト8.7**を記述します。

リスト8.7　style_one.css

```
h1 {color: red;}
```

アプリケーション「one」用のスタイルシートです。h1タグの色を赤色にしています。

○ **style_two.css**

フォルダstatic→ファイルstyle_two.cssに、**リスト8.8**を記述します。

リスト8.8　style_two.css

```
h1 {color: blue;}
```

アプリケーション「two」用のスタイルシートです。h1タグの色を青色にしているだけです。

8

開発に役立つ便利機能について知ろう

233

○ **app.py**

ファイルapp.pyに、**リスト8.9**を記述します。

リスト8.9 app.py

```
001:  from flask import Flask, render_template
002:
003:  # =================================================
004:  # インスタンス生成
005:  # =================================================
006:  app = Flask(__name__)
007:
008:  # =================================================
009:  # Blueprintの登録
010:  # =================================================
011:  from application.one.views import one_bp
012:  app.register_blueprint(one_bp)
013:
014:  from application.two.views import two_bp
015:  app.register_blueprint(two_bp)
016:
017:  # =================================================
018:  # ルーティング
019:  # =================================================
020:  @app.route('/')
021:  def show_home():
022:      return render_template('home.html')
023:
024:  # =================================================
025:  # 実行
026:  # =================================================
027:  if __name__ == '__main__':
028:      app.run()
```

11行目「from application.one.views import one_bp」は、Blueprintインスタンスを定義しているファイル（フォルダapplication→フォルダone→ファイルviews）から、「one_bp」変数をimportしています。

12行目「app.register_blueprint(one_bp)」は、Flaskアプリケーションに「one_bp」を登録しています。これにより「one_bp」に定義したURLがアプリケーション全体で使用可能になり、アプリケーションにリクエストが送信されたとき「one_bp」に定義されたURLにマッチする場合は、対応するビュー関数が呼び出されます。14行目、15行目も同様の処理です。

☐ 実行する

ファイルapp.pyを実行して、「http://127.0.0.1:5000」をブラウザで表示しましょう。HOME画面が表示され、Flaskで「Blueprint」を使用した動きを確認できます（**図8.3**）。

Blueprintを利用して、「機能ごとに分割」して開発するイメージができましたでしょうか？

図8.3 動作確認

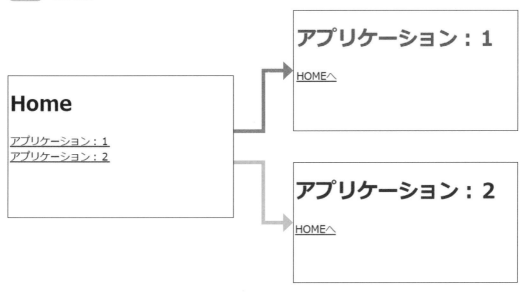

8-2 グローバル変数「g」を活用しよう

「グローバル変数」とは、プログラム内のどこからでもアクセスできる変数のことです。通常、プログラム内で変数を宣言すると、その変数はその変数を宣言したスコープ内でのみアクセス可能です。つまり、関数内で宣言された変数は、その関数内でのみアクセス可能であり、他の関数からはアクセスできません。しかし、グローバル変数を宣言することで、プログラム内のどこからでもその変数にアクセスできます。ここではFlaskのグローバル変数「g」について説明します。

8-2-1 グローバル変数「g」の概要

グローバル変数「g」は、Flaskアプリケーション内でデータを保存するために使用されます。リクエストの中で複数の関数にアクセスされる可能性のあるデータを格納することができます。グローバル変数「g」はリクエストが始まるときに作成され、リクエストが終わるときに破棄されます。リクエストの間だけ有効な一時的なデータを保存するために使用されます（**図8.4**）。

図8.4 グローバル変数「g」

8-2-2 グローバル変数「g」を使用したアプリケーションの作成

☐ フォルダとファイルの作成

グローバル変数「g」を使用したプログラムを作成し、理解を深めましょう。VSCode画面にて「新

しいフォルダを作る」アイコンをクリックし、フォルダ「global-g-sample」を作成します。

作成したフォルダを選択後「新しいファイルを作る」アイコンをクリックし、ファイル「app.py」を作成します（**図8.5**）。

図8.5 フォルダとファイルの作成

app.pyへの書き込み

ファイルapp.pyに、**リスト8.10**を記述します。

リスト8.10 app.py

```
001:  from flask import Flask, g, request
002:
003:  # ======================================================
004:  # インスタンス生成
005:  # ======================================================
006:  app = Flask(__name__)
007:
008:  # ======================================================
009:  # ルーティング
010:  # ======================================================
011:  @app.before_request
012:  def before_request():
013:      g.user = get_user()
014:
015:  @app.route('/')
016:  def do_hello():
017:      user = g.user
018:      return f'こんにちは、{user}'
019:
020:  @app.route('/morning')
021:  def do_morning():
022:      user = g.user
023:      return f'おはようございます、{user}'
024:
025:  @app.route('/evening')
026:  def do_evening():
027:      user = g.user
028:      return f'こんばんは、{user}'
029:
030:  # ユーザー情報を取得する処理
```

```
031:    def get_user():
032:        user_info = {
033:            "name": "G太郎",
034:            "age": 33,
035:            "email": "g.tarou@example.com"
036:        }
037:        return user_info
038:
039:    # ===================================================
040:    # 実行
041:    # ===================================================
042:    if __name__ == '__main__':
043:        app.run()
```

11行目「@app.before_request」に記述されている「before_request」デコレータは、Flaskアプリケーションにおいて、リクエストが処理される前に実行される関数を定義するためのデコレータです。

13行目「g.user = get_user()」では、リクエストが送信される前に31行目〜37行目の「def get_user():」関数からデモ用ユーザー情報を取得し、グローバル変数「g」の中に「user」というキーワードを設定して、デモ用ユーザー情報を格納しています。

☐ 実行する

ファイルapp.pyを実行し、Flaskでグローバル変数「g」を使用した動きを確認しましょう。

URL「http://127.0.0.1:5000/」にアクセスして、「こんにちは、・・・」を表示します。

URL「http://127.0.0.1:5000/morning」にアクセスして、「おはようございます、・・・」を表示します。

URL「http://127.0.0.1:5000/evening」にアクセスして、「こんばんは、・・・」を表示します。

「・・・」の部分には、グローバル変数「g」からデモ用ユーザー情報を取得して表示しています（図8.6）。

図8.6 動作確認

238

8-3 デバッグモードを活用しよう

デバッグとは、プログラムの不具合を見つけて修正する作業のことです。プログラミングにおいて、必ず誰もがデバッグを行うことでしょう。**Flask**には「デバッグモード」という設定があります。ここでは、デバッグモードを有効にして**Flask**でのデバッグ方法を学びましょう。

8-3-1 デバッグモードの有効化

Flaskにはデバッグモードという設定があり、有効化するには複数の方法があります。一例としてFlaskのアプリケーションを実行する「app.run()」の引数に「debug=True」を渡すことで、デバッグモードを有効化できます。

図8.7 デバッグモードの有効化例

```
# ===================================================
# 実行
# ===================================================
if __name__ == '__main__':
    app.run(debug=True)
```

8-3-2 Flaskのデバッグモードでできること

「Flask」でデバッグモードを有効化することで、以下のようなことができます。

◉ エラーの詳細を表示

通常、「Flask」アプリケーションにエラーが発生した場合、単純なエラーのページが表示されます。しかし「デバッグモード」では、エラーの詳細が表示されるため、問題を解決するのに役立ちます。

◉ コードの変更を即座に反映

デバッグモードでは、アプリケーションが実行されている間に、コードを変更すると、変更が即座に反映され、サーバーのリロードが自動的に行われます。これにより、手動でリロードする必要がなく、作業がスムーズに進みます。

注意点として「デバッグモード」は、アプリケーションのセキュリティを低下させる可能性があるため、本番環境では使用しないようにしてください。

8-3-3 デバッグモードを使用したアプリケーションの作成

■ フォルダとファイルの作成

「デバッグモード」を使用したプログラムを作成し、理解を深めましょう。VSCode画面にて「新しいフォルダを作る」アイコンをクリックし、フォルダ「flask-debug-sample」を作成します。

作成したフォルダを選択後「新しいファイルを作る」アイコンをクリックし、ファイル「app.py」を作成します（図8.8）。

図8.8 フォルダとファイルの作成

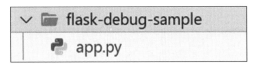

■ コードを書く

ファイルapp.pyに、**リスト8.11**を記述します。このコードはエラーがあります。

リスト8.11 app.py

```
001:  from flask import Flask
002:
003:  # ========================================================
004:  # インスタンス生成
005:  # ========================================================
006:  app = Flask(__name__)
007:
008:  # ========================================================
009:  # ルーティング
010:  # ========================================================
011:  @app.route('/')
012:  def show_user_info():
013:      data_dict = {
014:          "name": "太郎",
015:          "age": 33
016:      }
017:      data = data_dict["name"] + " : " + data_dict["age"]
018:      return data
019:
020:  # ========================================================
```

```
021:    # 実行
022:    # ====================================================
023:    if __name__ == '__main__':
024:        # デバッグモードを有効化
025:        app.run(debug=True)
```

25行目「app.run(debug=True)」とすることで、Flaskで「デバッグモード」を有効化しています。

実行する

ファイルapp.pyを実行します。Flaskが「デバッグモード」で起動されます（**図8.9**）。

図8.9　ターミナル

ターミナルに表示されるメッセージについて説明します。

「* Debug mode: on」とデバッグモードで実行されていることがわかります。

「* Restarting with stat」というメッセージは、プログラムを更新すると、サーバーが再起動することを示します。

「* Debugger is active!」というメッセージは、Flaskの「デバッガー」がアクティブであることを示します。

「* Debugger PIN:」デバッグを行う場合、この「PIN」を使用してFlaskのデバッガーに接続します。

「Flask」のデバッガー

リスト**8.11**にエラーがあるため、実行して「http://127.0.0.1:5000」にアクセスすると「ブラウザ」にてFlaskの「デバッガー画面」が表示されます（**図8.10**）。

図8.10 「Flask」のデバッガー1

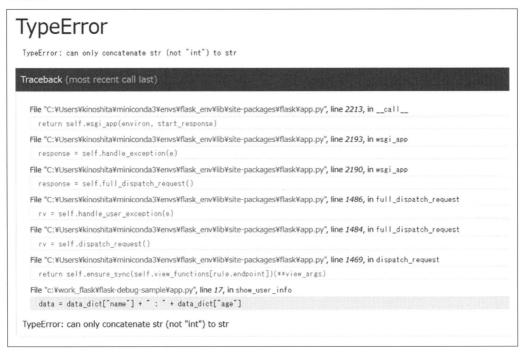

「PIN」を入力する

　自分が参照したい箇所の右端にマウスオーバーすると、「PIN」を入力するアイコンが表示されます。今回はエラーが発生している箇所の右端にマウスオーバーをします。アイコンが表示されるので、表示されたアイコンをクリックします。「PIN」を入力するダイアログが表示されます。ダイアログにPINを入力することで「Flask」のデバッガーに接続できます（**図8.11**）。

図8.11 「Flask」のデバッガー2

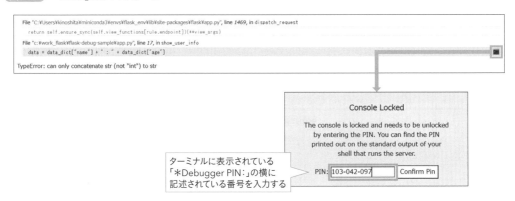

ターミナルに表示されている
「＊Debugger PIN：」の横に
記述されている番号を入力する

　接続されたデバッガーにて、自分が確認したい「変数名」を入力すると、その時点での「変数名」の「値」を確認することができます。ここでは変数「data_dict」、「data_dict["name"]」、「data_

dict[“age”]」を確認し、その後「type」関数を利用して型を確認しています。型が違うのに結合を
しようとしていたために「TypeError」が発生していた詳細が確認できました（**図8.12**）。

図8.12　「**Flask**」のデバッガー3

```
[console ready]
>>> data_dict
{'name': '太郎', 'age': 33}
>>> data_dict["name"]
'太郎'
>>> data_dict["age"]
33
>>> type(data_dict["name"])
<class 'str'>
>>> type(data_dict["age"])
<class 'int'>
>>>
```

　Flaskのデバッガーでは、詳細にエラー内容を表示します。エラー内容を確認することで何が
原因でエラーが発生しているか直ぐに確認できます。
　図8.13では、ブラウザの「Google翻訳」機能を利用してデバッガーで表示されたエラー内容を
日本語に訳しています。

図8.13　「**Flask**」のデバッガー4

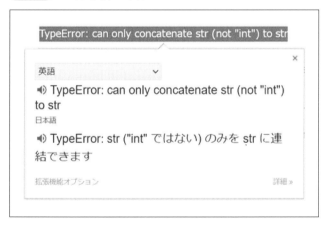

修正する

ファイル**app.py**（**リスト8.11**）内の変数**data**に値を代入する部分（17行目）を以下に書き換えます。

```
data = data_dict["name"] + " : " + str(data_dict["age"])
```

　プログラムを更新すると、サーバーが自動で再起動されます。なお、本書では**VSCode**の自動
保存機能を有効にしているため、プログラム修正中にサーバーが再起動されプログラムにエラー

がある状態になり、うまくサーバーが再起動されません。デバッグモードの再起動を試したい場合は、自動保存機能をOFFにして、手動での保存方法に切り替えてください。

確認する

「http://127.0.0.1:5000」にアクセスすると、「ブラウザ」にエラーが解決された画面が表示されます（**図8.14**）。

図8.14　画面表示

```
←  →  C  ⌂    ⓘ 127.0.0.1:5000
太郎：33
```

　Flaskのデバッグモードは、プログラムで間違っているところを見つけやすくする特別な機能です。デバッグモードがオンになっていると、何か問題が起きたときに、その問題が何で、どこで起きたのかを詳しく教えてくれます。
　以上で前半となるFlaskの基礎学習完了となります。後半は、前半で学習した内容を用いてアプリケーションを作成していきたいと思います。

第 9 章

Flaskアプリケーションを作ろう

9-1 アプリケーションの説明

この後の章では、1章〜8章までに学習したFlaskやORM、テンプレートエンジンの内容を用いながらFlaskアプリケーションを作成していきます。まずはどのような手順でアプリケーションを作成するのか説明します。

9-1-1 作成手順を考える

「アジャイル開発」風にアプリケーションを作成していきたいと思います。

☐ アジャイル開発とは？

「アジャイル開発」とは、システム構築やソフトウェア開発をするときのプロジェクト開発手法です。アジャイルを日本語に訳すと「素早い」、「機敏」といった意味になります。アジャイル開発は短期の反復期間内で、機能を追加していく「反復増加」の開発プロセスによって、開発を進めます。反復のことを「イテレーション」と呼びます（**図9.1**）。

図9.1 反復増加

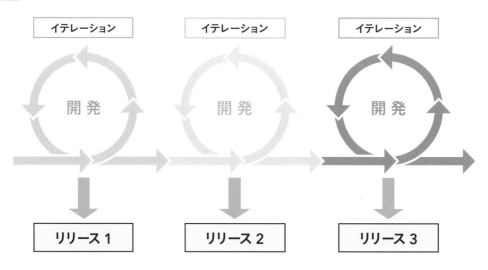

アジャイル開発の重要なポイントは以下4点になります。

◎ 短期間のサイクルで開発を進める

通常、1週間から2週間のサイクル（イテレーション）で開発を進めます。このサイクル内で、目標を設定し、開発を行い、次のサイクルに向けて計画を立てます。

◎ 目標を達成するために効率的に取り組む

イテレーションごとに、達成すべき目標を明確にし、チームで協力して効率的に取り組みます。

◎ チームと顧客とのコミュニケーションを大切にする

開発チームは定期的に顧客や利用者とコミュニケーションを行い、フィードバックを得ることで、プロジェクトの方向性や優先順位を適切に調整します。

◎ 変更に対して柔軟に対応する

アジャイル開発では、新しい要求や変更に柔軟に対応することが重要と考えます。開発プロセスを短いサイクルに分割することで、変更に迅速に対応することが可能になります。

しかし、今回のアプリケーション開発は自分一人で作成し、機能を追加していくため「反復増加」の開発プロセス箇所のみ適用します。そのため「アジャイル開発」風で作成すると表現しました。

9-1-2　アプリケーションの開発プロセス

図9.2に今回作成するアプリケーションの開発プロセスを記述します。

図9.2　アプリケーション開発プロセス

アプリケーションの完成までは8イテレーションです。
つまり、8回の機能追加処理を繰り返し行い、アプリケーションを作成していきます。

9章で扱う、「イテレーション01：CRUDのメモアプリ」は「7章 Flaskでデータベースを使おう」で学習した「モデル」、「ORM」、「マイグレーション」を使用してアプリケーションを作成します。振り返りを含め、ソースコードについて詳細に説明させて頂きますが、もしも内容に迷ってしまった場合は、7章を再度参照してください。まずは、アプリケーション作成の前準備として「イテレーション01：CRUDのメモアプリ」の概要について説明します。

9-2 「CRUD機能を持つメモアプリ」の説明

「イテレーション01：CRUD機能を持つメモアプリ」を作成する準備として機能の説明や、URLマッピング、モデルを利用してのデータベース作成など、プロジェクトの作成を行います。

9-2-1 プロジェクト準備

□ 機能一覧

「イテレーション01：CRUD機能を持つメモアプリ」の機能は、**表9.1**にまとめた「CRUD」処理4つになります。

表9.1 機能一覧

No	機能	説明
1	一覧表示	登録されたメモを一覧表示します
2	登録機能	メモを登録します
3	更新機能	登録したメモを変更します
4	削除機能	登録したメモを削除します

□ URLマッピング

「イテレーション01：CRUD機能を持つメモアプリ」のURLに対する役割を、**表9.2**に記述します。ルーティング処理時に使用しましょう。

表9.2 URL一覧

No	役割	HTTPメソッド	URL
1	一覧画面を表示する	GET	/memo/
2	登録画面を表示する	GET	/memo/create
3	登録処理を実行する	POST	/memo/create
4	更新画面を表示する	GET	/memo/update/<int:memo_id>

248

5	更新処理を実行する	POST	/memo/update/<int:memo_id>
6	削除処理を実行する	GET	/memo/delete/<int:memo_id>

モデル

モデル（Model）は、アプリケーションで扱うデータの形を定義する役割を担います。

「イテレーション01」では、テーブル名を「memos」として、列「ID」、「タイトル」、「内容」を持たせます。モデルを使用することで、データを簡単に取り出したり、保存したりできます（**図9.3**）。

図9.3 モデル

テーブル名 ： memos

id ： PK（整数型）

title ： タイトル（文字列型）
最大50文字
NULLを許可しない

content ： 内容（TEXT型）

画面遷移

画面遷移の詳細を**図9.4**に示します。

- 「一覧画面」から「登録画面」を表示します。「登録処理」を実行した後は「一覧画面」を表示します。
- 「一覧画面」からメモのPKである「ID」を利用して対象のメモデータを取得し「更新画面」を表示します。「更新処理」を実行した後は「一覧画面」を表示します。
- 「一覧画面」から「削除処理」を実行します。メモのPK[注1]である「ID」を利用して対象のメモデータを削除します。実行した後は「一覧画面」を表示します。
- 「URLマッピング」にマッチしないURLが送られてきた場合は、「独自エラー画面」を表示します。

（**注1**） PK（プライマリーキー）とは、データベースのテーブルにおいて、各行（レコード）を一意に識別するためのキーのことを指します。

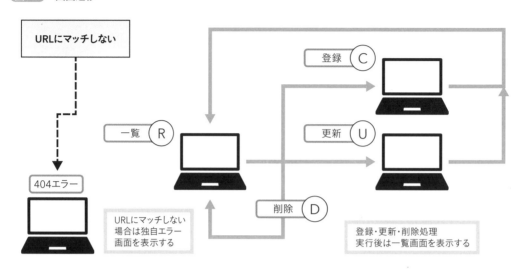

図9.4 画面遷移

URLにマッチしない

登録 C

一覧 R

更新 U

404エラー

削除 D

URLにマッチしない
場合は独自エラー
画面を表示する

登録・更新・削除処理
実行後は一覧画面を表示する

9-2-2 作成手順

「イテレーション01：CRUD機能を持つメモアプリ」の作成手順を以下に記述します。入力チェックなどは、まだこの時点では行いません。

① Flaskアプリケーションの基本構造を作成し、ライブラリが存在しない場合は、必要なライブラリをインストールします（Flask, SQLAlchemy, Flask-SQLAlchemy, Flask-Migrate）。8章まで学習を実施した読者の方は、上記ライブラリは既にインストール済みです。

② 「SQLAlchemy」を使ってデータベースモデル（Memoモデル）を定義します。

③ 「Flask-Migrate」を設定し、データベースマイグレーションを実行します。

④ 「ルート」と「ビュー」関数を作成して、CRUD操作を実装します。

⑤ 「テンプレート」を作成し、表示と操作を可能にします。

上記から「イテレーション01：CRUD機能を持つメモアプリ」の完成形をイメージできましたでしょうか？では早速アプリケーションの作成を行っていきましょう。

「CRUD機能を持つ メモアプリ」の作成

Section 9-3

作成する準備ができたので、早速「イテレーション01：CRUD機能を持つメモアプリ」を作成していきましょう。今回は「MVT」モデルを意識しながら各ファイルに役割を持たせ、ファイルを分割した開発を心掛けていきたいと思います。

9-3-1 フォルダとファイルの作成

図9.5の構造でフォルダとファイルを作成します。それぞれの内容は表9.3を参照してください。

図9.5 プロジェクト構造

表9.3 作成する構成一覧

構成	内容
my_memo_app	プロジェクトルートフォルダ
app.py	起動ファイル
config.py	設定ファイル
models.py	モデル
views.py	処理を記述します
templates	テンプレートフォルダ
base.html	共通レイアウトテンプレート

9 ▼ Flask アプリケーションを作ろう

create.html	登録用テンプレート
index.html	一覧用テンプレート
update.html	更新用テンプレート
errors	エラーフォルダ
404.html	ステータスコード404用

9-3-2 プログラムの記述

☐ models.pyへの書き込み

ファイルmodels.pyに、**リスト9.1**を記述します。ここでは、**図9.3**の内容を「models.py」に反映しています。ここからの章では、既に説明している内容についても復習を兼ねて詳細に説明します。「models.py」は、Flaskアプリケーションでデータベースを使用するための準備と、データベースに保存する「メモ」モデルについて定義しています。

リスト9.1 models.py

```
001:    from flask_sqlalchemy import SQLAlchemy
002:
003:    # Flask-SQLAlchemyの生成
004:    db = SQLAlchemy()
005:
006:    # ===================================================
007:    # モデル
008:    # ===================================================
009:    # メモ
010:    class Memo(db.Model):
011:        # テーブル名
012:        __tablename__ = 'memos'
013:        # ID(PK)
014:        id = db.Column(db.Integer, primary_key=True, autoincrement=True)
015:        # タイトル(NULL許可しない)
016:        title = db.Column(db.String(50), nullable=False)
017:        # 内容
018:        content = db.Column(db.Text)
```

1行目「from flask_sqlalchemy import SQLAlchemy」はFlaskアプリケーションでデータベースを使うために、「Flask-SQLAlchemy」というツールをインポート(取り込み)しています。もしも「Flask-SQLAlchemy」をインストールしていない場合は、仮想環境「flask_env」上でコマンド「pip install flask-sqlalchemy==3.0.3」と入力して「Flask-SQLAlchemy」をインストールしてください。詳細については「7-1-1 Flask-SQLAlchemyのインストール」を参照ください。

4行目「db = SQLAlchemy()」はデータベースを使うためのツール（Flask-SQLAlchemy）を準備しています。後でこのツールをFlaskアプリケーションにバインドして紐づけます。

10行目～18行目でデータベースに保存する「メモ」の定義をしています。

10行目「class Memo(db.Model):」の「db.Model」は、Flask-SQLAlchemyが提供する基本的なデータベースモデルクラスです。「db.Model」を継承することで、独自のデータベースモデル（テーブル）を定義できます。

12行目「__tablename__ = 'memos':」はテーブル名を「memos」と設定しています。

14行目「id = db.Column(db.Integer, primary_key=True, autoincrement=True):」は列名「id」に整数型を定義します。「primary_key=True」で「id」列にテーブル内で唯一のものであることを示す「PK」制約を付与します。「autoincrement=True」は、新しいメモが追加されるたびに自動的に「id」が1増えていく設定をします。

16行目「title = db.Column(db.String(50), nullable=False):」は列名「title」で最大50文字の文字列型を定義します。「nullable=False」は、タイトルが必ず入力されることを要求しています。

18行目「content = db.Column(db.Text):」は列名「content」でテキスト型の値を定義します。テキスト型は長い文章も保存できます。

models.pyは「MVT」モデルの「M：モデル」に該当します。「M：モデル」を使用することで、Flaskアプリケーションで「メモ」情報をデータベースに保存し、取り出すことが容易にできます。

config.pyへの書き込み

ファイルconfig.pyに、**リスト9.2**を記述します。「config.py」はアプリケーションの設定ファイルです。「Config」という名前の設定用クラスを作成します。このクラスは、Flaskアプリケーションとデータベースの動作に関連する設定情報を記述しています。

リスト9.2 config.py

```
001:  # =====================================================
002:  # 設定
003:  # =====================================================
004:  class Config(object):
005:      # デバッグモード
006:      DEBUG=True
007:      # 警告対策
008:      SQLALCHEMY_TRACK_MODIFICATIONS = False
009:      # DB設定
010:      SQLALCHEMY_DATABASE_URI = "sqlite:///memodb.sqlite"
```

6行目「DEBUG=True」は、アプリケーションをデバッグモードで実行することを意味します。デバッグモードでは、エラーや問題が発生したときに詳細な情報を表示し、開発者が問題を特定しやすくなります。デバッグモードについては「8-3 デバッグモードを活用しよう」で説明しています。アプリケーションに関する設定方法は複数ありますが、今回は各ファイルに役割を持たせ、

ファイルを分割する開発を心掛けます。今後は設定に関しては全て「config.py」に記述します。

8行目「SQLALCHEMY_TRACK_MODIFICATIONS = False」は、「Flask-SQLAlchemy」によるオブジェクト変更の追跡を無効にすることを意味します。これにより、追跡に関連する警告メッセージが表示されなくなり、無駄なリソース消費を避けることができます。

10行目「SQLALCHEMY_DATABASE_URI = "sqlite:///memodb.sqlite"」は、アプリケーションが使用するデータベースの種類と場所を指定しています。ここでは、「SQLite」というデータベースを使用し、「memodb.sqlite」という名前のDBファイルにデータを保存することを示しています。

ファイルconfig.pyを使用することで、アプリケーション全体で共通の設定を一元管理でき、必要に応じて簡単に修正することができます。

☐ views.pyへの書き込み

ファイルviews.pyに、**リスト9.3**を記述します。「views.py」は、メモアプリケーションの主な機能を実装するための「ルーティング」を定義します。ルーティングとは、特定のURLにアクセスした場合に、どのビュー関数が実行されるかを指定するものです。

リスト9.3 views.py

```
001:    from flask import render_template, request, redirect, url_for
002:    from app import app
003:    from models import db, Memo
004:
005:    # ======================================================
006:    # ルーティング
007:    # ======================================================
008:    # 一覧
009:    @app.route("/memo/")
010:    def index():
011:        # メモ全件取得
012:        memos = Memo.query.all()
013:        # 画面遷移
014:        return render_template("index.html", memos=memos)
015:
016:    # 登録
017:    @app.route("/memo/create", methods=["GET", "POST"])
018:    def create():
019:        # POST時
020:        if request.method == "POST":
021:            # データ入力取得
022:            title = request.form["title"]
023:            content = request.form["content"]
024:            # 登録処理
025:            memo = Memo(title=title, content=content)
```

```
026:                db.session.add(memo)
027:                db.session.commit()
028:                # 画面遷移
029:                return redirect(url_for("index"))
030:        # GET時
031:        # 画面遷移
032:        return render_template("create.html")
033:
034:    # 更新
035:    @app.route("/memo/update/<int:memo_id>", methods=["GET", "POST"])
036:    def update(memo_id):
037:        # データベースからmemo_idに一致するメモを取得し、
038:        # 見つからない場合は404エラーを表示
039:        memo = Memo.query.get_or_404(memo_id)
040:        # POST時
041:        if request.method == "POST":
042:            # 変更処理
043:            memo.title = request.form["title"]
044:            memo.content = request.form["content"]
045:            db.session.commit()
046:            # 画面遷移
047:            return redirect(url_for("index"))
048:        # GET時
049:        # 画面遷移
050:        return render_template("update.html", memo=memo)
051:
052:    # 削除
053:    @app.route("/memo/delete/<int:memo_id>")
054:    def delete(memo_id):
055:        # データベースからmemo_idに一致するメモを取得し、
056:        # 見つからない場合は404エラーを表示
057:        memo = Memo.query.get_or_404(memo_id)
058:        # 削除処理
059:        db.session.delete(memo)
060:        db.session.commit()
061:        # 画面遷移
062:        return redirect(url_for("index"))
063:
064:    # モジュールのインポート
065:    from werkzeug.exceptions import NotFound
066:
067:    # エラーハンドリング
068:    @app.errorhandler(NotFound)
069:    def show_404_page(error):
070:        msg = error.description
071:        print('エラー内容：',msg)
072:        return render_template('errors/404.html', msg=msg) , 404
```

処理内容については、ソースコードに詳細にコメントを記述していますのでコメントを参照ください。ここでは主要関数の概要を説明します。

10行目「index()関数」
一覧画面を表示する関数です。メモのすべてのデータを取得し、「index.html」というテンプレートを使って一覧画面を表示します。

18行目「create()関数」
新しいメモを作成する関数です。ユーザーがメモのタイトルと内容を入力して送信すると、この関数が実行され、データベースに新しいメモデータが保存されます。その後、一覧画面にリダイレクトされます。「PRGパターン」を使用しています。「PRGパターン」に関しては「5-3 Flask-WTFを使おう」で触れていますので、もしわからない場合は参照をお願いします。

36行目「update(memo_id)関数」
既存のメモを更新する関数です。メモのPKである「ID」を使って、特定のメモデータを取得し、ユーザーが入力したタイトルと内容で、メモデータを更新します。その後、一覧画面にリダイレクトします。ここでも「PRGパターン」を使用しています。

54行目「delete(memo_id)関数」
メモを削除する関数です。メモのPKである「ID」を使って、特定のメモデータをデータベースから削除します。その後、一覧画面にリダイレクトされます。

69行目「show_404_page(error)関数」
「エラーハンドリング」用の関数です。この関数は、NotFoundエラーが発生したときに実行されます。「エラーハンドリング」に関しては「4-3 エラーハンドリングを使おう」で触れていますので、もしわからない場合は参照をお願いします。

上記関数内で使われている「render_template()」は、HTMLテンプレートを表示するための関数です。また「request.form」は、ユーザーが入力したデータを取得します。「url_for()」は「関数名」を指定することで「対応するURL」を生成します。「redirect()」は、指定されたURLにリダイレクトするための関数です。

39行目「Memo.query.get_or_404(memo_id)」は、データベースから指定された「memo_id」に対応するMemoオブジェクトを取得します。もし、対象のオブジェクトが存在しない場合、この関数は404エラー（ページが見つからない）ことを返します。

ファイルviews.pyは「MVT」モデルの「V：ビュー」に該当します。「V：ビュー」を参照すれば、「ルーティング」がどこに記述されているのかをすぐに判断することができます。

「app.py」への書き込み

ファイルapp.pyに、**リスト9.4**を記述します。「app.py」は、Flaskアプリケーションの作成、データベースとの接続設定、マイグレーション管理、アプリケーションの実行をしています。ファイルapp.pyは起動ファイルの役割も担っています。

リスト9.4 **app.py**

```
001:   from flask import Flask
002:   from flask_migrate import Migrate
003:   from models import db
004:
005:   # ===================================================
006:   # Flask
007:   # ===================================================
008:   app = Flask(__name__)
009:   # 設定ファイル読み込み
010:   app.config.from_object("config.Config")
011:   # dbとFlaskとの紐づけ
012:   db.init_app(app)
013:   # マイグレーションとの紐づけ(Flaskとdb)
014:   migrate = Migrate(app, db)
015:   # viewsのインポート
016:   from views import *
017:
018:   # ===================================================
019:   # 実行
020:   # ===================================================
021:   if __name__ == "__main__":
022:       app.run()
```

8行目「app = Flask(__name__)」でFlaskアプリケーションを作成します。ここで「__name__」は、Pythonがこのファイルを実行する際に使用する特殊変数です。

10行目「app.config.from_object("config.Config")」で設定ファイルである「config.py」モジュール内の「Config」クラスを読み込んでいます。

12行目「db.init_app(app)」でデータベースとFlaskアプリケーションをバインドして紐づけています。ここで使用している変数「db」は、「models.py」で定義されている「SQLAlchemy」のインスタンスです。バインドに関してはコラムを参照してください。

14行目「migrate = Migrate(app, db)」はFlaskアプリケーションとデータベースを使ってマイグレーション(データベースの変更履歴管理)を設定しています。これにより、データベースの構造を簡単に変更できるようになります。「マイグレーション」に関しては「7-2 Flask-Migrateを使おう」で触れていますので、もしわからない場合は参照をお願いします。

16行目「from views import *」は「views.py」からすべての関数をインポートします。views.py

には、アプリケーションのルーティング（URLに応じた処理）が記述されています。

21行目、22行目「if __name__ == "__main__": app.run()」は、このファイルが直接実行された場合（つまり、このファイルがスクリプトとして実行された場合）、Flaskアプリケーションを起動します。「app.run()」は、アプリケーションを実行するための関数です。

再度の説明になりますが、モジュール名が「app.py」の場合、「FLASK_APP環境変数」への登録は必要ありません。詳細は「2-1-2 ハローワールドを読み解く」で触れていますので、もしわからない場合は参照をお願いします。

Column | バインドとは？

FlaskアプリケーションにFlask-SQLAlchemyをバインド（つなげる）とは、Flaskアプリケーションとデータベースを使うためのツールであるFlask-SQLAlchemyを連携させることを意味します。

「7章 Flaskでデータベースを使おう」では、「db = SQLAlchemy(app)」を利用してFlaskアプリケーションにFlask-SQLAlchemyをバインドしていました。今回は「models.py」で「db = SQLAlchemy()」を行っていますが、この状態ではFlaskアプリケーションにFlask-SQLAlchemyはまだバインドされていません。「app.py」で「db.init_app(app)」を行うことでバインドが行われます。

○ **db = SQLAlchemy(app) の場合**

FlaskアプリケーションとデータベースのツールであるFlask-SQLAlchemyは、最初からつながっています。

○ **db = SQLAlchemy() の場合**

はじめにFlaskアプリケーションとデータベースのツールであるFlask-SQLAlchemyはつながっていません。そのため、後で「db.init_app(app)」を使って、「Flask」アプリケーションとデータベースのツールをつなげる必要があります。

どちらの方法を選ぶかは、アプリケーションの構造や要件によって決まります。

☐ templates/base.htmlへの書き込み

ファイルbase.htmlに、**リスト9.5**を記述します。「base.html」は、ページ全体の基本的なレイアウトを定義しています。他のテンプレートはこのファイルを継承することで、共通のレイアウトを簡単に利用することができます。

base.html

```
001:    <!DOCTYPE html>
002:    <html lang="ja">
003:    <head>
004:        <meta charset="UTF-8">
005:        <title>メモアプリ</title>
006:    </head>
007:    <body>
008:        {% block content %}{% endblock %}
009:    </body>
010:    </html>
```

8行目「{% block content %}{% endblock %}」部分は、継承先テンプレートで個別のコンテンツを挿入できる場所を示しています。

templates/index.htmlへの書き込み

ファイルindex.htmlに、**リスト9.6**を記述します。「index.html」は、Jinja2テンプレートを使ってメモ一覧ページのHTMLを作成しています。このテンプレートは「base.html」を拡張しています。メモ一覧を表示し各メモに対して編集と削除のリンクを提供し、新しいメモを作成するリンクも提供されています。これにより、ユーザーはメモを管理するための基本的な操作を実行できます。

index.html

```
001:    {% extends "base.html" %}
002:
003:    {% block content %}
004:        <h1>メモ一覧</h1>
005:        <ul>
006:            {% for memo in memos %}
007:                <li>{{ memo.title }} -
008:                    <a href="{{ url_for('update', memo_id=memo.id) }}">編集</a> |
009:                    <a href="{{ url_for('delete', memo_id=memo.id) }}">削除</a>
010:                </li>
011:            {% endfor %}
012:        </ul>
013:
014:        <a href="{{ url_for('create') }}">新しいメモを作成</a>
015:    {% endblock %}
```

1行目「{% extends "base.html" %}」は、このテンプレートが「base.html」を継承していることを示します。これにより、「base.html」のレイアウトが適用され、3行目～15行目の「{% block content %}から{% endblock %}」が、テンプレートのコンテンツとして挿入されます。

templates/create.htmlへの書き込み

ファイルcreate.htmlに、**リスト9.7**を記述します。「create.html」は、Jinja2テンプレートを使って新しいメモを作成するページのHTMLを作成しています。このテンプレートは「base.html」を拡張しています。新しいメモのタイトルと内容を入力し、作成ボタンをクリックすることでメモを作成します。

リスト 9.7　create.html

```
001:   {% extends "base.html" %}
002:
003:   {% block content %}
004:       <h1>新しいメモを作成</h1>
005:       <form method="post" action="{{ url_for('create') }}">
006:           <label for="title">タイトル</label>
007:           <input type="text" name="title" id="title" required>
008:           <br><br>
009:           <label for="content">内容</label>
010:           <textarea name="content" id="content" cols="50" rows="5" required></
       textarea>
011:           <br><br>
012:           <input type="submit" value="作成">
013:       </form>
014:
015:       <a href="{{ url_for('index') }}">戻る</a>
016:   {% endblock %}
```

5行目「<form method="post" action="{{ url_for('create') }}">」は新しいメモを作成するためのフォームを開始します。フォームの送信メソッドは「POST」で、送信先のURLはcreateビュー関数に対応する「URL」になります。

7行目、10行目で「required」属性が指定されている入力欄は必須項目になります。

templates/update.htmlへの書き込み

ファイルupdate.htmlに、**リスト9.8**を記述します。「update.html」は、Jinja2テンプレートを使ってメモの編集ページのHTMLを作成しています。このテンプレートは、「base.html」を拡張しています。

リスト9.8 update.html

```
001: {% extends "base.html" %}
002:
003: {% block content %}
004:     <h1>メモを編集</h1>
005:     <form method="post" action="{{ url_for('update', memo_id=memo.id) }}">
006:         <label for="title">タイトル</label>
007:         <input type="text" name="title" id="title" value="{{ memo.title }}"
     required>
008:         <br><br>
009:         <label for="content">内容</label>
010:         <textarea name="content" id="content" cols="50" rows="5" required>{{ memo.
     content }}</textarea>
011:         <br><br>
012:         <input type="submit" value="更新">
013:     </form>
014:
015:     <a href="{{ url_for('index') }}">戻る</a>
016: {% endblock %}
```

5行目「<form method="post" action="{{ url_for('update', memo_id=memo.id) }}">」はメモの編集内容を送信するためのフォームを開始します。フォームの送信メソッドは「POST」で、送信先の「URL」はupdateビュー関数に対応する「URL」になります。ここでは、「memo_id」に「memo.id」を渡しています。

7行目「value="{{ memo.title }}"」とすることで、編集画面にて「タイトル」が既存値で表示されます。

10行目「{{ memo.content }}」をテキストエリア内に記述することで、編集画面にて「内容」が既存値で表示されます。

templates/errors/404.htmlへの書き込み

ファイル404.htmlに、**リスト9.9**を記述します。「404.html」は、独自のエラーページを表示するHTMLテンプレートです。404エラーが発生した場合、このページが表示されます。

リスト9.9 404.html

```
001: <!DOCTYPE html>
002: <html lang="ja">
003: <head>
004:     <meta charset="UTF-8">
005:     <title>ERROR</title>
006: </head>
007: <body>
```

```
008:        <h1>独自エラーページ</h1>
009:        <h2>ステータスコード404</h2>
010:        <p>{{ msg }}</p>
011:        <a href="{{ url_for('index') }}">一覧へ</a>
012:    </body>
013: </html>
```

9-3-3 マイグレーションの実行

☐ ディレクトリの移動

コマンド「cd」を使用し、「my_memo_app」ディレクトリに移動します（**図9.6**）。

図9.6 ディレクトリ移動

```
問題   出力   デバッグ コンソール   ターミナル


(flask_env) C:\work_flask\my_memo_app>█
```

☐ 「flask db init」の実行

コマンド「flask db init」は、データベースマイグレーションのための環境を初期化します。実行すると、マイグレーション用のフォルダとファイルが生成されます。通常、このコマンドはプロジェクトの最初に1回だけ実行します（**図9.7**）。

図9.7 flask db init

```
問題   出力   デバッグ コンソール   ターミナル


(flask_env) C:\work_flask\my_memo_app>flask db init
Creating directory 'C:\\work_flask\\my_memo_app\\migrations' ...  done
Creating directory 'C:\\work_flask\\my_memo_app\\migrations\\versions' ...  done
Generating C:\work_flask\my_memo_app\migrations\alembic.ini ...  done
Generating C:\work_flask\my_memo_app\migrations\env.py ...  done
Generating C:\work_flask\my_memo_app\migrations\README ...  done
Generating C:\work_flask\my_memo_app\migrations\script.py.mako ...  done
Please edit configuration/connection/logging settings in 'C:\\work_flask\\my_memo_app\\migrations\\alembic
.ini' before proceeding.
```

☐ 「flask db migrate」の実行

コマンド「flask db migrate」は、データベースのスキーマ変更を検出し、新しいマイグレーションファイルを生成します。データベースモデルが変更されるたびに実行する必要があります。このコマンドは、自動的にデータベースとモデルの違いを検出し、適切なマイグレーションコード

を生成します（図9.8）。

図9.8 flask db migrate

```
問題   出力   デバッグ コンソール   ターミナル

(flask_env) C:\work_flask\my_memo_app>flask db migrate
INFO  [alembic.runtime.migration] Context impl SQLiteImpl.
INFO  [alembic.runtime.migration] Will assume non-transactional DDL.
INFO  [alembic.autogenerate.compare] Detected added table 'memos'
Generating C:\work_flask\my_memo_app\migrations\versions\e24ba4731773_.py ...  done
```

「flask db upgrade」の実行

コマンド「flask db upgrade」は、データベースを最新のマイグレーションに更新します。「flask db migrate」で生成されたマイグレーションファイルを適用し、データベースのスキーマを変更します。新しいマイグレーションファイルがある場合に実行する必要があります（図9.9）。

図9.9 flask db upgrade

```
問題   出力   デバッグ コンソール   ターミナル

(flask_env) C:\work_flask\my_memo_app>flask db upgrade
INFO  [alembic.runtime.migration] Context impl SQLiteImpl.
INFO  [alembic.runtime.migration] Will assume non-transactional DDL.
INFO  [alembic.runtime.migration] Running upgrade  -> e24ba4731773, empty message
```

9-3-4 動作確認

「404」の確認

ファイルapp.pyを実行します。URL「http://127.0.0.1:5000/」を指定します。指定したURLに対応するリソースがないので独自エラーページが表示されます（図9.10）。

図9.10 独自エラーページ

独自エラーページ

ステータスコード404

The requested URL was not found on the server. If you entered the URL manually please check your spelling and try again.

一覧へ

☐「一覧処理」の確認

独自エラーページの「一覧へ」リンクをクリックします。URL「http://127.0.0.1:5000/memo/」が指定され、メモ一覧画面が表示されます（**図9.11**）。

図9.11 メモ一覧

```
←  →  C  ⌂    ⓘ 127.0.0.1:5000/memo/

メモ一覧

新しいメモを作成
```

☐「登録処理」の確認

メモ一覧画面の「新しいメモを作成」リンクをクリックします。

URL「http://127.0.0.1:5000/memo/create」が指定され、メモ登録画面が表示されます。登録画面で「タイトル」と「内容」を入力後、「作成」ボタンをクリックします。PRGパターンが適応され、メモ一覧画面がリダイレクトで表示されます（**図9.12**）。

図9.12 メモ登録処理

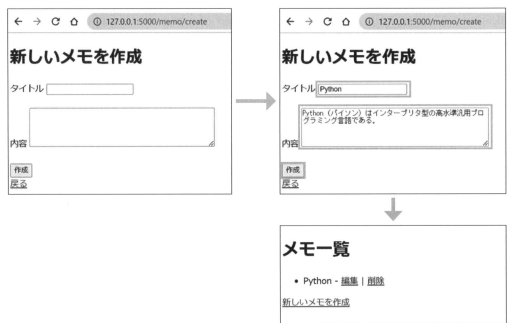

■ 「編集処理」の確認

メモ一覧画面の「編集」リンクをクリックします。

URL「http://127.0.0.1:5000/memo/update/<int:memo_id>」が指定され、メモ編集画面が表示されます。編集画面で「タイトル」を編集後、「更新」ボタンをクリックします。PRGパターンが適応されメモ一覧画面がリダイレクトで表示されます（図9.13）。

図9.13 メモ編集処理

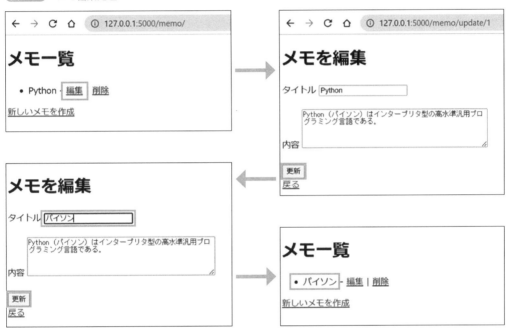

■ 「削除処理」の確認

メモ一覧画面の「削除」リンクをクリックします。

URL「http://127.0.0.1:5000/memo/delete/<int:memo_id>」が指定され、対象のメモ情報削除後、PRGパターンが適応されメモ一覧画面がリダイレクトで表示されます（図9.14）。

図9.14 メモ削除処理

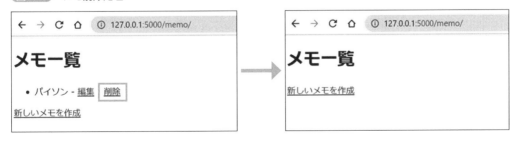

動作確認も終わり、CRUD処理が無事動くことが確認できました。

　これで「イテレーション01：CRUD機能を持つメモアプリ」の作成を完了とします。イメージ
として「クライアント」に「イテレーション01：CRUD機能を持つメモアプリ」をリリースしたと
ころ、「クライアント」から「データベース」へ同じ「タイトル」でも登録できてしまう、「登録」、「更
新」、「削除」後に「メモ一覧画面」が表示されるが、どの処理が完了したのかわかりづらいなどの
指摘を受けたと仮定します。指摘内容を解決する機能を追加する次の「イテレーション」へ進み
ましょう（**図9.15**）。

図9.15　仮クライアントとのやり取り

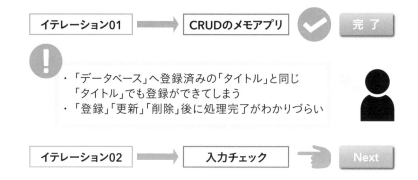

第 **10** 章

バリデーションと完了メッセージを追加しよう

10-1 バリデーションと完了メッセージの説明

この章では「イテレーション02：バリデーションと完了メッセージ」の追加を作成していきましょう。「5章 Formに触れてみよう」で学んだ内容を使用して、入力チェック機能のバリデーションを作成し、登録・更新・削除処理の後には、処理が完了した旨のメッセージを表示させたいと思います。

10-1-1 追加機能

☐ バリデーション

メモの「タイトル」には**表10.1**のバリデーションを追加します。

表10.1 バリデーション

No	バリデーション	メッセージ
1	必須入力	「タイトルは必須入力です。」
2	文字制限	「10文字以下で入力してください。」
3	タイトル重複登録	「タイトル '{xxxxx}' は既に存在します。別のタイトルを入力してください。」

「メモ登録画面」から登録処理を実行した時にバリデーションを実行します。「バリデーションエラー」に引っかかる場合は、「メモ登録画面」にエラーメッセージを表示します。
「メモ更新画面」から更新処理を実行した時にバリデーションを実行します。「バリデーションエラー」に引っかかる場合は、「メモ更新画面」にエラーメッセージを表示します。

☐ フラッシュメッセージ

更新処理系（CUD）の後には処理が完了した旨のメッセージを表示します（**表10.2**）。

表10.2 フラッシュメッセージ

No	CRUD	処理	メッセージ
1	C	登録	「登録しました。」
2	U	更新	「変更しました。」
3	D	削除	「削除しました。」

CUDの更新処理後、「メモ一覧画面」に対象の「フラッシュメッセージ」を表示します。

10-1-2　フォルダとファイルの作成

図10.1の構造でフォルダとファイルを作成します。追加する内容の説明を表10.3に修正する内容の説明を表10.4に示します。

図10.1　プロジェクト構造

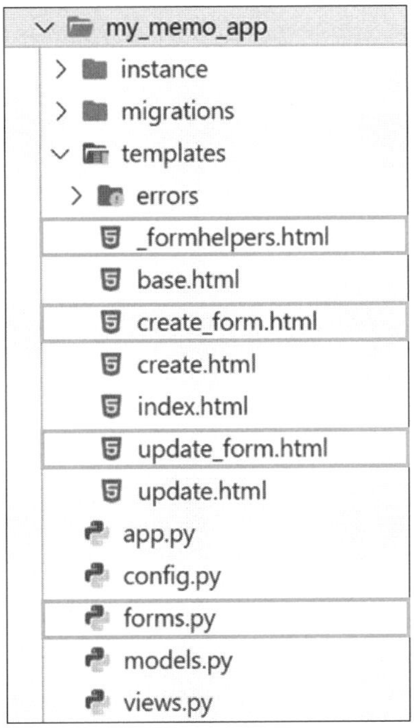

```
∨ 📁 my_memo_app
    > 📁 instance
    > 📁 migrations
    ∨ 📁 templates
        > 📁 errors
            🔲 _formhelpers.html
            🔲 base.html
            🔲 create_form.html
            🔲 create.html
            🔲 index.html
            🔲 update_form.html
            🔲 update.html
    🐍 app.py
    🐍 config.py
    🐍 forms.py
    🐍 models.py
    🐍 views.py
```

表10.3　追加する一覧

追加項目	内容
_formhelpers.html	共有マクロ用ファイル
create_form.html	（Form使用）登録用テンプレート
update_form.html	（Form使用）更新用テンプレート
forms.py	FlaskFormを継承したFormクラスを記述するモジュール

表10.4　修正する一覧

修正項目	内容
config.py	設定を増やします
views.py	Formクラスを使用するように登録処理と更新処理を修正します
index.html	メッセージ表示処理を追加します

Section

10-2 バリデーションと
完了メッセージの作成

> プログラムを記述する準備が出来ました。早速「イテレーション02：バリデーションと
> 完了メッセージ」を作成していきましょう。今回も「MVT」モデルを意識しながら各ファ
> イルに役割を持たせ、ファイルを分割した開発を心掛けていきたいと思います。

10-2-1 プログラムの記述

☐ templates/_formhelpers.html への書き込み

ファイル_formhelpers.htmlに、リスト10.1を記述します。「_formhelpers.html」は、Jinja2
の「マクロ」を定義しています。「マクロ」とは、「テンプレート」内で繰り返し使用されるコード
を定義することで、再利用することができます。今回の「マクロ」は、フォームのフィールドを
描画するために使用します。

リスト10.1 _formhelpers.html

```
001:  {% macro render_field(field) %}
002:      <dt>{{ field.label }}</dt>
003:      <dd>{{ field(**kwargs)| safe }}</dd>
004:      {% if field.errors %}
005:      <ul style="color: red;">
006:          {% for error in field.errors %}
007:              <li>{{ error }}</li>
008:          {% endfor %}
009:      </ul>
010:      {% endif %}
011:  {% endmacro %}
```

1行目「{% macro render_field(field) %}」は「render_field」という名前のマクロを定義していま
す。「field」という名前の引数を受け取ります。

3行目「{{ field(**kwargs)| safe }}」は「field(**kwargs)」でフィールドを展開し、「| safe フィルタ」
を使用して安全なHTMLとしてレンダリングします。

4行目「{% if field.errors %}」はフィールドに関連するエラーがある場合、この条件が「True」に
なりエラーメッセージを表示するための処理を6行目「{% for error in field.errors %}」の繰り返し
文を利用して、フィールドの「エラーメッセージリスト」から、個々のエラーメッセージを反復

して表示します。

templates/create_form.htmlへの書き込み

ファイルcreate_form.htmlに、**リスト10.2**を記述します。

リスト10.2　**create_form.html**

```
001:  {% extends "base.html" %}
002:
003:  {% block content %}
004:      <h1>新しいメモを作成</h1>
005:      {% from "_formhelpers.html" import render_field %}
006:      <form method="POST" action="{{ url_for('create') }}" novalidate>
007:          {{ form.hidden_tag() }}
008:          {{ render_field(form.title) }}
009:          {{ render_field(form.content, rows=5, cols=50) }}
010:          {{ form.submit }}
011:      </form>
012:
013:      <a href="{{ url_for('index') }}">戻る</a>
014:  {% endblock %}
```

5行目「{% from "_formhelpers.html" import render_field %}」はファイル_formhelpers.htmlから、「render_field」というマクロをインポートします。このマクロは、フォームのフィールドを描画するために使用されます。

6行目「<form method="POST" action="{{ url_for('create') }}" novalidate>」はHTMLの<form>タグを使ってフォームを作成します。method="POST"で、フォームの送信方法を「POST」に指定し、「action="{{ url_for('create') }}"」で送信先の「URL」を指定します。novalidate属性は、HTML5のクライアントサイドバリデーションを無効にします。

7行目「{{ form.hidden_tag() }}」は「CSRF（クロスサイトリクエストフォージェリ）」保護トークンを含む隠しフィールドを出力します。これは「Flask-WTF」が提供する機能です。

8行目「{{ render_field(form.title) }}」は「タイトル」フィールドを描画するために、インポートした「render_field」マクロを使用しています。ここで、「form.title」フィールドが引数として渡されます。

9行目「{{ render_field(form.content, rows=5, cols=50) }}」は「内容」フィールドを描画するために、「render_field」マクロを使用しています。この場合、「form.content」フィールドが引数として渡され、さらにrows=5とcols=50という追加の属性が指定されることで、テキストエリアが5行×50列のサイズになっています。

templates/update_form.htmlへの書き込み

ファイルupdate_form.htmlに、**リスト10.3**を記述します。

update_form.html

```
001:    {% extends "base.html" %}
002:
003:    {% block content %}
004:        <h1>メモを編集</h1>
005:        {% from "_formhelpers.html" import render_field %}
006:        <form method="post" action="{{ url_for('update', memo_id=edit_id) }}"
       novalidate>
007:            {{ form.hidden_tag() }}
008:            {{ render_field(form.title) }}
009:            {{ render_field(form.content, rows=5, cols=50) }}
010:            {{ form.submit }}
011:        </form>
012:
013:        <a href="{{ url_for('index') }}">戻る</a>
014:    {% endblock %}
```

「update_form.html」で記述している内容は、「create_form.html」とほぼ同じためソースコードの説明は割愛させて頂きます。

forms.pyへの書き込み

ファイルforms.pyに、**リスト10.4**を記述します。

forms.py

```
001:    from flask_wtf import FlaskForm
002:    from wtforms import StringField, TextAreaField, SubmitField
003:    from wtforms.validators import DataRequired, Length, ValidationError
004:    from models import Memo
005:
006:    # =====================================================
007:    # Formクラス
008:    # =====================================================
009:    # メモ用入力クラス
010:    class MemoForm(FlaskForm):
011:        # タイトル
012:        title = StringField('タイトル：', validators=[DataRequired('タイトルは必須入力です'),
013:                            Length(max=10, message='10文字以下で入力してください')])
014:        # 内容
```

```
015:        content = TextAreaField('内容：')
016:        # ボタン
017:        submit = SubmitField('送信')
018:
019:        # カスタムバリデータ
020:        def validate_title(self, title):
021:            # StringFieldオブジェクトではなく、その中のデータ（文字列）をクエリに渡す必要があるため
022:            # 以下のようにtitle.dataを使用して、StringFieldから実際の文字列データを取得する
023:            memo = Memo.query.filter_by(title=title.data).first()
024:            if memo:
025:                raise ValidationError(f"タイトル '{title.data}' は既に存在します。¥
026:                                        別のタイトルを入力してください。")
```

10行目〜26行目でメモ用のFormクラスを「Flask-WTF」を使用し定義しています。

12行目、13行目の「title」は「タイトル」を入力するために「StringField」を使用し、「DataRequired」と「Length」バリデータを適用して、「タイトル」が必須であり、10文字以下が入力可能であることをチェックしています。入力チェック数10文字以下に意味はありません。文字数バリデーションを行うために適当に10にしています。

15行目「content」は長い文字列を入力するための「TextAreaField」を使用しています。

17行目「submit」はフォームを送信するためのボタンを作成するために「SubmitField」を使用しています。

20行目〜26行目が「カスタムバリデータ」です。

20行目「validate_title(self, title)」の「validate_」という接頭辞は、「FlaskForm」において「カスタムバリデータ」を定義する際に特別な意味を持ちます。「validate_」に続く部分は、検証したいフィールド名と一致する必要があり、ここでは「title」としています。「FlaskForm」では、この命名規則に従ってメソッドを定義すると、そのメソッドは自動的に対応するフィールドのバリデーションに追加されます。ここでは、「データベース」内に同じタイトルのメモが存在しないことを確認し、同じタイトルのメモが存在する場合は「ValidationError」を発生させます。「ValidationError」は、WTForms（Flask-WTFを含む）で使用される特別な種類の例外で、エラーをユーザーに表示することができます。

config.pyへの書き込み

設定ファイルconfig.pyを修正し、**リスト10.5**を記述します。

リスト 10.5　**config.py**

```
001:  # ===================================================
002:  # 設定
003:  # ===================================================
004:  class Config(object):
005:      # デバッグモード
006:      DEBUG=True
007:      # CSRFやセッションで使用（イテレーション02で追加）
008:      SECRET_KEY = "secret-key"
009:      # 警告対策
010:      SQLALCHEMY_TRACK_MODIFICATIONS = False
011:      # DB設定
012:      SQLALCHEMY_DATABASE_URI = "sqlite:///memodb.sqlite"
```

8行目「SECRET_KEY = "secret-key"」は、Flaskアプリケーションにおいて、セキュリティ上重要な機能をサポートするための設定です。主に以下の目的で使用されます。

- セッション
  Flaskアプリケーションでは、ユーザー固有の情報をセッションと呼ばれる仕組みで管理します。セッションデータは、クライアント側のクッキーに保存され、暗号化されています。「SECRET_KEY」は、この暗号化と復号化のプロセスで使用され、セッションデータが改ざんされていないことを確認します。
- CSRF保護
  「Flask-WTF」などのフォームライブラリは、「Cross-Site Request Forgery（CSRF）」と呼ばれるセキュリティ脆弱性に対処するために、秘密鍵を使用して「CSRFトークン」を生成します。フォームが送信されると、このトークンはサーバー側で検証され、正当なリクエストであることが確認されます。「CSRF」に関しては「5-3-2 Flask-WTFの使用方法」で触れていますので、もしわからない場合は参照をお願いします。

「SECRET_KEY」は、推測されることがないようにランダムで複雑な文字列にすることが重要です。本番環境では、「SECRET_KEY」は絶対に公開されるべきではありません。環境変数や秘密情報管理ツールを使用して、「SECRET_KEY」を安全に管理することが推奨されます。今回はわかりやすくするために、固定文字を使用しています。

■ views.pyへの書き込み

「MVT」モデルの「V：ビュー」に該当する、ファイルviews.pyを**リスト10.6**に修正します。

リスト10.6 views.py

```
001:   from flask import render_template, request, redirect, url_for, flash
002:   from app import app
003:   from models import db, Memo
004:   from forms import MemoForm
005:
006:   # ===================================================
007:   # ルーティング
008:   # ===================================================
009:   # 一覧
010:   @app.route("/memo/")
011:   def index():
012:       # メモ全件取得
013:       memos = Memo.query.all()
014:       # 画面遷移
015:       return render_template("index.html", memos=memos)
016:
017:   # 登録 (Form使用)
018:   @app.route("/memo/create", methods=["GET", "POST"])
019:   def create():
020:       # Formインスタンス生成
021:       form = MemoForm()
022:       if form.validate_on_submit():
023:           # データ入力取得
024:           title = form.title.data
025:           content = form.content.data
026:           # 登録処理
027:           memo = Memo(title=title, content=content)
028:           db.session.add(memo)
029:           db.session.commit()
030:           # フラッシュメッセージ
031:           flash("登録しました")
032:           # 画面遷移
033:           return redirect(url_for("index"))
034:       # GET時
035:       # 画面遷移
036:       return render_template("create_form.html", form=form)
037:
038:   # 更新 (Form使用)
039:   @app.route("/memo/update/<int:memo_id>", methods=["GET", "POST"])
040:   def update(memo_id):
041:       # データベースからmemo_idに一致するメモを取得し、
```

```
042:        # 見つからない場合は404エラーを表示
043:        target_data = Memo.query.get_or_404(memo_id)
044:        # Formに入れ替え
045:        form = MemoForm(obj=target_data)
046:
047:        if request.method == 'POST' and form.validate():
048:            # 変更処理
049:            target_data.title = form.title.data
050:            target_data.content = form.content.data
051:            db.session.commit()
052:            # フラッシュメッセージ
053:            flash("変更しました")
054:            # 画面遷移
055:            return redirect(url_for("index"))
056:        # GET時
057:        # 画面遷移
058:        return render_template("update_form.html", form=form, edit_id = target_data.id)
059:
060: # 削除
061: @app.route("/memo/delete/<int:memo_id>")
062: def delete(memo_id):
063:        # データベースからmemo_idに一致するメモを取得し、
064:        # 見つからない場合は404エラーを表示
065:        memo = Memo.query.get_or_404(memo_id)
066:        # 削除処理
067:        db.session.delete(memo)
068:        db.session.commit()
069:        # フラッシュメッセージ
070:        flash("削除しました")
071:        # 画面遷移
072:        return redirect(url_for("index"))
073:
074: # モジュールのインポート
075: from werkzeug.exceptions import NotFound
076:
077: # エラーハンドリング
078: @app.errorhandler(NotFound)
079: def show_404_page(error):
080:        msg = error.description
081:        print('エラー内容：',msg)
082:        return render_template('errors/404.html', msg=msg) , 404
```

「views.py」での主な変更箇所は以下2つの関数になります。

○ **create()関数**

19行目「create()」関数はメモの登録処理を行います。「GET」および「POST」メソッドを受け付け

るように定義されています。「MemoForm」インスタンスが作成され、form変数に格納されます。

22行目「form.validate_on_submit()」は、フォームが送信され、バリデーションが成功した場合に「True」を返します。「form.validate_on_submit()」は「Flask-WTF」フォームライブラリのメソッドで、以下2つの条件をチェックしています。

- リクエストがPOSTメソッドであるかどうか
- フォームに入力されたデータが指定されたバリデーションルールに従っているかどうか

「form.validate_on_submit()」は、両方の条件が満たされている場合に「True」を返し、そうでない場合に「False」を返します。

24行目～27行目で「タイトル」と「内容」のデータがフォームから取得され、新しい「Memo」インスタンスが作成されます。ここでの「Memo」クラスは、「Flask」のORM「SQLAlchemy」を使用して定義されています。Memoクラスは「db.Model」を継承しており、そのため、「__init__コンストラクタ」を明示的に定義しなくても、SQLAlchemyが自動的に「コンストラクタ」を提供してくれます。SQLAlchemyは、モデルクラスに定義されたカラムに基づいて、自動的に「__init__コンストラクタ」を生成し、それを使用してインスタンス化できます。これにより、27行目「memo = Memo(title=title, content=content)」のようにMemoクラスのインスタンスを作成できます。

28行目、29行目で「データベース」に新しいメモが追加され、変更がコミットされます。

31行目「flash("登録しました")」は、文字列「登録しました」をフラッシュメッセージとして設定します。このメッセージは、次にレンダリングされるテンプレートで表示され、その後自動的に消えます。「flash()」関数は、Flaskが提供する関数です。一度だけ表示されるメッセージをユーザーに表示するために使用されます。

33行目「return redirect(url_for("index"))」で「メモ一覧画面」にリダイレクトされます。

36行目「return render_template("create_form.html", form=form)」は「GET」リクエストの場合、新しいメモを作成するためのフォームが表示されます。

update(memo_id)関数

40行目「update(memo_id)」関数は、メモIDをパスパラメーターとして受け取り、「GET」および「POST」メソッドを受け付けるように定義します。

43行目「target_data = Memo.query.get_or_404(memo_id)」を使用して、「データベース」から対象のメモデータを取得します。見つからない場合は、「404エラー」が表示されます。

45行目「form = MemoForm(obj=target_data)」で取得したメモデータを「MemoForm」インスタンスに渡して初期値として設定します。

47行目～55行目では、リクエストが「POST」で、フォームのバリデーションが成功した場合、タイトルと内容がフォームから取得され、対象のメモデータが更新され、フラッシュメッセージを設定後、メモ一覧画面にリダイレクトされます。

47行目「form.validate()」は「Flask-WTF」で定義されたメソッドで、送信されたフォームデー

タが、フォームクラス内で定義されたバリデーションルールに従って正しいかどうかを確認します。このメソッドが「True」を返す場合、フォームデータは正しく、処理を続行できます。「False」が返された場合、フォームデータに問題があり、バリデーションルールに適合していないことを意味します。

49行目、50行目でメモデータの変更を行います。この操作はまだ「データベース」に反映されていません。

51行目「db.session.commit()」でデータベースセッションに対するすべての変更（この場合は、target_dataオブジェクトに対する変更）を確定させ、データベースに反映します。この処理で、変更がデータベースに反映されます。

58行目「return render_template("update_form.html", form=form, edit_id = target_data.id)」では、「GET」リクエストの場合、選択したメモを編集するためのフォームが表示されます。

□ index.htmlへの書き込み

ファイルindex.htmlを、**リスト10.7**に修正します。

リスト10.7　index.html

```
001:    {% extends "base.html" %}
002:
003:    {% block content %}
004:        <h1>メモ一覧</h1>
005:        {% if memos == [] %}
006:            <p>メモは登録されていません</p>
007:        {% else %}
008:            <ul>
009:            {% for memo in memos %}
010:                <li>{{ memo.title }} -
011:                    <a href="{{ url_for('update', memo_id=memo.id) }}">編集</a> |
012:                    <a href="{{ url_for('delete', memo_id=memo.id) }}">削除</a>
013:                </li>
014:            {% endfor %}
015:            </ul>
016:        {% endif %}
017:        <!-- ▼▼▼▼▼ flashメッセージ ▼▼▼▼▼ -->
018:        {% for message in get_flashed_messages() %}
019:        <div style="color: blue;">
020:            {{ message }}
021:        </div>
022:        {% endfor %}
023:        <!-- ▲▲▲▲▲ flashメッセージ ▲▲▲▲▲ -->
024:        <a href="{{ url_for('create') }}">新しいメモを作成</a>
025:    {% endblock %}
```

　5行目〜7行目で、メモ情報が存在しない場合は「<p>メモは登録されていません</p>」と表示するように、5行目「{% if memos == [] %}」で条件式を使用しています。

　17行目〜23行目で、「get_flashed_messages()」関数を使ってフラッシュメッセージのリストを取得し、そのリストからメッセージを取得し表示しています。フラッシュメッセージをテンプレートで表示するには、テンプレート内でget_flashed_messages()関数を使用します。この関数は、保存されているすべてのフラッシュメッセージをリストとして返します。

Column │ バリデーションとフラッシュメッセージのメリット

バリデーションとフラッシュメッセージのメリットをそれぞれ以下にまとめます。

○ **バリデーション（入力チェック）のメリット**

● データの整合性

　バリデーションを使用すると、アプリケーションに不適切なデータが入力されるのを防ぐことができます。これにより、データの整合性と信頼性が保たれます。

● ユーザーエクスペリエンス[※1]

　バリデーションエラーメッセージを提供することで、ユーザーに何が間違っているのかを明確に伝えることができます。これにより、ユーザーエクスペリエンスが向上します。

○ **フラッシュメッセージ（一時的なメッセージ）のメリット**

● ユーザーフィードバック

　フラッシュメッセージは、ユーザーが行ったアクションの結果をすぐに知らせる効果的な方法です。これにより、ユーザーは自分のアクションが成功したか失敗したかをすぐに知ることができます。

● ユーザーエクスペリエンス

　フラッシュメッセージは、ユーザーに対するフィードバックを提供することで、ユーザーエクスペリエンスを向上させます。

※1　ユーザーエクスペリエンス（User Experience、略してUX）とは、製品やサービスを使用する際にユーザーが経験する全体的な感じや印象を指します。これには、製品の使いやすさ、効率性、便利さ、楽しさなどが含まれます。

10

▼ バリデーションと完了メッセージを追加しよう

Section 10-3 動作確認

「イテレーション02：バリデーションと完了メッセージ」の作成が完了しました。仮のクライアントが要求した内容をアプリケーションが対応しているか、アプリケーションを起動して動作確認を行いましょう。

10-3-1 動作確認

☐ 正常系「登録処理」の確認

メモ一覧画面の「新しいメモを作成」リンクをクリックします。URL「http://127.0.0.1:5000/memo/create」が指定され、メモ登録画面が表示されます（**図10.2**）。

図10.2 メモ登録処理1

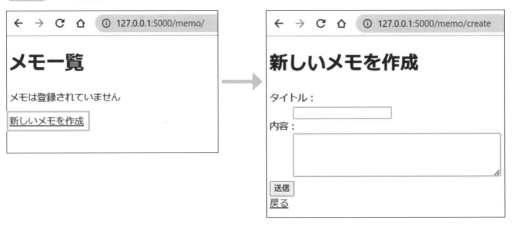

登録画面で「タイトル」と「内容」を入力後、「送信」ボタンをクリックします。PRGパターンが適応されメモ一覧画面がリダイレクトで表示されます。「登録しました」とフラッシュメッセージが表示されます（**図10.3**）。

図10.3 メモ登録処理2

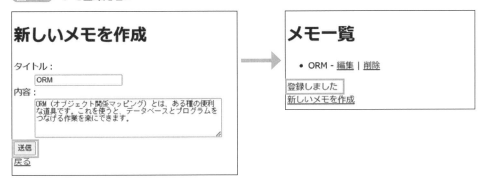

正常系「編集処理」の確認

メモ一覧画面の「編集」リンクをクリックします。URL「http://127.0.0.1:5000/memo/update/<int:memo_id>」が指定され、メモ編集画面が表示されます（**図10.4**）。

図10.4 メモ編集処理1

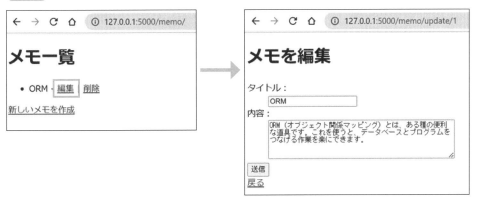

編集画面で「タイトル」を編集後、「更新」ボタンをクリックします。PRGパターンが適応されメモ一覧画面がリダイレクトで表示されます。「変更しました」とフラッシュメッセージが表示されます（**図10.5**）。

図10.5 メモ編集処理2

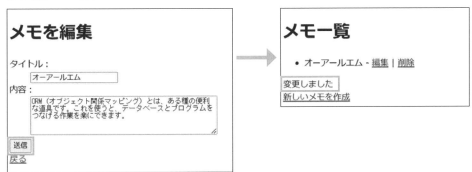

正常系「削除処理」の確認

メモ一覧画面の「削除」リンクをクリックします。URL「http://127.0.0.1:5000/memo/delete/<int:memo_id>」が指定され、対象のメモ情報削除後、メモ一覧画面がリダイレクトで表示されます。「削除しました」とフラッシュメッセージが表示されます（**図10.6**）。

図10.6 メモ削除処理

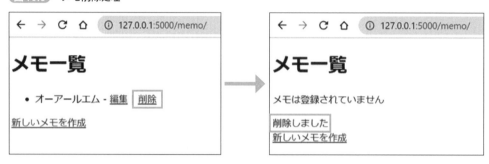

「バリデーション」の確認

○「タイトル重複」バリデーション

メモ情報にタイトルが「テスト」というデータを登録してください（**図10.7**）。

図10.7 タイトル重複1

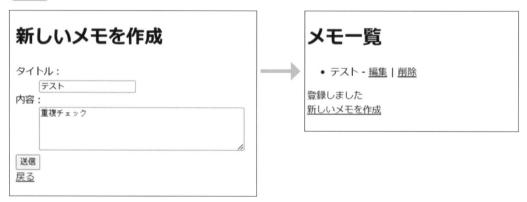

再度メモ登録画面にてタイトルに「テスト」を登録しようとします。バリデーションにより、メッセージ「タイトル'テスト'は既に存在します。 別のタイトルを入力してください。」と表示されます（**図10.8**）。

図10.8　タイトル重複2

図10.8　タイトル重複2

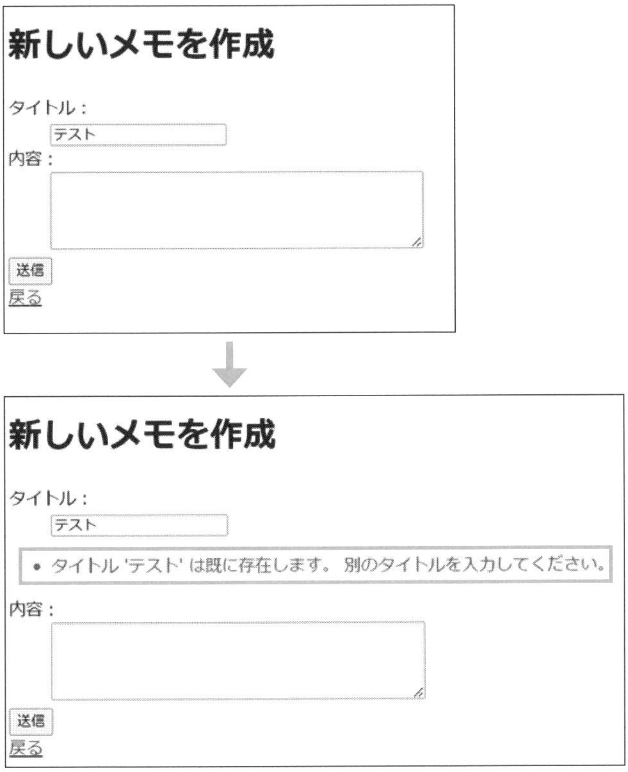

○「タイトル未入力」バリデーション

　メモ登録画面にてタイトルを未入力で登録しようとします。バリデーションにより、メッセージ「タイトルは必須入力です」が表示されます（図10.9）。

図10.9　タイトル未入力

○「タイトル文字数制限」バリデーション

　「タイトル文字数制限」バリデーションは、開発ツールを利用して無理やり値を書き換えることで確認ができます。「forms.py」で記述した「Length(max=10, message='10文字以下で入力し

てください')])」の設定により、テンプレートでは「maxlength="10"」属性が設定され、10文字以上の入力ができません。そのため開発ツールを利用して無理やり値を10文字以上に書き換えて「送信」ボタンをクリックすることでメッセージ「10文字以下で入力してください」が表示されます（**図10.10**）。

図10.10 タイトル文字数制限

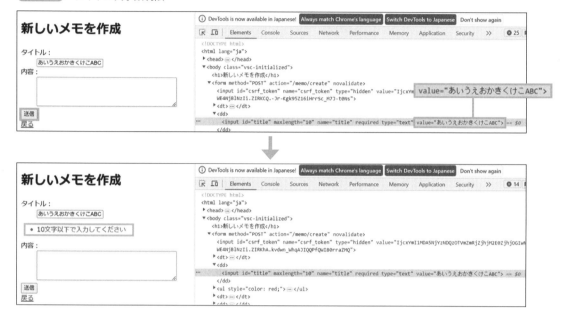

まとめ

　動作確認も終わり、無事動くことが確認できました。これで「イテレーション02：バリデーションと完了メッセージ」の作成を完了とします。

　「クライアント」に「イテレーション02：バリデーションと完了メッセージ」をリリースしたところ、「クライアント」からアプリケーションに「認証処理」を追加したいと要求を受けたと仮定します。要求内容を解決する機能を追加する次の「イテレーション」へ進みましょう（**図10.11**）。

図10.11 仮クライアントとのやり取り

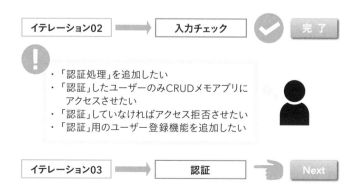

第 **11** 章

認証処理を追加しよう

11-1 認証処理の説明

この章では「イテレーション03：認証処理」の追加を作成していきましょう。Flaskにおいて、「ユーザー認証」と「セッション管理」を簡単に行うことができるライブラリ「Flask-Login」を使用して作成していきます。まずは「認証処理」の説明をします。

11-1-1 認証処理とは？

認証処理

「認証処理」とは、ユーザーが自分のアカウントにアクセスする際に、正しいユーザーかどうかを確認するプロセスのことです。一般的に、認証は「ユーザー名」と「パスワード」を使って行われます。

例えば、あなたがSNSやオンラインショッピングサイトにログインするとき、ユーザー名（またはメールアドレス）とパスワードを入力します。システムは入力された情報を使って、あなたが正しいユーザーかどうかをチェックし、認証が成功した場合、アカウントにアクセスできるようになります。認証が失敗した場合（例：ユーザー名またはパスワードが間違っているなど）、アクセスが拒否されます（図11.1）。

図11.1 認証処理

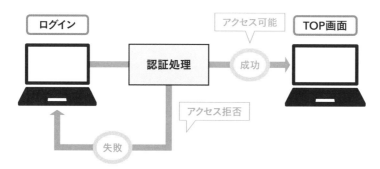

Flask-Login

「Flask-Login」は、Flaskにおいて、「ユーザー認証」と「セッション管理」を簡単に行うためのライブラリです。Flask-Loginを使用することで、セキュリティ性の高いWebアプリケーションを簡単に作成することができます。

Flask-Loginのインストール

コマンド「pip install flask-login==0.6.2」を実行し、インストールを行います（**図11.2**）。

図11.2 インストール

```
問題    出力    デバッグ コンソール    ターミナル                                    +∨ ⋯ ∧ ✕
                                                                        ⌨ cmd
                                                                        ⌨ Python
(flask_env) C:\work_flask\my_memo_app>pip install flask-login==0.6.2
Collecting flask-login==0.6.2
  Using cached Flask_Login-0.6.2-py3-none-any.whl (17 kB)
Requirement already satisfied: Flask>=1.0.4 in c:\users\kinoshita\miniconda3\envs\flask_env\lib\site-packa
ges (from flask-login==0.6.2) (2.3.2)
```

Flask-Loginの主要機能

Flask-Loginの主要機能は以下6つになります。

* **ユーザー認証状態の管理**
  セッションを使用してログイン状態を保持し、リクエストごとにユーザーの認証状態を管理します。
* **ユーザーのログイン処理**
  「login_user()」関数を使用して、指定されたユーザーをログイン状態にします。
* **ユーザーのログアウト処理**
  「logout_user()」関数を使用して、現在ログインしているユーザーをログアウトさせます。
* **ログインが必要なビュー関数への保護**
  「@login_required」デコレーターを使用して、ログインが必要なビュー関数にアクセス制限をかけることができます。
* **ログインページへのリダイレクト**
  未認証のユーザーで「ログインが必要なビュー」にアクセスしようとした場合、自動的にログインページにリダイレクトさせることができます。
* **current_user変数の提供**
  Flask-Loginは「current_user」という変数を提供します。この変数を使用することで、現在ログインしているユーザー情報にアクセスすることができます。

「イテレーション03：認証処理」では上記の「Flask-Login」の主要機能を使用して作成していきます。

11-1-2 機能一覧

「イテレーション03：認証処理」の機能を**表11.1**に、URLに対する役割を**表11.2**に記述します。ルーティング処理時に使用しましょう。

表11.1 機能一覧

No	機能	説明
1	ログイン	認証処理です。認証に成功するとメモ一覧画面を表示します。認証に失敗するとログイン画面に失敗した旨のメッセージが表示されます
2	サインアップ	認証に使用するユーザー情報を登録します
3	ログアウト	ログアウト処理を行います

表11.2 URL一覧

No	役割	HTTPメソッド	URL
1	ログイン画面を表示する	GET	/
2	ログイン処理を実行する	POST	/
3	サインアップ画面を表示する	GET	/register
4	サインアップ処理を実行する	POST	/register
5	ログアウト処理を実行する	GET	/logout

バリデーション

「ログイン画面」では、**表11.3**のバリデーションを追加します。バリデーションの動きとしては、「ログイン画面」から「ログイン処理」を実行した時にバリデーションを実行します。「バリデーションエラー」に引っかかる場合は、「ログイン画面」に「エラーメッセージ」を表示します。

表11.3 バリデーション

No	フィールド	バリデーション	メッセージ
1	ユーザー名	必須入力	タイトルは必須入力です
2	パスワード	文字制限	10文字以下で入力してください
3	パスワード	英数字と記号が含まれているかチェック	パスワードには【英数字と記号：!@#$%^&*()】を含める必要があります

「サインアップ画面」では**表11.3**に新たに、**表11.4**のバリデーションを追加します。バリデーションの動きとしては、「サインアップ画面」から「サインアップ処理」を実行した時に「バリデーション」を実行します。「バリデーションエラー」に引っかかる場合は、「サインアップ画面」に「エラーメッセージ」を表示します。

表11.4 バリデーション

No	フィールド	バリデーション	メッセージ
1	ユーザー名	ユーザー名重複登録	そのユーザー名は既に使用されています

フラッシュメッセージ

「認証失敗」、「ログアウト」、「サインアップ完了」処理後に、**表11.5**メッセージを表示します。

表11.5 フラッシュメッセージ

No	処理	メッセージ
1	認証失敗	認証不備です
2	ログアウト	ログアウトしました
3	サインアップ完了	ユーザー登録しました

「認証失敗」、「ログアウト」、「サインアップ完了」時には、「ログイン画面」に対象の「フラッシュメッセージ」を表示します。

11-1-3 フォルダとファイルの作成

図11.3の構造でフォルダとファイルを作成します。追加する内容の説明を**表11.6**に修正する内容の説明を**表11.7**に示します。

図11.3 フォルダ構造

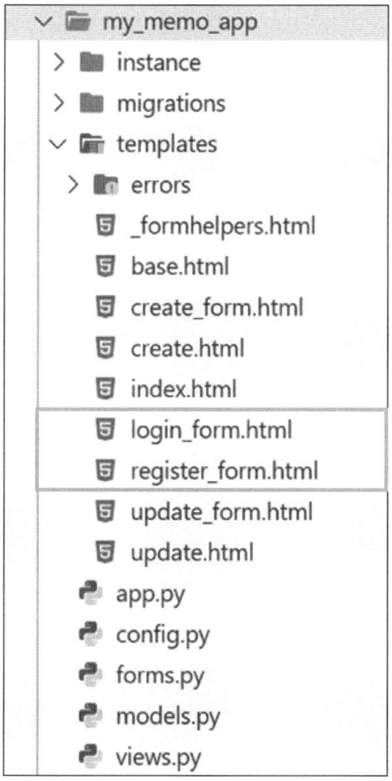

```
my_memo_app
├ instance
├ migrations
├ templates
│  ├ errors
│  ├ _formhelpers.html
│  ├ base.html
│  ├ create_form.html
│  ├ create.html
│  ├ index.html
│  ├ login_form.html
│  ├ register_form.html
│  ├ update_form.html
│  └ update.html
├ app.py
├ config.py
├ forms.py
├ models.py
└ views.py
```

表11.6 追加する一覧

追加項目	内容
login_form.html	ログイン用テンプレート
register_form.html	サインアップ用テンプレート

表11.7 修正する一覧

修正項目	内容
models.py	認証用のモデルを追加します
forms.py	ログイン用のフォームを追加します。 サインアップ用のフォームを追加します
app.py	「Flask-Login」を使用する設定を追加します
views.py	ログイン、ログアウト、サインアップ処理を追加します。 ログインが必要なビューの保護を行います
base.html	認証している場合ログアウトへのリンクを表示する処理を追加します

Column | Flask-Loginを使用するメリットとデメリット

○ メリット

● セッション管理の簡素化

　Flask-Loginはユーザーセッションの管理を自動化し、ログイン状態の保持やユーザー情報の取得を容易にします。

● セキュリティ

　Flask-Loginは、ユーザー認証に関する一般的なセキュリティ問題（パスワードのハッシュ化[1]やセッションの保護など）を解決します。

● 拡張性

　Flask-Loginは、他のFlask拡張と組み合わせて使用することができます。例えば、Flask-SQLAlchemyと組み合わせてデータベースに保存されたユーザー情報を管理することができます。

○ デメリット

● 学習時間

　Flask-Loginの機能を最大限に活用するには、その仕組みを理解する必要があります。これはビギナーにとっては時間と労力を必要とします。

※1　ハッシュ化とは、あるデータから一定の長さの値（ハッシュ値）を生成することを指します。ハッシュ値は、元のデータが少しでも変わると全く異なる値になります。また、ハッシュ値から元のデータを復元することはできません。

11-2 認証処理の作成

作成する準備ができたので、早速「イテレーション03：認証処理」を作成していきましょう。今回も「MVT」モデルを意識しながら各ファイルに役割を持たせ、ファイルを分割した開発を心掛けていきたいと思います。

11-2-1 プログラムの記述

☐ models.pyへの書き込み

ファイルmodels.pyの末尾に、**リスト11.1**を追記します。追記したコードは、Flaskアプリケーションでユーザー認証を実装するために必要な「User」モデルを定義しています。「User」モデルは、データベースに保存されるユーザー情報を示しています。

リスト11.1 models.py

```
001:  from flask_sqlalchemy import SQLAlchemy
002:  from werkzeug.security import generate_password_hash, check_password_hash
003:  from flask_login import UserMixin
004:
005:  ・・・
006:  既存コードのため省略
007:  ・・・
008:
009:  # ユーザー
010:  class User(UserMixin, db.Model):
011:      # テーブル名
012:      __tablename__ = 'users'
013:      # ID(PK)
014:      id = db.Column(db.Integer, primary_key=True)
015:      # ユーザー名
016:      username = db.Column(db.String(50), unique=True, nullable=False)
017:      # パスワード
018:      password = db.Column(db.String(120), nullable=False)
019:      # パスワードをハッシュ化して設定する
020:      def set_password(self, password):
021:          self.password = generate_password_hash(password)
022:      # 入力したパスワードとハッシュ化されたパスワードの比較
```

```
023:        def check_password(self, password):
024:            return check_password_hash(self.password, password)
```

10行目「class User(UserMixin, db.Model):」は「UserMixin」と「db.Model」を継承することで、「Flask-Login」を使用した「ユーザー認証」に必要な機能と「データベース操作」の機能を継承しています。「UserMixin」は、「Flask-Login」が提供するクラスです。継承することでユーザーの認証やセッション管理を容易にすることが可能です。以下は、「UserMixin」を継承することで使用できる主なメソッドです。

- is_authenticated
  ユーザーが認証されている場合は「True」を返します。
- is_active
  アクティブなユーザーの場合は「True」を返します。
- is_anonymous
  匿名ユーザーの場合は「True」を返します。
- get_id
  ユーザーの「ID」を返します。

「Flask-Login」についてもっと詳細に知りたい場合は、公式ドキュメントを参照ください。

- 公式ドキュメント URL
  https://flask-login.readthedocs.io/en/latest/#your-user-class

20行目「def set_password(self, password):」は、ユーザーのパスワードをハッシュ化して「password」カラムに保存するための関数です。引数として平文のパスワードを受け取り、「generate_password_hash」関数を使ってハッシュ化し、結果を「password」カラムに設定します。「ハッシュ化」とは、あるデータを特定の長さの固定された文字列（ハッシュ値）に変換するプロセスです。ハッシュ化は、ハッシュ関数と呼ばれる数学的なアルゴリズムを用いて行われます。

23行目「def check_password(self, password):」は、与えられた平文のパスワードが、データベースに保存されているハッシュ化されたパスワードと一致するかどうかを確認するための関数です。引数として平文のパスワードを受け取り、「check_password_hash」関数を使ってハッシュ化されたパスワードと比較し、一致する場合は「True」、そうでない場合は「False」を返します。

「平文」とは、暗号化やエンコーディングなどの処理が施されていない、生のテキストデータのことを指します。平文は、そのままの状態で送信や保存されると、セキュリティ上のリスクがあるため、通常は暗号化やハッシュ化などの処理を行って保護されます。

2、3行目は、今回使用する関数をインポートしています。

forms.pyへの書き込み

ファイルforms.pyの末尾に、**リスト11.2**を追記します。追記したコードには、「ログイン用」と「サインアップ用」のフォームクラスを定義しています。「Flask-WTF」を使用したフォームクラスを使用することで、入力フォームのバリデーションやデータの受け渡しが簡単になります。

リスト11.2 **forms.py**

```
001:  from flask_wtf import FlaskForm
002:  from wtforms import StringField, TextAreaField, SubmitField, PasswordField
003:  from wtforms.validators import DataRequired, Length, ValidationError
004:  from models import Memo, User
005:
006:  # =====================================================
007:  # Formクラス
008:  # =====================================================
009:  ・・・
010:  既存コードのため省略
011:  ・・・
012:
013:  # ログイン用入力クラス
014:  class LoginForm(FlaskForm):
015:      username = StringField('ユーザー名：',
016:                                validators=[DataRequired('ユーザー名は必須入力です')])
017:      # パスワード：パスワード入力
018:      password = PasswordField('パスワード: ',
019:                                validators=[Length(4, 10,
020:                                    'パスワードの長さは4文字以上10文字以内です')])
021:      # ボタン
022:      submit = SubmitField('ログイン')
023:
024:      # カスタムバリデータ
025:      # 英数字と記号が含まれているかチェックする
026:      def validate_password(self, password):
027:          if not (any(c.isalpha() for c in password.data) and ¥
028:              any(c.isdigit() for c in password.data) and ¥
029:              any(c in '!@#$%^&*()' for c in password.data)):
030:              raise ValidationError('パスワードには【英数字と記号：!@#$%^&*()】を含める必
      要があります')
031:
032:  # サインアップ用入力クラス
033:  class SignUpForm(LoginForm):
034:      # ボタン
035:      submit = SubmitField('サインアップ')
036:
037:      # カスタムバリデータ
038:      def validate_username(self, username):
```

```
039:           user = User.query.filter_by(username=username.data).first()
040:           if user:
041:               raise ValidationError('そのユーザー名は既に使用されています')
```

　追記した「ログイン用」（LoginFormクラス）と「サインアップ用」（SignUpFormクラス）に関して解説します。

○ LoginFormクラス

　14行目〜30行目は「ログイン用」フォームの入力フィールドとバリデーションを定義しています。

　15行目〜16行目「username」は、「ユーザー名」入力フィールドです。必須入力であることを示す「DataRequired」バリデータが設定されています。

　18行目〜20行目「password」は、「パスワード」入力フィールドです。長さが4〜10文字であることを示す「Length」バリデータが設定されています。

　22行目「submit = SubmitField('ログイン')」は、ログインボタンを「SubmitField」で作成しています。

　26行目〜30行目「def validate_password(self, password):」は、「カスタムバリデータ」です。パスワードに英数字と記号が含まれていることをチェックしています。含まれていない場合、「ValidationError」をraise(注1)してエラーを発生させます。

○ SignUpFormクラス

　33行目〜41行目は「サインアップ用」フォームです。処理内容がほぼ同じため、「ログイン用」フォームの「LoginForm」クラスを継承しています。

　35行目「submit = SubmitField('サインアップ')」は、表示名を変更するために「submit」フィールドを上書きしてサインアップボタンを作成しています。

　38行目〜41行目「def validate_username(self, username):」は、「カスタムバリデータ」です。ユーザー名がすでに使用されていないかをチェックしています。使用されている場合、「ValidationError」をraiseしてエラーを発生させます。

　「フォームクラス」は、ルーティングでインスタンス化され、テンプレートに渡されてレンダリングされます。これにより、フォームのバリデーションやエラーメッセージの表示が簡単に行えます。

▢ app.pyへの書き込み

　ファイルapp.pyに、リスト11.3に記述してある「Flask-Login」に関する内容を追記します。「app.py」への追記箇所ではFlaskアプリケーションで「Flask-Login」を設定し、ユーザー情報をロードするための関数を定義することで、ログイン機能を実装しています。

（注1）　raiseはPythonのキーワードで、例外を明示的に発生させるために使用します。

リスト11.3 **app.py**

```
001:  from flask import Flask
002:  from flask_migrate import Migrate
003:  from models import db, User
004:  from flask_login import LoginManager
005:
006:  ・・・
007:  既存コードのため省略
008:  ・・・
009:  # マイグレーションとの紐づけ（Flaskとdb）
010:  migrate = Migrate(app, db)
011:  # LoginManagerインスタンス
012:  login_manager = LoginManager()
013:  # LoginManagerとFlaskとの紐づけ
014:  login_manager.init_app(app)
015:  # 未認証のユーザーがアクセスしようとした際に
016:  # リダイレクトされる関数名を設定する
017:  login_manager.login_view = "login"
018:
019:  @login_manager.user_loader
020:  def load_user(user_id):
021:      return User.query.get(int(user_id))
022:
023:  # viewsのインポート
024:  from views import *
025:  ・・・
026:  既存コードのため省略
027:  ・・・
```

12行目「login_manager = LoginManager()」は「LoginManager」クラスのインスタンスを作成しています。LoginManagerは、ユーザーのログイン状態を管理するために「Flask-Login」が提供するクラスです。

14行目「login_manager.init_app(app)」は「LoginManager」インスタンスをFlaskアプリケーション（app）に紐付けます。この操作により、Flaskアプリケーションが「Flask-Login」の機能を利用できるようになります。

17行目「login_manager.login_view = "login"」は未認証のユーザーが認証を必要とするページにアクセスしようとした際にリダイレクトされる「ビュー関数」の名前を設定しています。この例では、「login」関数にリダイレクトされるように設定されています。※「login」関数は「views.py」に後ほど作成します。

19行目「@login_manager.user_loader」は、このデコレーターを指定された関数（この場合はload_user）は、「ユーザー情報」を読み込む関数として「Flask-Login」に登録しています。

20行目、21行目「def load_user(user_id):」は、ユーザーIDを引数として受け取り、そのIDに対応する「ユーザー情報」をデータベースから取得して返します。この関数は「Flask-Login」がユー

ザーの情報を要求する際に裏で呼び出されます。

□ views.pyへの書き込み

ファイルviews.pyに、**リスト11.4**を追記します。「views.py」に追記したコードは、Flaskアプリケーションで「ログイン」、「ログアウト」、および「ユーザー登録（サインアップ）」を実装するためのルーティングと処理が含まれています。

> **リスト11.4** **views.py**

```
001:  from flask import render_template, request, redirect, url_for, flash
002:  from app import app
003:  from models import db, Memo, User
004:  from forms import MemoForm, LoginForm, SignUpForm
005:  from flask_login import login_user, logout_user
006:
007:  # =====================================================
008:  # ルーティング
009:  # =====================================================
010:  # ログイン（Form使用）
011:  @app.route("/", methods=["GET", "POST"])
012:  def login():
013:      # Formインスタンス生成
014:      form = LoginForm()
015:      if form.validate_on_submit():
016:          # データ入力取得
017:          username = form.username.data
018:          password = form.password.data
019:          # 対象User取得
020:          user = User.query.filter_by(username=username).first()
021:          # 認証判定
022:          if user is not None and user.check_password(password):
023:              # 成功
024:              # 引数として渡されたuserオブジェクトを使用して、ユーザーをログイン状態にする
025:              login_user(user)
026:              # 画面遷移
027:              return redirect(url_for("index"))
028:          # 失敗
029:          flash("認証不備です")
030:      # GET時
031:      # 画面遷移
032:      return render_template("login_form.html", form=form)
033:
034:  # ログアウト
035:  @app.route("/logout")
036:  def logout():
```

```
037:        # 現在ログインしているユーザーをログアウトする
038:        logout_user()
039:        # フラッシュメッセージ
040:        flash("ログアウトしました")
041:        # 画面遷移
042:        return redirect(url_for("login"))
043:
044:    # サインアップ（Form使用）
045:    @app.route("/register", methods=["GET", "POST"])
046:    def register():
047:        # Formインスタンス生成
048:        form = SignUpForm()
049:        if form.validate_on_submit():
050:            # データ入力取得
051:            username = form.username.data
052:            password = form.password.data
053:            # モデルを生成
054:            user = User(username=username)
055:            # パスワードハッシュ化
056:            user.set_password(password)
057:            # 登録処理
058:            db.session.add(user)
059:            db.session.commit()
060:            # フラッシュメッセージ
061:            flash("ユーザー登録しました")
062:            # 画面遷移
063:            return redirect(url_for("login"))
064:        # GET時
065:        # 画面遷移
066:        return render_template("register_form.html", form=form)
067:
068:    # 一覧
069:    @app.route("/memo/")
070:    ・・・
071:    既存コードのため省略
072:    ・・・
```

「ログイン」、「ログアウト」、「ユーザー登録（サインアップ）」のそれぞれの内容に関して解説します。

◎ **ログイン（Form使用）（10行目〜32行目）**
11行目「@app.route("/", methods=["GET", "POST"])」は、ルートURL ("/") への「GET」リクエストと「POST」リクエストを受け付けるように設定しています。
14行目「form = LoginForm()」を使って、ログインフォームのインスタンスを生成しています。
15行目〜29行目「POSTリクエストの場合」は、ユーザーが入力した「ユーザー名」と「パスワー

297

ド」を取得し、データベースから対象のユーザーを検索します。

22行目「if user is not None and user.check_password(password):」のチェックは、ユーザーが存在し、パスワードが正しいかの判定です。正しい場合、25行目「login_user(user)」でユーザーをログイン状態にして、「メモ一覧画面」にリダイレクトします。ユーザーが存在しないか、パスワードが間違っている場合、29行目で「エラーメッセージ」を設定します。

30行目〜32行目「GETリクエストの場合」は、「ログイン画面」が表示されます。

⊙ ログアウト（34行目〜42行目）

35行目「@app.route("/logout")」は、URL（"/logout"）へのリクエストを受け付けるように設定しています。

38行目「logout_user()」は「Flask-Login」の関数で、現在ログインしているユーザーをログアウトさせるために使用されます。この関数は、セッションからユーザーIDを削除し、ユーザーのログイン状態を終了します。

40行目で「完了メッセージ」を設定し、42行目で「ログイン画面」にリダイレクトします。

⊙ サインアップ（Form使用）（44行目〜66行目）

45行目「@app.route("/register", methods=["GET", "POST"])」は、URL（"/register"）への「GET」リクエストと「POST」リクエストを受け付けるように設定しています。

48行目「form = SignUpForm()」は、「forms.py」で作成した「SignUpForm」をインスタンス化しています。

49行目〜63行目は「POSTリクエストの場合」ユーザーが入力した「ユーザー名」と「パスワード」を取得し、新しいユーザーオブジェクトを作成し、パスワードをハッシュ化して設定します。その後、「ユーザー情報」をデータベースに追加し、コミットします。登録が完了したら、「ログイン画面」にリダイレクトします。

64行目〜66行目「GETリクエストの場合」は、「サインアップ画面」が表示されます。

☐ base.htmlへの書き込み

ファイルbase.htmlにログアウトリンクを表示する処理として**リスト11.5**を追記します。

リスト11.5 base.html

```
001:    <!DOCTYPE html>
002:    <html lang="ja">
003:    <head>
004:        <meta charset="UTF-8">
005:        <title>メモアプリ</title>
006:    </head>
007:    <body>
008:        <!-- ▼▼▼ リスト11.5の追加 ▼▼▼ -->
```

```
009:        {% if current_user.is_authenticated %}
010:            <a href="{{ url_for('logout') }}">ログアウト</a>
011:        {% endif %}
012:        <!-- ▲▲▲ リスト11.5の追加 ▲▲▲ -->
013:        {% block content %}{% endblock %}
014:    </body>
015:    </html>
```

9行目〜11行目で、ログイン状態に応じて、ログアウトリンクを表示します。

9行目「{% if current_user.is_authenticated %}」は、「current_user」オブジェクトの「is_authenticated属性」を使用して、ユーザーがログイン状態であるかどうかを判定しています。この属性は、ユーザーがログインしていれば「True」、ログインしていなければ「False」を返します。

login_form.htmlへの書き込み

新たに作成したファイルlogin_form.htmlに**リスト11.6**を記述します。

リスト11.6 **login_form.html**

```
001:    {% extends "base.html" %}
002:
003:    {% block content %}
004:        <h1>ログイン</h1>
005:        {% from "_formhelpers.html" import render_field %}
006:        <form method="POST" action="{{ url_for('login') }}" novalidate>
007:            {{ form.hidden_tag() }}
008:            {{ render_field(form.username) }}
009:            {{ render_field(form.password) }}
010:            <br>
011:            <!-- ▼▼▼▼▼ flashメッセージ ▼▼▼▼▼ -->
012:            {% for message in get_flashed_messages() %}
013:            <div style="color: blue;">
014:                {{ message }}
015:            </div>
016:            {% endfor %}
017:            <!-- ▲▲▲▲▲ flashメッセージ ▲▲▲▲▲ -->
018:            {{ form.submit }}
019:        </form>
020:        <p>
021:            アカウントをお持ちでない場合は、
022:            <a href="{{ url_for('register') }}">こちら</a>
023:            から登録してください。
024:        </p>
025:    {% endblock %}
```

「login_form.html」は、特に新しい内容はありません。ユーザーがログイン情報を入力し、フォームを送信すると、「ログイン処理」のルーティングに「POST」リクエストが送信されます。

その後、アプリケーションは、認証処理を実行し、認証が成功した場合は、適切なページにリダイレクトします。ユーザーがアカウントを持っていない場合、「サインアップ画面」へのリンクを提供します。

register_form.htmlへの書き込み

新たに作成したファイルregister_form.htmlに**リスト11.7**を記述します。

リスト11.7 **register_form.html**

```
001:  {% extends "base.html" %}
002:
003:  {% block content %}
004:      <h1>サインアップ</h1>
005:      {% from "_formhelpers.html" import render_field %}
006:      <form method="POST" action="{{ url_for('register') }}" novalidate>
007:          {{ form.hidden_tag() }}
008:          {{ render_field(form.username) }}
009:          {{ render_field(form.password) }}
010:          <br>
011:          {{ form.submit }}
012:      </form>
013:
014:      <p>すでにアカウントをお持ちの場合は、
015:          <a href="{{ url_for('login') }}">こちら</a>
016:          からログインしてください。
017:      </p>
018:  {% endblock %}
```

「register_form.html」は、特に新しい内容はありません。ユーザーがユーザー情報を入力し、フォームを送信すると、「サインアップ処理」のルーティングに「POST」リクエストが送信されます。

その後、アプリケーションは、ユーザー登録処理を実行し、登録が成功した場合は、適切なページにリダイレクトします。ユーザーがすでにアカウントを持っている場合、「ログイン画面」へのリンクを提供します。

11-2-2　マイグレーションの実行

プロジェクトmy_memo_appにて以下のコマンドを実行します。

■ 「flask db migrate」の実行

ファイルmodels.pyに認証用のユーザーモデルを新たに作成しました。コマンド「flask db migrate」を実行し、新しいマイグレーションファイルを生成します（**図11.4**）。このコマンドはデータベースモデルを変更するたびに実行する必要があります。

図11.4　flask db migrate

```
問題    出力    デバッグ コンソール    ターミナル

(flask_env) C:\work_flask\my_memo_app>flask db migrate
INFO  [alembic.runtime.migration] Context impl SQLiteImpl.
INFO  [alembic.runtime.migration] Will assume non-transactional DDL.
INFO  [alembic.autogenerate.compare] Detected added table 'users'
Generating C:\work_flask\my_memo_app\migrations\versions\d7347095818d_.py ...  done
```

■ 「flask db upgrade」の実行

コマンド「flask db upgrade」を実行し、データベースを最新のマイグレーションに更新します（**図11.5**）。コマンド「flask db migrate」で生成されたマイグレーションファイルを適用し、データベースのスキーマを変更します。新しいマイグレーションファイルがある場合に都度実行する必要があります。

図11.5　flask db upgrade

```
問題    出力    デバッグ コンソール    ターミナル

(flask_env) C:\work_flask\my_memo_app>flask db upgrade
INFO  [alembic.runtime.migration] Context impl SQLiteImpl.
INFO  [alembic.runtime.migration] Will assume non-transactional DDL.
INFO  [alembic.runtime.migration] Running upgrade e24ba4731773 -> d7347095818d, empty message
```

11-3 動作確認

「イテレーション03：認証処理」の作成が完了しました。仮のクライアントが要求した内容を作成したアプリケーションが対応しているか、アプリケーションを起動して動作確認を行いましょう。

☐ 正常系「サインアップ処理」の確認

URL「http://127.0.0.1:5000/」で表示される、ログイン画面の「こちら」リンクをクリックします。URL「http://127.0.0.1:5000/register」が指定され、サインアップ画面が表示されます（**図11.6**）。

図11.6 サインアップ画面表示

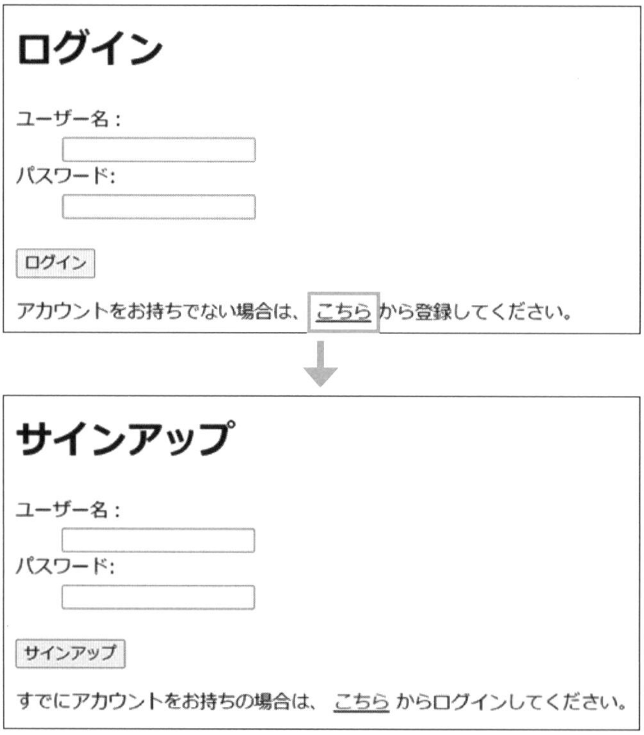

サインアップ画面で「ユーザー名」に「test」と「パスワード」に「!pass1」と入力後、「サインアップ」ボタンをクリックします。PRGパターンが適応されログイン画面がリダイレクトで表示されます。「ユーザー登録しました」とフラッシュメッセージが表示されます（**図11.7**）。

図11.7　サインアップ処理

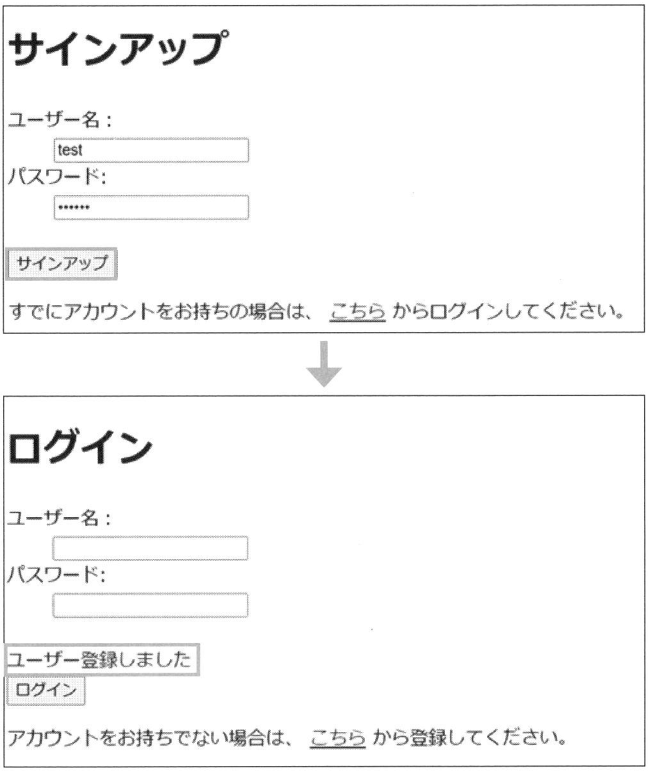

　ここで登録したユーザー情報を使用して「認証処理」を行います。サインアップの動作確認が終わったので、次は「ログイン処理」の確認を行います。

正常系「ログイン処理」の確認

　URL「http://127.0.0.1:5000/」で表示される、ログイン画面で「ユーザー名」に「test」と「パスワード」に「!pass1」と入力後、「ログイン」ボタンをクリックします。PRGパターンが適応されメモ一覧画面がリダイレクトで表示されます（図11.8）。

図11.8　ログイン処理

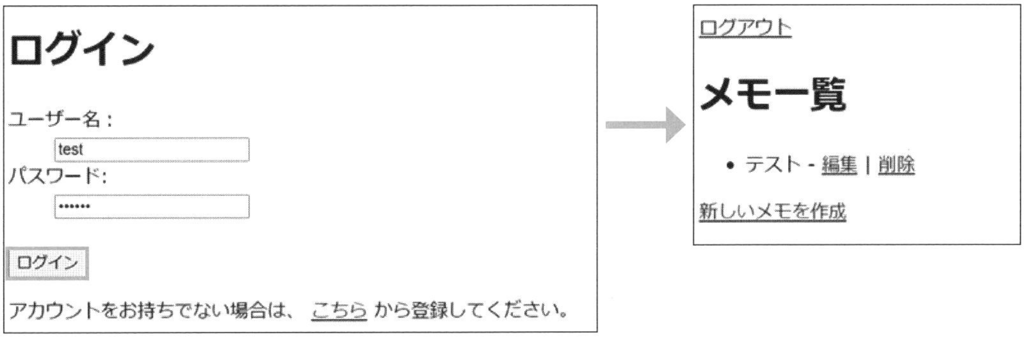

303

正常系「ログアウト処理」の確認

「base.html」に「ログアウト」処理へのリンクを作成しています。「base.html」を継承している画面にて「ログアウト」リンクをクリックします。ログイン画面がリダイレクトで表示されます（**図11.9**）。

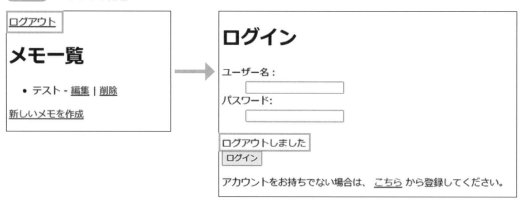

図11.9 ログアウト処理

「バリデーション」の確認

「サインアップ画面」にてユーザー名に「test」というデータを登録しようとします。バリデーションにより、メッセージ「そのユーザー名は既に使用されています」が表示されます（**図11.10**）。

「サインアップ画面」にてユーザー名、パスワードを「未入力」で「サインアップ」ボタンをクリックすることで、「forms.py」で設定した「バリデーション」が実行されます（**図11.11**）。

「ログイン画面」にてユーザー名、パスワードを「未入力」で「ログイン」ボタンをクリックすることで、「forms.py」で設定した「バリデーション」が実行されます（**図11.12**）。

図11.10 ユーザー名重複

サインアップ

ユーザー名：

test

- そのユーザー名は既に使用されています

図11.11 サインアップ：バリデーション

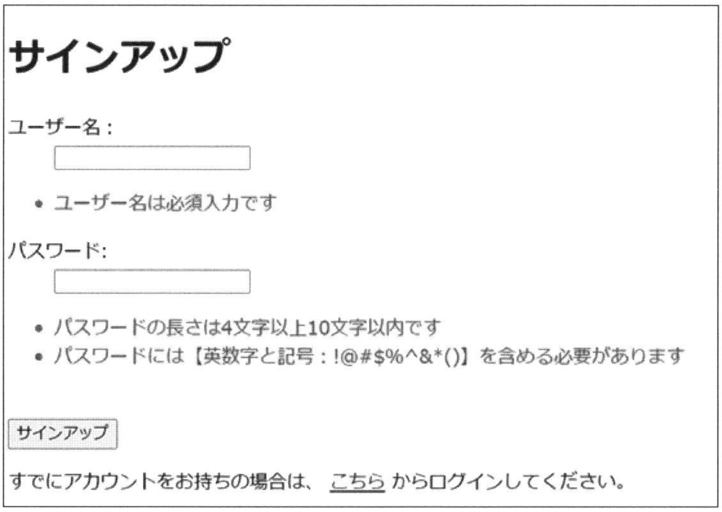

サインアップ

ユーザー名：

[   ]

- ユーザー名は必須入力です

パスワード：

[   ]

- パスワードの長さは4文字以上10文字以内です
- パスワードには【英数字と記号：!@#$%^&*()】を含める必要があります

[サインアップ]

すでにアカウントをお持ちの場合は、 こちら からログインしてください。

図11.12 ログイン：バリデーション

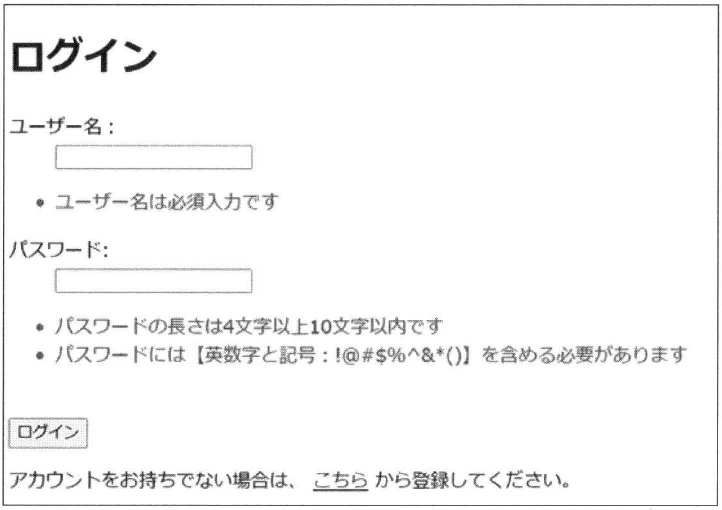

ログイン

ユーザー名：

[   ]

- ユーザー名は必須入力です

パスワード：

[   ]

- パスワードの長さは4文字以上10文字以内です
- パスワードには【英数字と記号：!@#$%^&*()】を含める必要があります

[ログイン]

アカウントをお持ちでない場合は、 こちら から登録してください。

11-4 アクセス拒否

「イテレーション03：認証処理」の作成はまだ作成途中です。認証していないユーザーは、アプリケーションへのアクセスを拒否するように作成し、動作確認を行いましょう。

11-4-1 @login_requiredの付与

ファイルviews.pyを修正します。リスト11.8に記述している各関数に「@login_required」の付与を行います。

リスト11.8 views.pyの修正

```
001:  from flask_login import login_user, logout_user, login_required
002:
003:  # ログアウト
004:  @app.route("/logout")
005:  @login_required
006:  def logout():
007:      ・・・
008:
009:  # 一覧
010:  @app.route("/memo/")
011:  @login_required
012:  def index():
013:      ・・・
014:
015:  # 登録 (Form使用)
016:  @app.route("/memo/create", methods=["GET", "POST"])
017:  @login_required
018:  def create():
019:      ・・・
020:
021:  # 更新 (Form使用)
022:  @app.route("/memo/update/<int:memo_id>", methods=["GET", "POST"])
023:  @login_required
024:  def update(memo_id):
025:      ・・・
026:
027:  # 削除
028:  @app.route("/memo/delete/<int:memo_id>")
```

```
029:    @login_required
030:    def delete(memo_id):
031:        ・・・
```

認証が必要なビュー関数に「@login_required」デコレーターを付与することで、アクセス制限をかけることができます。1行目では「@login_required」デコレーターを使用するためにインポートを行っています。

11-4-2 動作確認

■「アクセス拒否」の確認

リスト11.8に記述している各関数に「認証」していない状態で、アクセスしてみます。
URL「http://127.0.0.1:5000/memo/」にアクセスします。
認証がされていないため、ログイン画面にリダイレクトされて「Please log in to access this page.」というデフォルトのフラッシュメッセージが表示されます（**図11.13**）。

図11.13 アクセス拒否

■「アクセス拒否」メッセージの変更

ファイルapp.pyに、**リスト11.9**を記述します。

リスト11.9 app.pyの修正

```
001:    # LoginManagerとFlaskとの紐づけ
002:    login_manager.init_app(app)
003:    # ログインが必要なページにアクセスしようとしたときに表示されるメッセージを変更
004:    login_manager.login_message = "認証していません：ログインしてください"
005:    # 未認証のユーザーがアクセスしようとした際に
006:    # リダイレクトされる関数名を設定する
007:    login_manager.login_view = "login"
```

4行目「login_manager.login_message」に新しいメッセージを設定することで、未認証ユーザーで、「認証」が必要なページにアクセスしようとした際に、デフォルトのメッセージ「Please log in to access this page.」ではない、自分が設定したメッセージが表示されます。

■「アクセス拒否メッセージ」の確認

アプリケーションを再起動し「認証」していない状態で、アクセスしてみます。

再度URL「http://127.0.0.1:5000/memo/」にアクセスします。自分が設定したアクセス拒否メッセージが表示されます（**図11.14**）。

図11.14　アクセス拒否メッセージ

```
ユーザー名：
[          ]
パスワード:
[          ]

認証していません：ログインしてください
[ ログイン ]
```

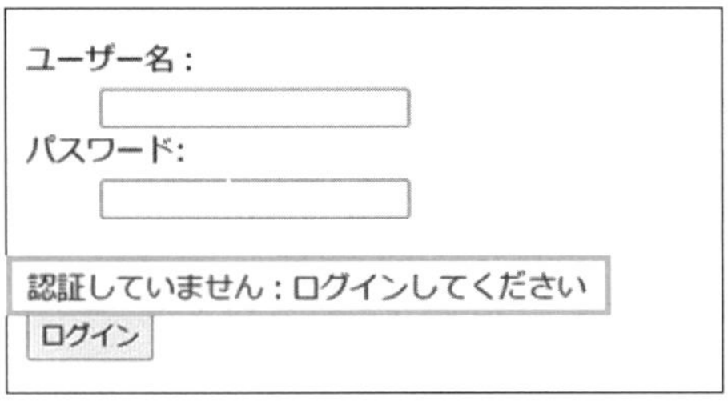

動作確認も終わり、無事動くことが確認できました。

これで「イテレーション03：認証処理」の作成を完了とします。「クライアント」に「イテレーション03：認証処理」をリリースしたところ、「クライアント」側の開発者から今後の保守のために、ルーティング処理を機能毎に分けてほしいとの要求を受けたと仮定します。要求内容を解決する機能を追加する次の「イテレーション」へ進みましょう（**図11.15**）。

図11.15　仮クライアントとのやり取り

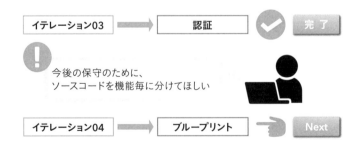

## 第 12 章

Blueprint による
ファイル分割を行おう

12-1 ファイル分割

この章では「イテレーション04：ブループリント」を使用して、ルーティング処理を機能毎に分けたいと思います。ブループリントは「8-1「Blueprint」とは?」で説明しています。もしブループリントについて忘れてしまった場合は参照お願いします。

12-1-1 ファイル分割のメリット

「ファイル分割」を使用する主なメリットを以下2つになります。

- コードの可読性
  ファイルを分割することで、コードの構造が明確になり、各ファイルがどのような機能を持っているか容易に理解できます。
- メンテナンス性
  ファイルを分割して関連するコードをまとめることで、バグの特定や修正が容易になります。また、新機能の追加や既存機能の変更が簡単に行えるため、プロジェクトのメンテナンスが容易になります。

12-1-2 ルーティング処理の分割

　ルートディレクトリ「my_memo_app」直下に、認証用フォルダ「auth」、メモ用フォルダ「memo」を作成し、各々のフォルダ配下に「views.py」を作成します（**図12.1**）。それぞれの「views.py」には以下のように「ルーティング処理」を分けます。

図12.1　「ルーティング処理」の分割

- auth/views.py

  「ログイン処理」、「ログアウト処理」、「サインアップ処理」

- memo/views.py

  メモの「一覧表示処理」、「登録処理」、「更新処理」、「削除処理」

12-1-3 テンプレートの分割

テンプレートフォルダ「templates」直下に、認証用フォルダ「auth」、メモ用フォルダ「memo」を作成し、各々のフォルダ配下に対象のテンプレートを移動します（**図12.2**）。それぞれのフォルダには以下のように「テンプレート」を移動して分けます。

図12.2 「テンプレート」の分割

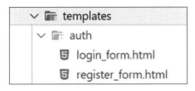

- **templates/auth**へ以下のテンプレートを移動

  login_form.html、register_form.html

- **templates/memo**へ以下のテンプレートを移動

  index.html、create_form.html、update_form.html

12-2 リファクタリング

「リファクタリング」とは、プログラムのコードを改善することで、読みやすく、理解しやすく、そして保守しやすくするプロセスのことです。分割したファイルに対して、リファクタリングを実行しましょう。

12-2-1 リファクタリングの実行（views）

☐ auth/views.pyへの記述

authフォルダ内にあるviews.pyを**リスト12.1**のようにリファクタリングします。

リスト12.1 views.py

```
001:   from flask import Blueprint, render_template, redirect, url_for, flash
002:   from models import db, User
003:   from forms import LoginForm, SignUpForm
004:   from flask_login import login_user, logout_user, login_required
005:
006:   # authのBlueprint
007:   auth_bp = Blueprint('auth', __name__, url_prefix='/auth')
008:
009:   # ===================================================
010:   # ルーティング
011:   # ===================================================
012:   # ログイン（Form使用）
013:   @auth_bp.route("/", methods=["GET", "POST"])
014:   def login():
015:       # Formインスタンス生成
016:       form = LoginForm()
017:       if form.validate_on_submit():
018:           # データ入力取得
019:           username = form.username.data
020:           password = form.password.data
021:           # 対象User取得
022:           user = User.query.filter_by(username=username).first()
023:           # 認証判定
024:           if user is not None and user.check_password(password):
025:               # 成功
```

```
026:                    # 引数として渡されたuserオブジェクトを使用して、ユーザーをログイン状態にする
027:                    login_user(user)
028:                    # 画面遷移
029:                    return redirect(url_for("memo.index"))
030:                # 失敗
031:                flash("認証不備です")
032:        # GET時
033:        # 画面遷移
034:        return render_template("auth/login_form.html", form=form)
035:
036:    # ログアウト
037:    @auth_bp.route("/logout")
038:    @login_required
039:    def logout():
040:        # 現在ログインしているユーザーをログアウトする
041:        logout_user()
042:        # フラッシュメッセージ
043:        flash("ログアウトしました")
044:        # 画面遷移
045:        return redirect(url_for("auth.login"))
046:
047:    # サインアップ（Form使用）
048:    @auth_bp.route("/register", methods=["GET", "POST"])
049:    def register():
050:        # Formインスタンス生成
051:        form = SignUpForm()
052:        if form.validate_on_submit():
053:            # データ入力取得
054:            username = form.username.data
055:            password = form.password.data
056:            # モデルを生成
057:            user = User(username=username)
058:            # パスワードハッシュ化
059:            user.set_password(password)
060:            # 登録処理
061:            db.session.add(user)
062:            db.session.commit()
063:            # フラッシュメッセージ
064:            flash("ユーザー登録しました")
065:            # 画面遷移
066:            return redirect(url_for("auth.login"))
067:        # GET時
068:        # 画面遷移
069:        return render_template("auth/register_form.html", form=form)
```

1行目「from flask import Blueprint」で「Blueprint」を使用するためにインポートをしています。

7行目「auth_bp = Blueprint('auth', __name__, url_prefix='/auth')」は、以下のパラメータを使

313

用して Blueprint オブジェクト「auth_bp」を作成しています。

- 「'auth'」

  この設定は、Blueprint インスタンスに付与する「名前」で、一意である必要があります。この名前は、URL 生成などに使用されます。具体的には 45 行目、66 行目の「url_for("auth.login")」で使用されています。29 行目の「url_for("memo.index")」は別 Blueprint インスタンスの名前を指定しています。

- 「__name__」

  この設定は、現在の Python モジュールの名前で、通常は自動的に設定されます。Flask は、この情報を使用して、テンプレートや静的ファイルを見つけるためのフォルダ構成を決定します。

- 「url_prefix='/auth'」

  この設定は、この Blueprint のすべてのルートに適用される「URL プレフィックス」です。この設定により、この Blueprint 内で定義されるすべてのルートは、自動的に「/auth」というパスで始まる URL になります。

ルーティング処理、13 行目「@auth_bp.route("/", methods=["GET", "POST"])」、37 行目「@auth_bp.route("/logout")」、48 行目「@auth_bp.route("/register", methods=["GET", "POST"])」では、「auth_bp」という名前の Blueprint オブジェクトをデコレーターとして使用しています。

そのため、これらのルートは、「auth_bp」ブループリントの一部として定義されます。新たに設定された「役割」と「URL」の関係を、**表12.1** に示します。

表12.1 URL 一覧

No	役割	HTTP メソッド	URL
1	ログイン画面を表示する	GET	/auth/
2	ログイン処理を実行する	POST	/auth /
3	サインアップ画面を表示する	GET	/auth /register
4	サインアップ処理を実行する	POST	/auth /register
6	ログアウト処理を実行する	GET	/auth /logout

▢ memo/views.pyへの記述

memoフォルダ内にあるviews.pyを、**リスト12.2**のようにリファクタリングします。

リスト12.2 views.py

```
001: from flask import Blueprint, render_template, request, redirect, url_for, flash
002: from models import db, Memo
003: from forms import MemoForm
004: from flask_login import login_required
005:
006: # memoのBlueprint
007: memo_bp = Blueprint('memo', __name__, url_prefix='/memo')
008:
009: # ====================================================
010: # ルーティング
011: # ====================================================
012: # 一覧
013: @memo_bp.route("/")
014: @login_required
015: def index():
016:     # メモ全件取得
017:     memos = Memo.query.all()
018:     # 画面遷移
019:     return render_template("memo/index.html", memos=memos)
020:
021: # 登録（Form使用）
022: @memo_bp.route("/create", methods=["GET", "POST"])
023: @login_required
024: def create():
025:     # Formインスタンス生成
026:     form = MemoForm()
027:     if form.validate_on_submit():
028:         # データ入力取得
029:         title = form.title.data
030:         content = form.content.data
031:         # 登録処理
032:         memo = Memo(title=title, content=content)
033:         db.session.add(memo)
034:         db.session.commit()
035:         # フラッシュメッセージ
036:         flash("登録しました")
037:         # 画面遷移
038:         return redirect(url_for("memo.index"))
039:     # GET時
040:     # 画面遷移
041:     return render_template("memo/create_form.html", form=form)
```

```
042:
043:    # 更新 (Form使用)
044:    @memo_bp.route("/update/<int:memo_id>", methods=["GET", "POST"])
045:    @login_required
046:    def update(memo_id):
047:        # データベースからmemo_idに一致するメモを取得し、
048:        # 見つからない場合は404エラーを表示
049:        target_data = Memo.query.get_or_404(memo_id)
050:        # Formに入れ替え
051:        form = MemoForm(obj=target_data)
052:
053:        if request.method == 'POST' and form.validate():
054:            # 変更処理
055:            target_data.title = form.title.data
056:            target_data.content = form.content.data
057:            db.session.merge(target_data)
058:            db.session.commit()
059:            # フラッシュメッセージ
060:            flash("変更しました")
061:            # 画面遷移
062:            return redirect(url_for("memo.index"))
063:        # GET時
064:        # 画面遷移
065:        return render_template("memo/update_form.html", form=form,
                                    edit_id = target_data.id)
066:
067:    # 削除
068:    @memo_bp.route("/delete/<int:memo_id>")
069:    @login_required
070:    def delete(memo_id):
071:        # データベースからmemo_idに一致するメモを取得し、
072:        # 見つからない場合は404エラーを表示
073:        memo = Memo.query.get_or_404(memo_id)
074:        # 削除処理
075:        db.session.delete(memo)
076:        db.session.commit()
077:        # フラッシュメッセージ
078:        flash("削除しました")
079:        # 画面遷移
080:        return redirect(url_for("memo.index"))
```

　1行目「from flask import Blueprint」で「Blueprint」を使用するためにインポートをしています。

　7行目「memo_bp = Blueprint('memo', __name__, url_prefix='/memo')」このコードでは、以下のパラメータを使用して Blueprint オブジェクト「memo_bp」を作成しています。

- 「'memo'」

  この設定は、Blueprintインスタンスに付与する「名前」で、一意である必要があります。この名前は、URL生成などに使用されます。具体的には38行目、62行目、80行目の「url_for("memo.index")」で使用されています。

- 「__name__」

  この設定は**リスト12.1**で説明しているため割愛します。

- 「url_prefix='/memo'」

  この設定は、このBlueprintのすべてのルートに適用される「URLプレフィックス」です。この設定により、このBlueprint内で定義されるすべてのルートは、自動的に「/memo」というパスで始まるURLになります。

ルーティング処理、13行目「@memo_bp.route("/")」、22行目「@memo_bp.route("/create", methods=["GET", "POST"])」、44行目「@memo_bp.route("/update/<int:memo_id>", methods=["GET", "POST"])」、68行目「@memo_bp.route("/delete/<int:memo_id>")」では、「memo_bp」という名前のBlueprintオブジェクトを使用しています。そのため、これらのルートは、「memo_bp」ブループリントの一部として定義されます。新たに設定された「役割」と「URL」の関係を、**表12.2**に示します。

表12.2　URL一覧

No	役割	HTTPメソッド	URL
1	一覧画面を表示する	GET	/memo/
2	登録画面を表示する	GET	/memo/create
3	登録処理を実行する	POST	/memo/create
4	更新画面を表示する	GET	/memo/update/<int:memo_id>
5	更新処理を実行する	POST	/memo/update/<int:memo_id>
6	削除処理を実行する	GET	/memo/delete/<int:memo_id>

my_memo_app/views.pyへの記述

my_memo_appフォルダ内にあるviews.pyを**リスト12.3**のようにリファクタリングします。

リスト12.3　views.py

```
001:    from flask import render_template
002:    from app import app
003:
004:    # ===================================================
005:    # ルーティング
006:    # ===================================================
```

317

```
007:    # モジュールのインポート
008:    from werkzeug.exceptions import NotFound
009:
010:    # エラーハンドリング
011:    @app.errorhandler(NotFound)
012:    def show_404_page(error):
013:        msg = error.description
014:        print('エラー内容：',msg)
015:        return render_template('errors/404.html', msg=msg) , 404
```

　共通で使用する「エラーハンドリング」のみ、「views.py」に残しました。ファイルviews.pyを各処理毎に「分割」したことで、どの処理がどこの「views.py」に記述されているのか判断しやすくなりました。

　この処理を現実世界に例えると「衣装棚」です。「靴下」は靴下用の「棚」に、「インナー」はインナー用の「棚」にあるのが分かれば、新たに「靴下」を購入した時は、きちんと靴下用の「棚」に追加することで、必要な時に対象の棚を探すことで直ぐに必要な服が手に入ります。「分割」はそんなイメージになります。

12-2-2　リファクタリングの実行（テンプレート）

☐ templates/auth/login_form.htmlの修正

　ファイルlogin_form.htmlを**リスト12.4**のようにリファクタリングします。

リスト12.4　login_form.html

```
001:    {% extends "base.html" %}
002:
003:    {% block content %}
004:        <h1>ログイン</h1>
005:        {% from "_formhelpers.html" import render_field %}
006:        <form method="POST" action="{{ url_for('auth.login') }}" novalidate>
007:            {{ form.hidden_tag() }}
008:            {{ render_field(form.username) }}
009:            {{ render_field(form.password) }}
010:            <br>
011:            <!-- ▼▼▼▼▼ flashメッセージ ▼▼▼▼▼ -->
012:            {% for message in get_flashed_messages() %}
013:            <div style="color: blue;">
014:                {{ message }}
015:            </div>
016:            {% endfor %}
017:            <!-- ▲▲▲▲▲ flashメッセージ ▲▲▲▲▲ -->
```

```
018:                {{ form.submit }}
019:        </form>
020:        <p>
021:            アカウントをお持ちでない場合は、
022:            <a href="{{ url_for('auth.register') }}">こちら</a>
023:            から登録してください。
024:        </p>
025:    {% endblock %}
```

6行目「{{ url_for('auth. login') }}」は、Flaskの「url_for()」を使用して、「auth.login」エンドポイントに対応するURLを動的に生成しています。

「auth.login」の「auth」は、auth/views.pyに記述されている「auth_bp = Blueprint('auth', __name__, url_prefix='/auth')」でBlueprintインスタンスに付与した「名前」になります。22行目「{{ url_for('auth.register') }}」も同様です。

☐ templates/auth/register_form.htmlの修正

ファイルregister_form.htmlを**リスト 12.5**のようにリファクタリングします。

リスト 12.5 register_form.html

```
001:    {% extends "base.html" %}
002:
003:    {% block content %}
004:        <h1>サインアップ</h1>
005:        {% from "_formhelpers.html" import render_field %}
006:        <form method="POST" action="{{ url_for('auth.register') }}" novalidate>
007:            {{ form.hidden_tag() }}
008:            {{ render_field(form.username) }}
009:            {{ render_field(form.password) }}
010:            <br>
011:            {{ form.submit }}
012:        </form>
013:
014:        <p>すでにアカウントをお持ちの場合は、
015:            <a href="{{ url_for('auth.login') }}">こちら</a>
016:            からログインしてください。
017:        </p>
018:    {% endblock %}
```

リファクタリング箇所の6行目「{{ url_for('auth.register') }}」、15行目「{{ url_for('auth.login') }}」も先ほど説明した**リスト 12.4**と同様の処理になります。

templates/memo/index.htmlの修正

ファイルindex.htmlを**リスト12.6**のようにリファクタリングします。

> **リスト12.6** index.html

```
001:  {% extends "base.html" %}
002:
003:  {% block content %}
004:      <h1>メモ一覧</h1>
005:      {% if memos == [] %}
006:          <p>メモは登録されていません</p>
007:      {% else %}
008:          <ul>
009:              {% for memo in memos %}
010:                  <li>{{ memo.title }} -
011:                      <a href="{{ url_for('memo.update', memo_id=memo.id) }}">編集</a>
012:                      <a href="{{ url_for('memo.delete', memo_id=memo.id) }}">削除</a>
013:                  </li>
014:              {% endfor %}
015:          </ul>
016:      {% endif %}
017:      <!-- ▼▼▼▼▼ flashメッセージ ▼▼▼▼▼ -->
018:      {% for message in get_flashed_messages() %}
019:      <div style="color: blue;">
020:          {{ message }}
021:      </div>
022:      {% endfor %}
023:      <!-- ▲▲▲▲▲ flashメッセージ ▲▲▲▲▲ -->
024:      <a href="{{ url_for('memo.create') }}">新しいメモを作成</a>
025:  {% endblock %}
```

リファクタリング箇所の11行目「{{ url_for('memo.update', memo_id=memo.id) }}」、12行目「{{ url_for('memo.delete', memo_id=memo.id) }}」、24行目「{{ url_for(' memo.create ') }}」も先ほど説明した**リスト12.4**と同様の処理になります。

templates/memo/create_form.htmlの修正

ファイルcreate_form.htmlを**リスト12.7**のようにリファクタリングします。

リスト12.7 create_form.html

```
001:  {% extends "base.html" %}
002:
003:  {% block content %}
004:      <h1>新しいメモを作成</h1>
005:      {% from "_formhelpers.html" import render_field %}
006:      <form method="POST" action="{{ url_for('memo.create') }}" novalidate>
007:          {{ form.hidden_tag() }}
008:          {{ render_field(form.title) }}
009:          {{ render_field(form.content, rows=5, cols=50) }}
010:          {{ form.submit }}
011:      </form>
012:
013:      <a href="{{ url_for('memo.index') }}">戻る</a>
014:  {% endblock %}
```

リファクタリング箇所の6行目「{{ url_for('memo.create') }}」、13行目「{{ url_for('memo.index') }}」も先ほど説明した**リスト12.4**と同様の処理になります。

templates/memo/update_form.htmlの修正

ファイルupdate_form.htmlを**リスト12.8**のようにリファクタリングします。

リスト12.8 update_form.html

```
001:  {% extends "base.html" %}
002:
003:  {% block content %}
004:      <h1>メモを編集</h1>
005:      {% from "_formhelpers.html" import render_field %}
006:      <form method="post" action="{{ url_for('memo.update', memo_id=edit_id) }}"
      novalidate>
007:          {{ form.hidden_tag() }}
008:          {{ render_field(form.title) }}
009:          {{ render_field(form.content, rows=5, cols=50) }}
010:          {{ form.submit }}
011:      </form>
012:
013:      <a href="{{ url_for('memo.index') }}">戻る</a>
014:  {% endblock %}
```

リファクタリング箇所の6行目「{{ url_for('memo.update', memo_id=edit_id) }}」、13行目「{{ url_for('memo.index') }}」も先ほど説明した**リスト12.4**と同様の処理になります。

templates/base.html の修正

ファイルbase.htmlを、**リスト 12.9**のようにリファクタリングします。

リスト 12.9　**base.html**

```
001:    <!DOCTYPE html>
002:    <html lang="ja">
003:    <head>
004:        <meta charset="UTF-8">
005:        <title>メモアプリ</title>
006:    </head>
007:    <body>
008:        {% if current_user.is_authenticated %}
009:            <a href="{{ url_for('auth.logout') }}">ログアウト</a>
010:        {% endif %}
011:        {% block content %}{% endblock %}
012:    </body>
013:    </html>
```

リファクタリング箇所の9行目「{{ url_for('auth.logout') }}」も先ほど説明した**リスト 12.4**と同様の処理になります。

templates/errors/404.html の修正

ファイル404.htmlを**リスト 12.10**のようにリファクタリングします。

リスト 12.10　**404.html**

```
001:    <!DOCTYPE html>
002:    <html lang="ja">
003:    <head>
004:        <meta charset="UTF-8">
005:        <title>ERROR</title>
006:    </head>
007:    <body>
008:        <h1>独自エラーページ</h1>
009:        <h2>ステータスコード404</h2>
010:        <p>{{ msg }}</p>
011:        <a href="{{ url_for('memo.index') }}">一覧へ</a>
012:    </body>
013:    </html>
```

リファクタリング箇所の11行目「{{ url_for('memo.index') }}」も先ほど説明した**リスト 12.4**と同様の処理になります。

12-2-3 Blueprintの登録

最後にFlaskアプリケーションに2つのBlueprint（auth_bpとmemo_bp）を登録します。

☐ app.pyへの書き込み

ファイルapp.pyに**リスト12.11**を記述します。

リスト12.11 app.py

```
001:   from flask import Flask
002:   from flask_migrate import Migrate
003:   from models import db, User
004:   from flask_login import LoginManager
005:   from auth.views import auth_bp
006:   from memo.views import memo_bp
007:
008:   # ==================================================
009:   # Flask
010:   # ==================================================
011:   ・・・
012:   既存コードのため省略
013:   ・・・
014:   # ログインが必要なページにアクセスしようとしたときに表示されるメッセージを変更
015:   login_manager.login_message = "認証していません：ログインしてください"
016:   # 未認証のユーザーがアクセスしようとした際に
017:   # リダイレクトされる関数名を設定する（ブループリント対応）
018:   login_manager.login_view = 'auth.login'
019:   # blueprintをアプリケーションに登録
020:   app.register_blueprint(auth_bp)
021:   app.register_blueprint(memo_bp)
022:
023:   @login_manager.user_loader
024:   ・・・
025:   既存コードのため省略
026:   ・・・
```

5行目で「auth.views」モジュールから「auth_bp」（認証機能に関連するBlueprintオブジェクト）をインポートし、6行目で「memo.views」モジュールから「memo_bp」（メモ機能に関連するBlueprintオブジェクト）をインポートしています。

18行目「login_manager.login_view = 'auth.login'」ここで指定している「'auth.login'」は、認証機能（auth）のBlueprint内のログインビュー関数（login）に対応するエンドポイントです。これによって、Flask-Loginは、認証が必要なページに未認証のユーザーがアクセスしようとした場合に、ビュー関数（ログイン画面）にリダイレクトします。

20行目「app.register_blueprint(auth_bp)」は、「auth_bp」という名前のBlueprintオブジェクトをアプリケーションに登録します。これにより、「auth_bp」で定義されたルートやビュー関数が、アプリケーション全体で利用できるようになります。「auth_bp」は認証に関するルーティングを担当します。

21行目「app.register_blueprint(memo_bp)」は、「memo_bp」という名前のBlueprintオブジェクトをアプリケーションに登録します。これにより、「memo_bp」で定義されたルートやビュー関数が、アプリケーション全体で利用できるようになります。「memo_bp」はメモに関するルーティングを担当します。

Column | リファクタリングのメリットとデメリット

リファクタリングとは、プログラムの外部的な振る舞いを変えずに、内部のコードを改善・整理することを指します。

リファクタリングは、長期的な視点で見ると、ソフトウェアの品質と開発チームの生産性を向上させる重要な作業です。以下にメリットとデメリットをまとめます。

○ メリット
- 可読性の向上
  コードが整理され、理解しやすくなります。これにより、他の開発者がコードを理解しやすくなります。
- 保守性の向上
  整理されたコードは、バグを見つけやすく、修正も容易です。
- 再利用性の向上
  コードの構造が改善されると、一部のコードを他の場所やプロジェクトで再利用しやすくなります。

○ デメリット
- 時間とコスト
  リファクタリングは時間と労力を必要とします。短期的には、新機能の追加やバグ修正よりも優先度は低いです。
- 新たなバグの導入
  コードの変更は、新たなバグを導入するリスクを伴います。リファクタリングは慎重に行い、変更後のコードが正しく動作することを確認するためのテストが必要です。
- 既存のコードへの影響
  大規模なリファクタリングは、既存のコードや機能に影響を与える可能性があります。

12-3 動作確認

「イテレーション04：ブループリント」の作成が完了しました。仮のクライアントが要求した内容を作成したアプリケーションが対応しているか、アプリケーションを起動して動作確認を行いましょう。

12-3-1 アプリケーションの動作確認

☐ 「独自エラーページ」の確認

URL「http://127.0.0.1:5000/」を指定します。独自エラーページ画面が表示されます（**図12.3**）。

図12.3 独自エラーページ

独自エラーページ

ステータスコード404

The requested URL was not found on the server. If you entered the URL manually please check your spelling and try again.

一覧へ

☐ 「ログイン画面」の確認

「独自エラーページ」の「一覧へ」リンクをクリックします。認証をしていないため、「認証していません：ログインしてください」というメッセージが表示される「ログイン画面」が表示されます（**図12.4**）。

既にログインしている場合は、「メモ一覧画面」が表示されます。その場合は「ログアウト処理」を実行してください。

図12.4　ログイン画面

ログイン

ユーザー名：

パスワード：

認証していません：ログインしてください

ログイン

アカウントをお持ちでない場合は、 こちら から登録してください。

■「サインアップ処理」の確認

「ログイン画面」の「こちら」リンクをクリックします。表示される「サインアップ画面」にてユーザー名「tarou」とパスワード「!pass2」を入力し、「サインアップ」ボタンをクリックします。「ユーザー登録しました」というメッセージが表示される「ログイン画面」が表示されます（**図12.5**）。

図12.5　サインアップ処理

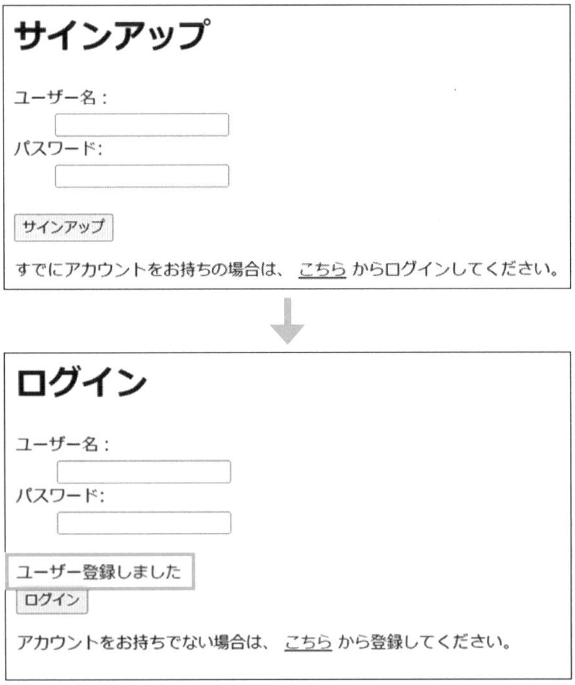

サインアップ

ユーザー名：

パスワード：

サインアップ

すでにアカウントをお持ちの場合は、 こちら からログインしてください。

↓

ログイン

ユーザー名：

パスワード：

ユーザー登録しました

ログイン

アカウントをお持ちでない場合は、 こちら から登録してください。

■「ログイン処理」の確認

「ログイン画面」に登録したデータ、ユーザー名「tarou」とパスワード「!pass2」を入力し、「ログイン」ボタンをクリックします。「メモ一覧画面」が表示されます（**図12.6**）。

図12.6　ログイン処理

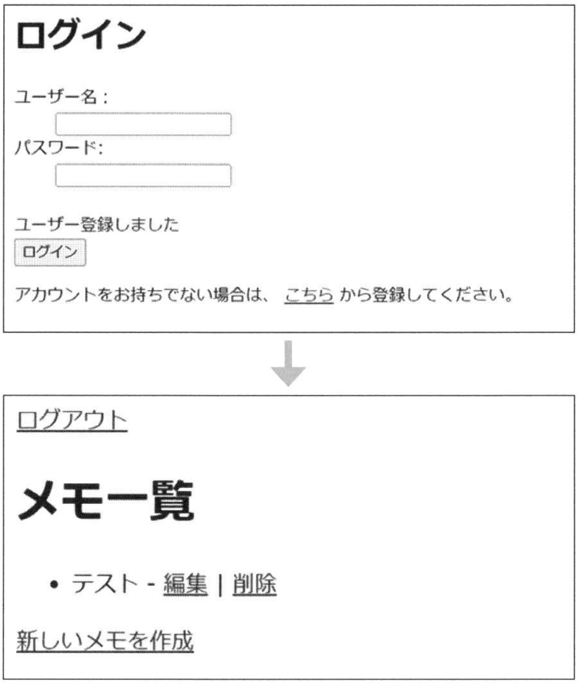

■「メモ登録処理」の確認

　「メモ一覧画面」の「新しいメモを作成」ボタンをクリックします。「メモ登録画面」が表示されます（**図12.7**）。

　「メモ登録画面」でタイトル「test」、内容「test内容」を入力後「送信」ボタンをクリックします。「登録しました」というメッセージが表示される「メモ一覧画面」が表示されます（**図12.8**）。

図12.7　メモ登録その1

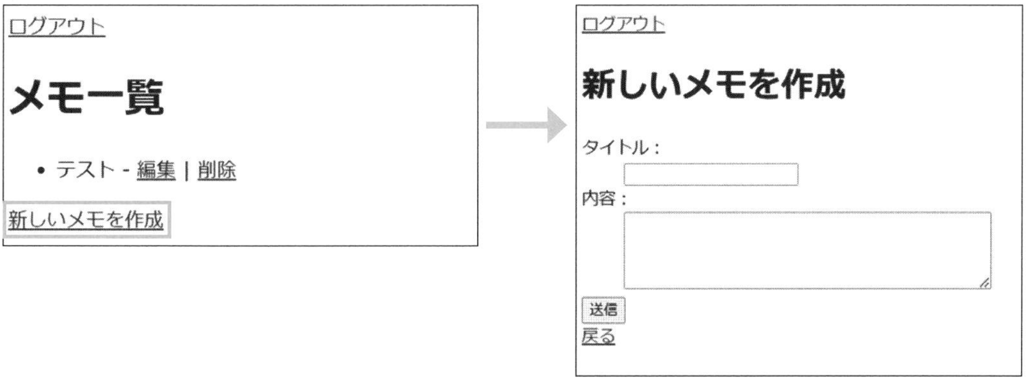

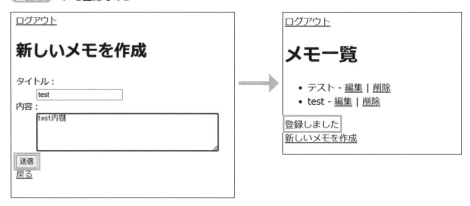

図12.8 メモ登録その2

「メモ更新処理」の確認

「メモ一覧画面」のタイトル「test」横の「編集」リンクをクリックします。「メモ編集画面」が表示されます（**図12.9**）。

タイトル「test」から「てすと」、内容「test内容」から「てすと内容」に変更後、「送信」ボタンをクリックします。「変更しました」というメッセージが表示される「メモ一覧画面」が表示されます（**図12.10**）。

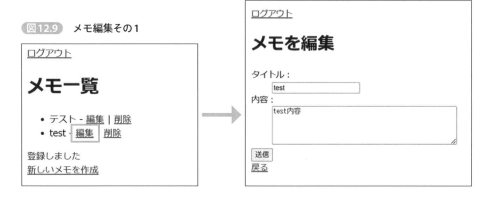

図12.9 メモ編集その1

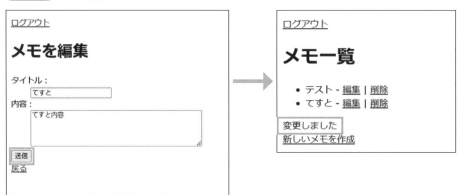

図12.10 メモ編集その1

□「メモ削除処理」の確認

「メモ一覧画面」のタイトル「てすと」横の「削除」リンクをクリックします。「削除しました」というメッセージが表示される「メモ一覧画面」が表示されます（**図12.11**）。

図12.11 メモ削除処理

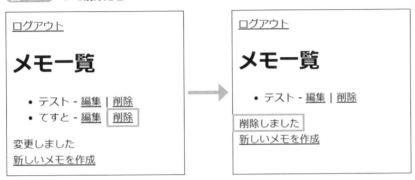

□「ログアウト処理」の確認

「認証」後の画面にて「ログアウト」リンクをクリックします。「ログアウトしました」というメッセージが表示される「ログイン画面」が表示されます（**図12.12**）。

図12.12 ログアウト処理

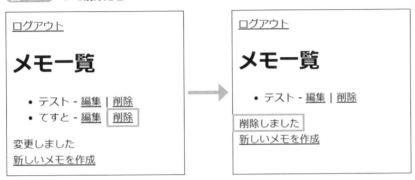

□「不正アクセス防止」の確認

「認証」せずに、認証後にアクセスできるURL「http://127.0.0.1:5000/memo」などにアクセスすることで、「認証していません：ログインしてください」というメッセージが表示される「ログイン画面」が表示されます（**図12.13**）。

図12.13　不正アクセス防止

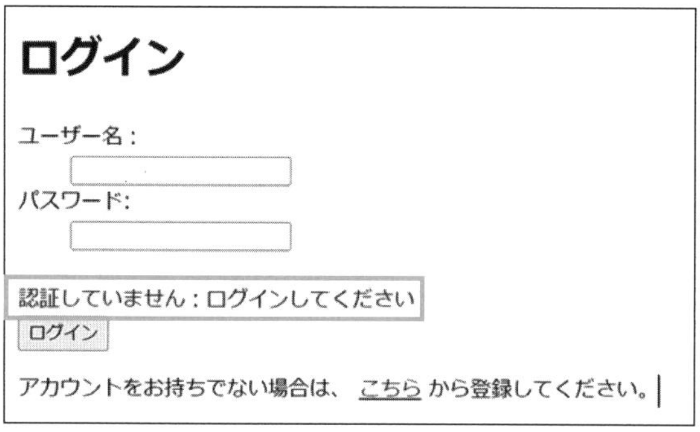

ログイン
ユーザー名：
パスワード:
認証していません：ログインしてください
ログイン
アカウントをお持ちでない場合は、 こちら から登録してください。

　動作確認も終わり、無事動くことが確認できました。これで「イテレーション04：ブループリント」の作成を完了とします。「クライアント」に「イテレーション04：ブループリント」をリリースしたところ、「クライアント」から現状だと自分が作成したメモ以外も「編集、削除」できてしまうため、アプリケーションに「メモ参照制限」を追加したいと要求を受けたと仮定します。要求内容を解決する機能を追加する次の「イテレーション」へ進みましょう（**図12.14**）。

図12.14　仮クライアントとのやり取り

イテレーション04
ブループリント
完了
・「メモ参照制限」を追加したい
・自分が作成したメモ以外も「編集、削除」出来てしまう
イテレーション05
メモ参照制限
Next

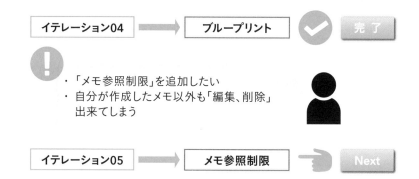

第 **13** 章

メモ参照制限を
追加しよう

Section 13-1 メモ参照制限とは？

この章では「イテレーション05：メモ参照制限」を使用して、自分が作成したメモしか参照、更新、削除処理をできないように制限します。まずは「モデル」にフィールドを追加して、「メモ」と「ユーザー」に「リレーションシップ」を設定しましょう。リレーションシップは「6-3-3 SQLAlchemyのrelationship」で説明しています。もし忘れてしまっている場合は参照してください。

13-1-1 「モデル」へのリレーションシップ

「ユーザー」が複数の「メモ」を持つように「リレーションシップ」を張るには、1対多の「リレーションシップ」を設定します（図13.1）。

図13.1 リレーションシップ

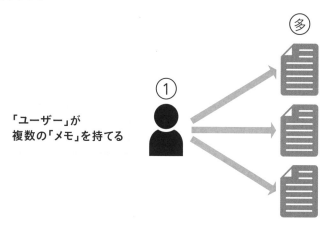

「ユーザー」が
複数の「メモ」を持てる

13-1-2 modelsの修正

ファイルmodels.pyを、リスト13.1に修正します。

リスト13.1 models.py

```
001:   from flask_sqlalchemy import SQLAlchemy
002:   from werkzeug.security import generate_password_hash, check_password_hash
003:   from flask_login import UserMixin
004:   from sqlalchemy.orm import relationship
```

```
005:
006:   # Flask-SQLAlchemyの生成
007:   db = SQLAlchemy()
008:
009:   # ===================================================
010:   # モデル
011:   # ===================================================
012:   # メモ
013:   class Memo(db.Model):
014:       # テーブル名
015:       __tablename__ = 'memos'
016:       # ID(PK)
017:       id = db.Column(db.Integer, primary_key=True, autoincrement=True)
018:       # タイトル(NULL許可しない)
019:       title = db.Column(db.String(50), nullable=False)
020:       # 内容
021:       content = db.Column(db.Text)
022:       # ▼▼▼ リスト13.1の追加 ▼▼▼
023:       # ユーザーID
024:     user_id = db.Column(db.Integer, db.ForeignKey('users.id', name="fk_memos_
       users"), nullable=False)
025:
026:       # User とのリレーション
027:       user = relationship("User", back_populates = "memos")
028:       # ▲▲▲ リスト13.1の追加 ▲▲▲
029:
030:   # ユーザー
031:   class User(UserMixin, db.Modcl):
032:       # テーブル名
033:       __tablename__ = 'users'
034:       # ID(PK)
035:       id = db.Column(db.Integer, primary_key=True)
036:       # ユーザー名
037:       username = db.Column(db.String(50), unique=True, nullable=False)
038:       # パスワード
039:       password = db.Column(db.String(120), nullable=False)
040:
041:       # ▼▼▼ リスト13.1の追加 ▼▼▼
042:       # Memo とのリレーション
043:       # リレーション: 1対多
044:       memos = relationship("Memo", back_populates = "user")
045:       # ▲▲▲ リスト13.1の追加 ▲▲▲
046:
047:       # パスワードをハッシュ化して設定する
048:       def set_password(self, password):
049:           self.password = generate_password_hash(password)
050:       # 入力したパスワードとハッシュ化されたパスワードの比較
051:       def check_password(self, password):
052:           return check_password_hash(self.password, password)
```

13

▼
メモ参照制限を追加しよう

333

24行目「user_id = db.Column(db.Integer, db.ForeignKey('users.id', name="fk_memos_users"), nullable=False)」で、「Memo」モデルの「user_id」カラムは「User」モデルの「id」カラムを外部キーとして設定しています。「nullable=False」により、各メモはユーザーに関連付けられることが保証されています。「name="fk_memos_users"」で外部キー制約に名前を付与しています。

27行目「user = relationship("User", back_populates = "memos")」は、「Memo」モデル内で「relationship」関数を使用して、「User」モデルとのリレーションシップを定義します。このとき、「back_populates」引数に「"memos"」を指定するため「User」モデル側でこのリレーションシップを参照するプロパティ名を指定します。

44行目「memos = relationship("Memo", back_populates = "user")」は、「User」モデルでは、「memos」プロパティを定義し、「relationship」関数を使用して「Memo」モデルとのリレーションシップを定義します。「back_populates」引数に「"user"」を指定することで、「Memo」モデル側でこのリレーションシップを参照するプロパティ名を指定します。

このリレーションシップ設定により、1つのユーザーが複数のメモを持つことができるようになります。

13-1-3 マイグレーションの実行

マイグレーションする前に、memosテーブルのデータを削除しておきましょう。

▢ データ削除

my_memo_appプロジェクトからinstanceフォルダを選択して、右クリックをして表示されるダイアログにて「統合ターミナル」で開くをクリックします。

開かれたターミナルにてコマンド「sqlite3 memodb.sqlite」と入力し、DBファイルに接続します（図13.2）。

図13.2 DBファイル接続

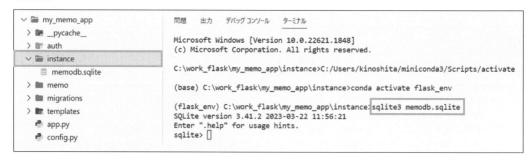

コマンド「delete from memos;」と入力し、現在登録されているmemosテーブルのデータを全て削除します。その後コマンド「.quit」と入力し、DBファイルを切断します（図13.3）。

図13.3 SQL実行

```
sqlite> delete from memos;
sqlite> .quit

(flask_env) C:\work_flask\my_memo_app\instance>□
```

ディレクトリmy_memo_appに移動して以下のコマンドを順番に実行します。

「flask db migrate」の実行

ファイルmodels.pyに変更が発生したので、コマンド「flask db migrate」を実行し、新しいマイグレーションファイルを生成します（**図13.4**）。

このコマンドは、データベースモデルが変更されるたびに実行する必要があります。

図13.4 flask db migrate

```
(flask_env) C:\work_flask\my_memo_app>flask db migrate
INFO  [alembic.runtime.migration] Context impl SQLiteImpl.
INFO  [alembic.runtime.migration] Will assume non-transactional DDL.
INFO  [alembic.autogenerate.compare] Detected added column 'memos.user_id'
INFO  [alembic.autogenerate.compare] Detected added foreign key (user_id)(id) on table memos
Generating C:\work_flask\my_memo_app\migrations\versions\dd700973dc78_.py ...  done
```

「flask db upgrade」の実行

次にコマンド「flask db upgrade」を実行します（**図13.5**）。

このコマンドは、データベースを最新のマイグレーションに更新します。「flask db migrate」で生成されたマイグレーションファイルを適用し、データベースのスキーマが変更されます。新しいマイグレーションがある時は、都度実行する必要があります。

図13.5 flask db upgrade

```
(flask_env) C:\work_flask\my_memo_app>flask db upgrade
INFO  [alembic.runtime.migration] Context impl SQLiteImpl.
INFO  [alembic.runtime.migration] Will assume non-transactional DDL.
INFO  [alembic.runtime.migration] Running upgrade d7347095818d -> dd700973dc78, empty message
```

13

▼

メモ参照制限を追加しよう

335

マイグレーションを実行して、テーブル構成が変更されました。早速「イテレーション05：メモ参照制限」を作成していきましょう。今回は「MVT」の「V」に対して少ない修正を行うことで課題をクリアできそうです。

13-2-1 プログラムの記述

☐ メモ一覧取得処理の変更

memo/views.pyの関数indexをリスト13.2に修正します。

リスト13.2 一覧取得

```
001:    from flask import Blueprint, render_template, request, redirect, url_for, flash
002:    from models import db, Memo
003:    from forms import MemoForm
004:    from flask_login import login_required, current_user   # <= リスト13.2追加
005:
006:    ・・・
007:
008:    # 一覧
009:    @memo_bp.route("/")
010:    @login_required
011:    def index():
012:        # メモ全件取得
013:        memos = Memo.query.filter_by(user_id=current_user.id).all() # <= リスト13.2変更
014:        # 画面遷移
015:        return render_template("memo/index.html", memos=memos)
```

変更箇所は13行目「memos = Memo.query.filter_by(user_id=current_user.id).all()」です。

ログインしているユーザー（current_user）が所有するメモを取得します。これにより、ユーザーは自分が作成したメモのみを表示できます。「filter_by(user_id=current_user.id)」で、「user_id」が「current_user.id」と一致するメモをフィルタリングし、all()で結果をリストとして取得します。

メモ登録処理の変更

memo/views.pyの関数「create」を**リスト13.3**に修正します。

リスト13.3　登録処理

```
001:    登録 (Form使用)
002:    @memo_bp.route("/create", methods=["GET", "POST"])
003:    @login_required
004:    def create():
005:        # Formインスタンス生成
006:        form = MemoForm()
007:        if form.validate_on_submit():
008:            # データ入力取得
009:            title = form.title.data
010:            content = form.content.data
011:            # 登録処理
012:            memo = Memo(title=title, content=content, user_id=current_user.id) # <= 変更
013:            db.session.add(memo)
014:    ・・・
```

　変更箇所は12行目「memo = Memo(title=title, content=content, user_id=current_user.id)」です。この行は、新しい「Memo」インスタンスを作成し、そのインスタンスの各属性に値を設定しています。

　「user_id=current_user.id」が変更点です。Memoインスタンスのuser_id属性に、現在ログインしているユーザーのID (current_user.id) を設定します。ここでの「current_user」は、「flask_login」モジュールによって提供される、現在ログインしているユーザーを表すオブジェクトです。これにより、新しいメモがログイン中のユーザーに紐づけられます。

　この行で作成されたMemoインスタンスは、13行目でデータベースに追加され、コミットされます。これにより、新しいメモがデータベースに保存され、リレーションシップが正しく設定されます。

　これで、ユーザーが複数のメモを持つことができ、各メモが作成したユーザーに紐付けられます。

メモ更新処理の変更

memo/views.pyの関数「update」を**リスト13.4**に修正します。

リスト 13.4　更新処理

```
001:    # 更新 (Form使用)
002:    @memo_bp.route("/update/<int:memo_id>", methods=["GET", "POST"])
003:    @login_required
004:    def update(memo_id):
005:        # データベースからmemo_idに一致するメモを取得し、
006:        # 見つからない場合は404エラーを表示
007:        target_data = Memo.query.filter_by(id=memo_id, user_id=current_user.id).
        first_or_404()  # <= 変更
008:        # Formに入れ替え
009:        form = MemoForm(obj=target_data)
010:    ・・・
```

　変更箇所は7行目「target_data = Memo.query.filter_by(id=memo_id, user_id=current_user.id).first_or_404()」です。この行は、データベースから特定のメモIDとログイン中のユーザーIDに一致する「Memo」インスタンスを検索し、見つかった最初のメモを取得します。見つからない場合は、404エラー (Not Found) を返します。

　「filter_by(id=memo_id, user_id=current_user.id)」が変更点です。ここでは、「id」が「memo_id」に一致し、「user_id」が現在ログイン中の「ユーザーのID (current_user.id)」に一致するMemoインスタンスを検索します。この条件により、ログイン中のユーザーが所有するメモのみが検索対象になります。この行によって、ログイン中のユーザーが他のユーザーのメモにアクセスすることが防止されます。

メモ削除処理の変更

　memo/views.pyの関数「delete」を**リスト 13.5**に修正します。

リスト 13.5　削除処理

```
001:    # 削除
002:    @memo_bp.route("/delete/<int:memo_id>")
003:    @login_required
004:    def delete(memo_id):
005:        # データベースからmemo_idに一致するメモを取得し、
006:        # 見つからない場合は404エラーを表示
007:        memo = Memo.query.filter_by(id=memo_id, user_id=current_user.id).first_
        or_404()  # <= 変更
008:        # 削除処理
009:        db.session.delete(memo)
010:    ・・・
```

　変更箇所は7行目「memo = Memo.query.filter_by(id=memo_id,user_id=current_user.id).first_or_404()」です。内容は更新処理で説明した内容と同じため、割愛します。

13-3 動作確認

「イテレーション05：メモ参照制限」の作成が完了しました。仮のクライアントが要求した内容を作成したアプリケーションが対応しているか、アプリケーションを起動して動作確認を行いましょう。

13-3-1 アプリケーションの動作確認

☐「データ」の登録

「ログイン画面」にて「ユーザー名」に「test」、「パスワード」に「!pass1」と入力しログインします（図13.6）。

図13.6 ログイン画面

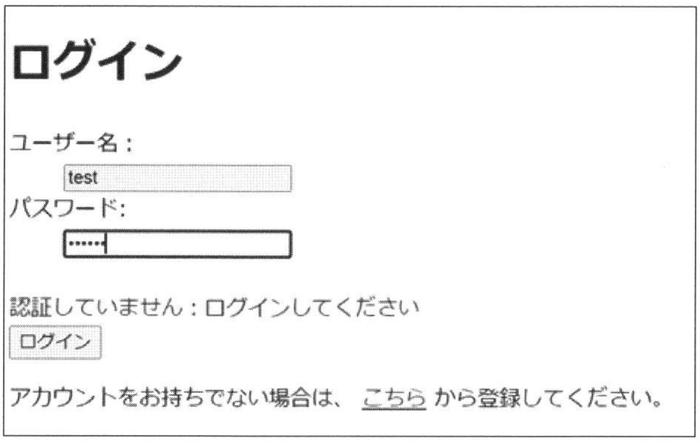

ログイン

ユーザー名：

```
test
```

パスワード：

```
••••••
```

認証していません：ログインしてください

```
ログイン
```

アカウントをお持ちでない場合は、 こちら から登録してください。

「メモ一覧画面」にて「新しいメモを作成」をクリックし「新しいメモを作成画面」を表示します。「新しいメモを作成画面」にてタイトルに「テスト1」、内容に「テスト1の内容1」と入力し、「送信」ボタンをクリックして「メモデータ」を登録します（図13.7）。

同様に、「メモ一覧画面」にて「新しいメモを作成」をクリックし「新しいメモを作成画面」を表示します。「新しいメモを作成画面」にてタイトルに「テスト2」、内容に「テスト2の内容2」と入力し、「送信」ボタンをクリックして「メモデータ」を登録します（図13.8）。

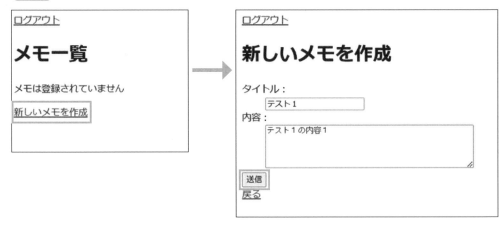

図 13.7　メモの登録 1

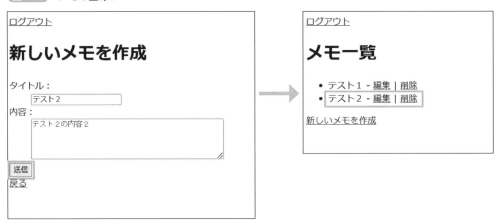

図 13.8　メモの登録 2

▢ ログインユーザーの変更

　「ログアウト」リンクをクリックして、再度「ログイン画面」にてユーザー名に
「tarou」、パスワードに「!pass2」と入力しログインします。ユーザー「test」で登録したメモデータが表示されていないことを確認できます（**図 13.9**）。

図 13.9　メモ一覧

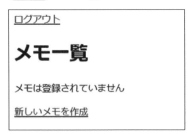

「メモ一覧画面」にて「新しいメモを作成」をクリックし「新しいメモを作成画面」を表示します。「新しいメモを作成画面」にてタイトルに「試験１」、内容に「試験１の内容１」と入力し、「送信」ボタンをクリックして「メモデータ」を登録します（**図13.10**）。

図13.10　メモ登録

ログアウト
新しいメモを作成
タイトル：
試験 1
内容：
試験 1 の内容 1
送信
戻る
ログアウト
メモ一覧
• 試験 1 - 編集 | 削除
登録しました
新しいメモを作成

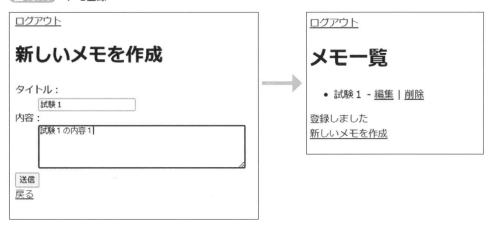

メモ参照制限

メモ一覧画面で、ログインユーザーが作成したメモデータのみ表示されることを確認できました。

次は、ユーザー「tarou」で、ユーザー「test」のメモデータに対する更新処理を実行します。ブラウザにURL「http://127.0.0.1:5000/memo/update/1」を入力します。ステータスコード404が発生して、「独自エラーページ」が表示されます（**図13.11**）。

同様にユーザー「tarou」で、ユーザー「test」のメモデータに対する削除処理を実行します。ブラウザにURL「http://127.0.0.1:5000/memo/delete/1」を入力します。ステータスコード404が発生して、「独自エラーページ」が表示されます。

図13.11　独自エラーページ

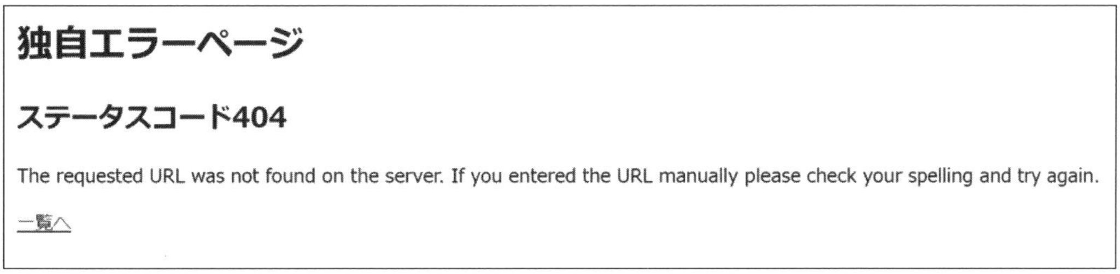

独自エラーページ
ステータスコード404
The requested URL was not found on the server. If you entered the URL manually please check your spelling and try again.
一覧へ

動作確認も終わり、無事動くことが確認できました。これで「イテレーション05：メモ参照制限」の作成を完了とします。「クライアント」に「イテレーション05：メモ参照制限」をリリースしたところ、「クライアント」からアプリケーション内から「Wikipedia」を検索する機能を追加したいと要求を受けたと仮定します。要求内容を解決する機能を追加する次の「イテレーション」

へ進みましょう（**図13.12**）。

図13.12 仮クライアントとのやり取り

Column | 様々なChatAI

OpenAIが開発したGPT（Generative Pretrained Transformer）は、大量のテキストデータから学習し、人間のような文章を生成することができるAIモデルです。ChatGPT、Bing、Bardは、このGPTモデルをベースにした異なるアプリケーションです。

以下にそれぞれの概要を記述します。

○ ChatGPT

ChatGPTは対話型のAIで、ユーザーと自然な会話をすることができます。質問に答えたり、物語を作ったり、あるいは特定のタスクを遂行したりすることができます。個人的にはプログラム学習には一番適していると感じます。

○ Bing

BingはMicrosoftが開発したウェブ検索エンジンで、ウェブページ、画像、動画、ニュースなどの情報を検索することができます。GPTモデルとは異なり、Bingは検索クエリに基づいてインターネットから情報を取得します。Bingが解答した内容のソースが参照できるのも特徴です。

○ Bard

Googleの実験的な、会話型のAIチャットサービスです。ChatGPTと同様の機能を持つことを目指していますが、最大の違いはGoogleのサービスであることです。

他にも様々なAIサービスがあります。自分の作業にあったChatAIを選択し、効率的に作業を実施しましょう。

第 **14** 章

Wikipedia 機能を
追加しよう

Section 14-1 Wikipediaとは？

この章では「イテレーション06：wiki機能」を追加しましょう。ウィキペディア（英: Wikipedia）は、世界中のボランティアの共同作業によって執筆及び作成されるフリーの多言語インターネット百科事典です。「Flask」で「Wikipedia」を参照するには、「wikipedia-api」という「Python」ライブラリを使用します。

14-1-1 wikipedia-apiのインストール

ターミナルにてコマンド「pip install wikipedia-api==0.5.8」と入力し、「wikipedia-api」ライブラリをインストールします（**図14.1**）。

図14.1 wikipedia-apiインストール

```
問題    出力    デバッグ コンソール    ターミナル                                          cmd  +  ∨  □  🗑  …


(flask_env) C:\work_flask\my_memo_app>pip install wikipedia-api==0.5.8
Collecting wikipedia-api==0.5.8
  Using cached Wikipedia_API-0.5.8-py3-none-any.whl (13 kB)
Requirement already satisfied: requests in c:\users\kinoshita\miniconda3\envs\flask_env\lib\site-packages (from wikipedia-
api==0.5.8) (2.31.0)
```

14-1-2 フォルダ構成

☐ wiki用のviews.pyの作成

フォルダmy_memo_app直下にフォルダwikiを作成し、その配下にファイルviews.pyを作成します（**図14.2**）。views.pyに、wikipediaに対する検索処理を記述していきます。

図14.2 views.pyのフォルダ構成

☐ wiki用のテンプレート

フォルダtemplates直下にフォルダwikiを作成し、その配下にファイルwiki_search.html、ファイルwiki_search_result.htmlを作成します（**図14.3**）。それぞれのファイルの内容は**表14.1**を参照してください。

テンプレートのフォルダ構成

```
∨ 📁 wiki
    🔳 wiki_search_result.html
    🔳 wiki_search.html
```

表14.1　追加する一覧

追加項目	内容
wiki_search_result.html	wikipediaに対して行った検索処理結果を表示するテンプレートです
wiki_search.html	wikipediaに対して検索処理を行うテンプレートです

14

▼ Wikipedia機能を追加しよう

Column ｜ APIのメリットとデメリット

　APIとは、ソフトウェアやアプリケーション間でデータをやり取りするためのインターフェース※1のことを指します。APIは、以下に示すメリットとデメリットを理解し、適切に管理と使用を行うことで、ソフトウェア開発の効率と拡張性を大いに向上させることができます。

○ メリット
● 再利用性
　一度作成したAPIは、他のアプリケーションでも再利用することができます。これにより、開発時間とコストを節約することができます。
● 拡張性
　APIを使用すると、既存のソフトウェアやサービスに新しい機能を追加することが容易になります。
○ デメリット
● セキュリティリスク
　APIは、外部からアクセスできるポイントを提供します。これにより、不正なアクセスやデータ漏洩のリスクが増えます。
● 依存性
　他サービスのAPIに依存すると、そのサービスが変更されたり、停止したりした場合に影響を受けます。

※1　インターフェースとは、システムやデバイス、ソフトウェア間で情報をやり取りするための共通方法を指します。

フォルダ構成が作成されたので、早速「イテレーション06：wiki機能」を作成していきましょう。今回は「wiki機能」の「MVT」の「V」と「T」を作成することで課題をクリアできそうです。

14-2-1 プログラムの記述

☐ views.pyの作成

図**14.2**で作成したwiki/views.pyに、リスト**14.1**を記述します。

リスト14.1 views.py

```
001:  from flask import render_template, Blueprint
002:  from wikipediaapi import Wikipedia
003:  from forms import WikiForm
004:  from flask_login import login_required
005:
006:  # Blueprint
007:  wiki_bp = Blueprint('wiki', __name__, url_prefix='/wiki')
008:
009:  # 日本語版Wikipediaを利用
010:  wiki_ja = Wikipedia('ja')
011:
012:  # ==================================================
013:  # ルーティング
014:  # ==================================================
015:  # wiki検索
016:  @wiki_bp.route('/search', methods=['GET', 'POST'])
017:  @login_required
018:  def search():
019:      # Formインスタンス生成
020:      form = WikiForm()
021:      # POST
022:      if form.validate_on_submit():
023:          # データ入力取得
024:          keyword = form.keyword.data
025:          page = wiki_ja.page(keyword)
```

```
026:            # 検索結果
027:            if page.exists():
028:                return render_template('wiki/wiki_search_result.html',
029:                                        keyword=keyword, summary=page.summary[:200],
030:                                        url=page.fullurl)
031:            else:
032:                return render_template('wiki/wiki_search_result.html',
033:                                        error="指定されたキーワードの結果は見つかりませんでした。")
034:        # GET
035:        return render_template('wiki/wiki_search.html', form=form)
```

1行目〜4行目で必要な「モジュール」をインポートします。

7行目「wiki_bp = Blueprint('wiki', __name__, url_prefix='/wiki')」は「wiki_bp」という名前の「Blueprint」を作成します。これにより、ルーティングとビュー関数をまとめることができます。「url_prefix='/wiki'」を使用して、このBlueprintのすべてのルートが「/wiki」で始まることを指定します。

10行目「wiki_ja = Wikipedia('ja')」は日本語版Wikipediaを利用するために、「Wikipedia」クラスのインスタンス「wiki_ja」を作成し、言語コードとして「'ja'」を指定しています。

16行目〜18行目では、URL「/wiki/search」への「GET」および「POST」リクエストを処理する「search()」ビュー関数を定義します。この関数は「login_required」デコレータで保護されており、ログインしているユーザーのみがアクセスできるようになっています。

20行目「form = WikiForm()」で「WikiForm」インスタンスを作成します。これは、検索キーワードを入力するためのフォームです。後ほどforms.pyへ作成します。

22行目〜33行目では、「form.validate_on_submit()」を使用して、POSTリクエストにてフォームが正しく送信されたかどうかを確認します。正しく送信された場合、以下の処理が行われます。

24行目「form.keyword.data」からキーワードを取得します。

25行目「wiki_ja.page(keyword)」を使用して、Wikipediaのページを検索しています。

27行目「if page.exists():」を使用して、ページが存在する場合、ページの要約とURLを取得し、28行目で「wiki/wiki_search_result.html」テンプレートをレンダリングして表示します。

29行目と30行目でテンプレートに渡している「page」オブジェクトについて説明します。

page.summary[:200]は、「page」オブジェクトの「summary」プロパティから、記事の要約を取得します。[:200]は、Pythonのスライス操作を使用して要約の最初の200文字のみを取得します。

url=page.fullurlは、「page」オブジェクトの「fullurl」プロパティから、検索された「Wikipedia」ページの完全なURLを取得します。このURLは、テンプレート内でリンクとして表示され、ユーザーが「Wikipedia」ページにアクセスできるようにします。

32行目と33行目で「ページが存在しない場合」、エラーメッセージを表示するために、「wiki/wiki_search_result.html」テンプレートをレンダリングします。

35行目では「GET」リクエストの場合、「wiki/wiki_search.html」テンプレートをレンダリングしてフォームを表示します。

テンプレートの作成

wiki_search.html

図**14.3**で作成したtemplates/wiki/wiki_search.htmlに、**リスト14.2**を記述します。

リスト 14.2　wiki_search.html

```
001:  {% extends "base.html" %}
002:
003:  {% block content %}
004:      <h1>Wikipediaの検索</h1>
005:      {% from "_formhelpers.html" import render_field %}
006:      <form method="POST" action="{{ url_for('wiki.search') }}" novalidate>
007:          {{ form.hidden_tag() }}
008:          {{ render_field(form.keyword) }}
009:          {{ form.submit }}
010:      </form>
011:
012:      <a href="{{ url_for('memo.index') }}">戻る</a>
013:  {% endblock %}
```

　特に新しい内容はありませんので、詳細な説明は割愛します。このテンプレートは、「Wikipedia」検索ページを表示する際に使用します。ユーザーが検索ワードを入力し、送信ボタンをクリックすると、「wiki.search」関数が実行され、検索結果が表示されます。

wiki_search_result.html

図**14.3**で作成したtemplates/wiki/wiki_search_result.htmlに、**リスト14.3**を記述します。

リスト 14.3　wiki_search_result.html

```
001:  {% extends 'base.html' %}
002:
003:  {% block content %}
004:      {% if error %}
005:          <h2>{{ error }}</h2>
006:      {% else %}
007:          <h2>検索結果： "{{ keyword }}"</h2>
008:          <p style="width: 450px;">{{ summary }}... <a href="{{ url }}" target="_
      blank">Read more</a></p>
009:      {% endif %}
010:
011:      <a href="{{ url_for('memo.index') }}">戻る</a>
012:  {% endblock %}
```

8行目「 {{ summary }}... <a href="{{ url }}" target="_blank">Read more </a> 」が工夫した点です。検索結果が存在する場合、概要の最初から200文字を表示します。「"Read more"」リンクをクリックすると、対象キーワードの「Wikipedia」対象ページが新しいタブで開きます。

○ base.html

templates/base.htmlに、**リスト14.4**を追記します。

`リスト14.4`   **base.html**

```
001:   <!DOCTYPE html>
002:   <html lang="ja">
003:   <head>
004:       <meta charset="UTF-8">
005:       <title>メモアプリ</title>
006:   </head>
007:   <body>
008:       {% if current_user.is_authenticated %}
009:           <a href="{{ url_for('auth.logout') }}">ログアウト</a>
010:           <!-- ▼▼▼ リスト14.4の追加 ▼▼▼ -->
011:           <a href="{{ url_for('wiki.search') }}">Wikipediaの検索へ</a>
012:           <!-- ▲▲▲ リスト14.4の追加 ▲▲▲ -->
013:       {% endif %}
014:       {% block content %}{% endblock %}
015:   </body>
016:   </html>
```

　共有レイアウトであるファイルbase.htmlに、11行目Blueprintを利用した「wiki機能」へのリンクを追記します。

▢ Blueprintの登録

my_memo_app/app.pyに、**リスト14.5**を追記します。

`リスト14.5`   **app.py**

```
001:   ・・・
002:   from auth.views import auth_bp
003:   from memo.views import memo_bp
004:   from wiki.views import wiki_bp        # 追記
005:   ・・・
006:   ・・・
007:   # blueprintをアプリケーションに登録
008   app.register_blueprint(auth_bp)
```

```
009:    app.register_blueprint(memo_bp)
010:    app.register_blueprint(wiki_bp)       # 追記
011:    ・・・
```

4行目「from wiki.views import wiki_bp」は、「wiki_bp」という名前の「Blueprint」オブジェクトを「wiki.views」モジュールからインポートしています。このBlueprintオブジェクトは、「wiki」機能の一部であるルーティングやビュー関数を定義しています。

10行目「app.register_blueprint(wiki_bp)」は、Flaskアプリケーションに、「wiki_bp」という「Blueprint」オブジェクトを登録しています。これにより、「wiki_bp」で定義されたルーティングやビュー関数が、Flaskアプリケーションの一部として利用できるようになります。

「Blueprint」は、Flaskアプリケーションの構成要素をモジュール化し、コードの整理や再利用を容易にするための仕組みです。複数のルーティングやビュー関数を持つ大規模なアプリケーションでは、「Blueprint」を用いてアプリケーションの構造を分割・整理することが一般的です。

☐ fomrs.pyへの追記

my_memo_app/forms.pyの末尾に、**リスト14.6**を追記します。

リスト14.6　**forms.py**

```
001:    # Wiki用入力クラス
002:    class WikiForm(FlaskForm):
003:        # タイトル
004:        keyword = StringField('検索ワード：', render_kw={"placeholder": "入力してください"})
005:        # ボタン
006:        submit = SubmitField('Wiki検索')
```

4行目「keyword = StringField('検索ワード：', render_kw={"placeholder": "入力してください"})」は、keywordという名前のフィールドを定義しています。

このフィールドは文字列を受け取り、フォーム上で「検索ワード：」というラベルを表示し、「render_kw={"placeholder": "入力してください"}」により、フィールドが空のときには「入力してください」というプレースホルダーテキストが表示されます。

HTMLにおけるプレースホルダーは、主に<input>タグや<textarea>タグで使用される属性で、ユーザーが入力フィールドに何を入力すべきかヒントを提供します。
プレースホルダーは、フィールドが空のときに表示され、ユーザーがそのフィールドに何かを入力すると消えます。

14-3 動作確認

「イテレーション06：wiki機能」の作成が完了しました。仮のクライアントが要求した
内容を作成したアプリケーションが対応しているか、アプリケーションを起動して動作
確認を行いましょう。

「Wikipedia 検索」画面表示

　アプリケーションを起動し、ログイン画面を表示します。ユーザー名：「test」、パスワード：
「!pass1」と入力し「ログイン」ボタンをクリックすることで認証処理を行い、メモ一覧画面を表
示します。メモ一覧画面の「Wikipediaの検索へ」リンクをクリックし「Wikipediaの検索」画面を
表示します（**図14.4**）。

図14.4 Wikipedia の検索画面

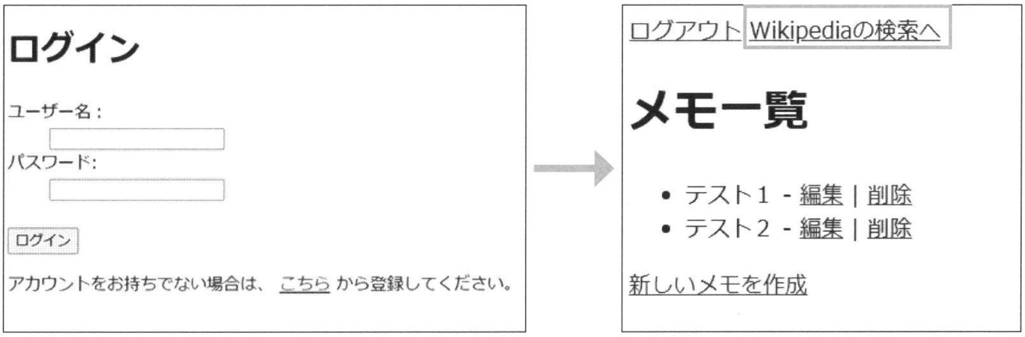

「Wikipedia 検索」処理の確認

　Wikipediaの検索画面の検索ワードに「Flask」と入力し、「Wiki検索」ボタンをクリックします。
「検索結果画面」が表示され、Wikipediaでの検索結果が表示されます（**図14.5**）。

図14.5 Wikipediaの検索処理

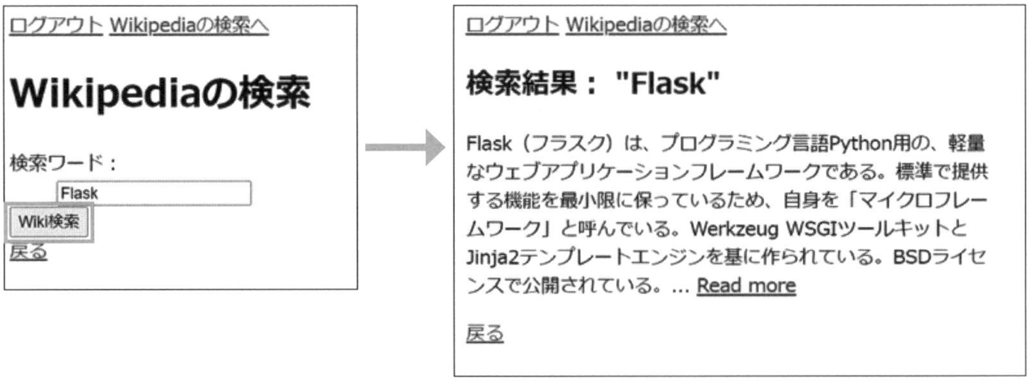

ログアウト Wikipediaの検索へ
Wikipediaの検索
検索ワード：
Flask
Wiki検索
戻る
ログアウト Wikipediaの検索へ
検索結果："Flask"
Flask（フラスク）は、プログラミング言語Python用の、軽量なウェブアプリケーションフレームワークである。標準で提供する機能を最小限に保っているため、自身を「マイクロフレームワーク」と呼んでいる。Werkzeug WSGIツールキットとJinja2テンプレートエンジンを基に作られている。BSDライセンスで公開されている。... Read more
戻る

動作確認も終わり、無事動くことが確認できました。これで「イテレーション06：wiki機能」の作成を完了とします。「クライアント」に「イテレーション06：wiki機能」をリリースしたところ、「クライアント」から「Wikipedia」で検索した結果を「メモデータ」に追加したいと要求を受けたと仮定します（**図14.6**）。要求内容を解決する機能を追加する次の「イテレーション」へ進みましょう。

図14.6 仮クライアントとのやり取り

イテレーション06
wiki機能
完了
「Wikipedia」検索結果をメモに反映する
イテレーション07
wiki結果の反映
Next

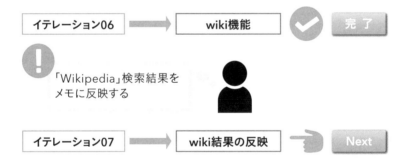

15

Wikipedia 結果の
反映を行おう

15-1 どのように作成するか？

この章では「イテレーション07：wiki結果の反映」を追加します。Wikipediaから取得した検索データを「メモデータ」に反映させる処理は、今まで作成した機能を利用するだけで対応可能です。

15-1-1 既存機能の何を利用するか？

既存機能で利用するのは「メモ登録処理」機能です（**図15.1**）。作成手順は3ステップです。

① 「Wikipediaの検索結果」画面に「メモに追加」ボタンを作成します。
② 「メモに追加」ボタンをクリックすることで、メモデータに「メモ登録処理」機能を利用して「Wikipediaの検索結果」を登録します。
③ メモデータに登録された後は、「メモ一覧画面」を表示します。

図15.1 処理の流れ

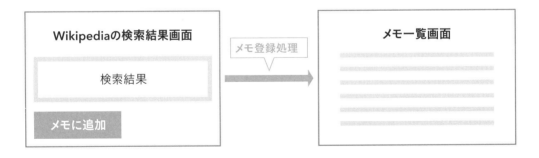

15-1-2 「wiki結果の反映」の作成

新しくフォルダ構成などの作成はありません。早速「イテレーション07：wiki結果の反映」を作成していきましょう。今回は「メモ機能」の「V」と「wiki機能」の「T」に処理を追加することで課題をクリアできそうです。

☐ 「メモ機能」の「V」への反映

memo/views.pyの末尾へリスト15.1を追記します。

リスト15.1　views.py

```
001:    # wiki結果反映
002:    @memo_bp.route('/create_from_search', methods=['POST'])
003:    @login_required
004:    def create_from_search():
005:        # 入力値の取得
006:        title = request.form['title']
007:        content = request.form['content']
008:        new_memo = Memo(title=title, content=content, user_id=current_user.id)
009:        # 追加処理
010:        db.session.add(new_memo)
011:        db.session.commit()
012:        # フラッシュメッセージ
013:        flash("wikiからデータ登録しました")
014:        # 画面遷移
015:        return redirect(url_for("memo.index"))
```

「Wikipediaの検索結果」画面では入力チェックなどを行わないため、「Form」クラスを使用せずformタグを使用して後ほど作成します。

6行目〜7行目で、「request.form」を使用して「Wikipediaの検索結果」画面からデータを取得しています。

8行目「new_memo = Memo(title=title, content=content, user_id=current_user.id)」で新しいMemoインスタンスを作成し、取得したtitle、content、およびログイン中のユーザーのIDを設定します。

10行目〜11行目で、新しいMemoインスタンスをデータベースセッションに追加し、11行目「db.session.commit()」でデータベースの変更をコミットし、新しいメモがデータベースに保存されます。

15行目「return redirect(url_for("memo.index"))」で「メモ一覧画面」にリダイレクトします。

「wiki機能」の「T」への反映

templates/wiki/wiki_search_result.html を、**リスト15.2**に修正します。

リスト15.2　wiki_search_result.html

```
001:    {% extends 'base.html' %}
002:
003:    {% block content %}
004:        {% if error %}
005:            <h2>{{ error }}</h2>
006:        {% else %}
007:            <h2>検索結果 : "{{ keyword }}"</h2>
008:            <p style="width: 450px;">{{ summary }}... <a href="{{ url }}" target="_
009:    blank">Read more</a></p>
        {% endif %}
010:        # ▼▼▼ リスト15.2の追加 ▼▼▼
011:        <!-- メモに追加ボタン -->
012:        <form action="{{ url_for('memo.create_from_search') }}" method="post">
013:            <input type="hidden" name="title" value="{{ keyword }}">
014:            <input type="hidden" name="content" value="{{ summary }}">
015:            <input type="submit" value="メモに追加">
016:        </form>
017:        # ▲▲▲ リスト15.2の追加 ▲▲▲
018:        <a href="{{ url_for('memo.index') }}">戻る</a>
019:    {% endblock %}
```

　12行目～16行目で、Wikipediaの検索結果をメモデータに追加するためのフォームを生成しています。

　13行目、14行目で、「<input type="hidden"」を利用し、非表示の入力フィールドで、「title」という名前と「content」という名前を設定しています。HTMLの<input type="hidden">は、画面には表示されず、フォームと一緒に送信されるデータを保持するための特殊な種類の入力フィールドです。

　これにより、フォームが送信されると、検索キーワード「keyword」が「title」に設定され、検索結果の要約「summary」が「content」に設定され送信されます。

15-2 動作確認

「イテレーション07：wiki結果の反映」の作成が完了しました。仮のクライアントが要求した内容を作成したアプリケーションが対応しているか、アプリケーションを起動して動作確認を行いましょう。

15-2-1 アプリケーションの動作確認

☐「wiki検索結果の反映」の確認

アプリケーションを起動し、ログイン画面を表示します。ユーザー名：「test」、パスワード：「!pass1」と入力し「ログイン」ボタンをクリックすることで認証を行い、メモ一覧画面を表示します（**図15.2**）。

その後、「Wikipediaの検索へ」リンクをクリックし、Wikipediaの検索画面を表示します。

図15.2 ログイン

Wikipediaの検索画面の検索ワード：へ「Flask」と入力し、「Wiki検索」ボタンをクリックします。検索結果画面が表示され、Wikipediaでの検索結果が表示されます（**図15.3**）。「メモに追加」ボタンをクリックすることで、「メモ登録処理」が実行され、メモ一覧画面にて登録したデータが一覧に表示されます。

15

Wikipedia結果の反映を行おう

図15.3 検索結果の反映

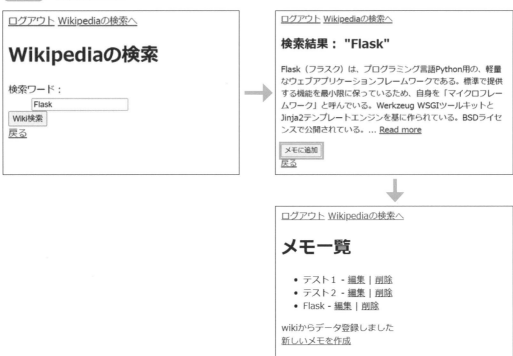

　動作確認も終わり、無事動くことが確認できました。これで「イテレーション07：wiki検索結果の反映」の作成を完了とします（**図15.4**）。「クライアント」に「イテレーション07：Wiki検索結果の反映」をリリースしたところ、「クライアント」から最後の要望として、ある程度のアプリケーションへのデザインをして欲しいと要求を受けたと仮定します。要求内容を解決する機能を追加する最後の「イテレーション」へ進みましょう。

図15.4 仮クライアントとのやり取り

第 16 章

レイアウトを調整しよう

16-1　Bootstrap とは？

Bootstrapとは？

この章ではアプリケーション作成のラストミッションとして「イテレーション08：レイアウトを整える」を実施します。今回はウェブサイトを綺麗に見せるためのオープンソースのフレームワーク「Bootstrap」を利用します。

16-1-1 Bootstrapの概要

「Bootstrap（ブートストラップ）」は、Webサイトを綺麗に見せるためのオープンソースのフレームワークです。「Bootstrap」を使うと、スマートフォンやタブレット、パソコンなど、どんな画面でもきれいに見えるWebページが作れます。

特徴として、デバイスの画面サイズに応じて自動的にレイアウトが調整される「レスポンシブデザイン」や、ページを行と列に分割しコンテンツを整理しやすくする「グリッドシステム」などがあります。「Bootstrap」を利用することで初心者でも素早く、プロのようなデザインのウェブページを作成することが可能です。

本書では、「Bootstrap」について「レイアウトを整える」程度の説明しか行いません。詳細に知りたい場合は、別途参考書などの購入をお願い致します。また「Bootstrap」には「バージョン」があります。本書では「Bootstrap5」を使用します。「バージョン」によって使用できる記述方法が違うため、ご自身で「ネットで検索した正しい記述方法」なのにレイアウトにデザインが適応されないことが多々発生します。ご自身でネットで調べて「Bootstrap」を利用する場合は、「バージョン」による記述方法に気をつけてください。

● 公式Bootstrap v5.0

https://getbootstrap.jp/docs/5.0/getting-started/introduction/

また、有志の方や公式サイトから「チートシート」が提供されています（**図16.1**）。「チートシート」とは、一般的にある技術に関する簡潔な情報や手順がまとめられた参照用資料（早見表）のことです。「チートシート」は、短時間でその技術の概要や使用方法を把握するのに役立ちます。「チートシート」を利用することで、様々なサイトを検索する手間が省け、効率的に「Bootstrap」を記述することが可能です。

図16.1 チートシート

チートシートとは、特定のトピックや技術に関する重要な情報を短く簡潔にまとめた早見表のようなものを指します

16-1-2 「Bootstrap5」の適用

新しくフォルダ構成などの作成はありません。早速「イテレーション08：レイアウトを整える」を実施しましょう。今回は、今まで作成した「MVT」の「T」にあたるテンプレートへ「Bootstrap」を追加することで課題をクリアできそうです。

☐ 「共通部分」の「T」への反映

templates/base.htmlを、リスト16.1に修正します。

リスト16.1 base.html

```
001: <!DOCTYPE html>
002: <html lang="ja">
003: <head>
004:     <meta charset="UTF-8">
005:     <meta name="viewport" content="width=device-width, initial-scale=1">
006:     <!-- Bootstrap CSS -->
007:     <link href="https://cdn.jsdelivr.net/npm/bootstrap@5.0.2/dist/css/bootstrap.min.css" rel="stylesheet" integrity="sha384-EVSTQN3/azprG1Anm3QDgpJLIm9Nao0Yz1ztcQTwFspd3yD65VohhpuuCOmLASjC" crossorigin="anonymous">
008:     <title>メモアプリ</title>
009: </head>
010: <body>
011:     <!-- ヘッダー部分に表示するナビゲーションバー -->
012:     {% if current_user.is_authenticated %}
013:         <nav class="navbar navbar-expand-lg navbar-dark bg-dark">
014:             <div class="container">
015:                 <a class="navbar-brand" href="#">メモアプリ</a>
016:                 <button class="navbar-toggler" type="button" data-bs-toggle="collapse" data-bs-target="#navbarNav" aria-controls="navbarNav" aria-expanded="false" aria-label="Toggle navigation">
017:                     <span class="navbar-toggler-icon"></span>
```

```
018:                    </button>
019:                    <div class="collapse navbar-collapse" id="navbarNav">
020:                        <ul class="navbar-nav">
021:                            <li class="nav-item">
022:                                <a class="nav-link" href="{{ url_for('auth.logout')
    }}">ログアウト</a>
023:                            </li>
024:                            <li class="nav-item">
025:                                <a class="nav-link" href="{{ url_for('wiki.search')
    }}">Wikipediaの検索へ</a>
026:                            </li>
027:                        </ul>
028:                    </div>
029:                </div>
030:            </nav>
031:        {% endif %}
032:        <!-- 各テンプレートが挿入する内容 -->
033:        <div class="container mt-4">
034:            {% block content %}{% endblock %}
035:        </div>
036:
037:        <!-- Bootstrap JS -->
038:        <script src="https://cdn.jsdelivr.net/npm/bootstrap@5.0.2/dist/js/bootstrap.
    bundle.min.js" integrity="sha384-MrcW6ZMFYlzcLA8Nl+NtUVF0sA7MsXsP1UyJoMp4YLEuNSf
    AP+JcXn/tWtIaxVXM" crossorigin="anonymous"></script>
039:    </body>
040: </html>
```

5行目「<meta name="viewport" content="width=device-width, initial-scale=1">」はHTMLのメタタグの一つで、Webページがモバイルデバイスやタブレットなどの小さな画面でも適切に表示されるようにするための設定です。

7行目は、「Bootstrap CSSの読み込み」を行っています。これにより、「Bootstrap」のスタイルとコンポーネントがテンプレートで利用可能になります。同様に38行目で「Bootstrap scriptの読み込み」を行っています。詳しくは、公式ページhttps://getbootstrap.jp/docs/5.0/getting-started/introduction/の「スターターテンプレート」を参照してください。

13行目「<nav class="navbar navbar-expand-lg navbar-dark bg-dark">」について詳細に説明します。

- <nav>タグ
  HTML5で導入されたタグです。ナビゲーションリンクをグループ化するために使用されます。
- navbarクラス
  Bootstrapのnavbarクラスは、ナビゲーションバーの基本的なスタイルと機能を提供します。

これにより、ナビゲーションバーのデザインが整えられ、コンテンツが適切に配置されます。

* **navbar-expand-lg クラス**

　「navbar-expand-lg」クラスは、画面サイズが一定の大きさに達したときにナビゲーションバーを展開するよう指定しています。これにより、画面が小さくなったとき(例えば、スマートフォンなどのモバイルデバイスで閲覧した場合)にナビゲーションバーが折りたたまれ、ハンバーガーメニューに変わります。

* **navbar-dark クラス**

　「navbar-dark」クラスは、ナビゲーションバー内のリンクテキストの色を明るい色(通常は白色)に設定します。

* **bg-dark クラス**

　「bg-dark」クラスは、ナビゲーションバーの背景色を暗いグレー色に設定します。Bootstrapは、他の背景色用のクラスも提供しており(bg-primary:青色、bg-success:緑色、bg-info:薄い青色、bg-warning:黄色、bg-danger:赤色、bg-light:白色など)、これらを使って簡単に背景色を変更することができます。

　19行目「<div class="collapse navbar-collapse" id="navbarNav"> 」はBootstrapのナビゲーションバーを構成するためのHTML要素です。この要素は、特にモバイルデバイスなどの小さな画面でナビゲーションバーの項目を折りたたむために使用されます。

　20行目〜27行目は、「ナビゲーションバーアイテム」の設定です。各クラスについて説明します。

* **navbar-nav**

　「navbar-nav」クラスは、ナビゲーションバー内のリスト要素(通常は<ul>タグ)に適用されます。このクラスは、ナビゲーションリンクの間隔や配置を調整し、適切なスタイルを適用します。また、navbar-navクラスを使用することで、ナビゲーションリンクが水平方向に並ぶようになります。

* **nav-item**

　「nav-item」クラスは、ナビゲーションリンクを含むリストアイテム(通常は<li>タグ)に適用されます。このクラスは、ナビゲーションアイテムの間隔やスタイルを適切に設定します。ナビゲーションアイテムに対するスタイルの調整や、アクティブ状態の管理などがこのクラスを通じて行われます。

* **nav-link**

　「nav-link」クラスは、ナビゲーションリンク自体(通常は<a>タグ)に適用されます。このクラスは、リンクに適切なスタイル(テキスト色、ホバー効果、フォントサイズなど)を適用し、リンクが見やすく使いやすくなるように調整します。

　33行目〜35行目が「ページ内容」を表示する部分です。

16

▼
レイアウトを調整しよう

- container

  「container」クラスは、「Bootstrap」のグリッドシステムを適用するための基本的なクラスです。このクラスが適用された要素は、ページ内で中央寄せされ、適切な余白が設定されます。また、画面サイズに応じて自動的に幅が調整されるため、レスポンシブデザインを簡単に実現できます。

- mt-4

  「mt-4」は、「Bootstrap」のユーティリティクラスの1つで、「margin-top」の略です。このクラスは、要素の上部(上マージン)にスペースを追加するために使用されます。数字4は、「Bootstrap」のスペーシングスケールにおけるマージンの大きさを表しており、1(最小)から5(最大)の範囲で指定できます。mt-4は、上マージンに適度なスペースを追加するために使用されています。

  <div class="container mt-4">要素は、ナビゲーションバーの下に配置され、メインコンテンツのスタイリングやレイアウトを適切に設定します。ページ内のコンテンツは、この要素内に記述され、ブロック要素{% block content %}{% endblock %}で挟まれることで、他のテンプレートから内容を注入することができます。

上記設定により「認証後」の全画面は、「**base.html**」を継承するため、ナビゲーションバーが表示されます(**図16.2**)。すべてのテンプレートへの反映が終わりましたらご自身でデザインを確認お願いします。

図16.2 ナビゲーションバー1

メモアプリ
ログアウト
Wikipediaの検索へ

ブラウザの幅を小さくした場合、「レスポンシブデザイン」によってナビゲーションバーが「ハンバーガーメニュー」になります(**図16.3**)。

図16.3 ナビゲーションバー2

メモアプリ
メモアプリ
ログアウト
Wikipediaの検索へ

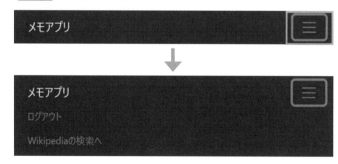

「認証機能」の「T」への反映

● login_form.html

templates/auth/login_form.html を、**リスト16.2**に修正します。

リスト16.2 login_form.html

```
001:    {% extends "base.html" %}
002:
003:    {% block content %}
004:    <div>
005:        <h1 class="my-4">ログイン</h1>
006:        {% from "_formhelpers.html" import render_field %}
007:        <form method="POST" action="{{ url_for('auth.login') }}" novalidate>
008:            {{ form.hidden_tag() }}
009:            {{ render_field(form.username, class="form-control") }}
010:            {{ render_field(form.password, class="form-control") }}
011:            <br>
012:            <!-- ▼▼▼▼▼ flashメッセージ ▼▼▼▼▼ -->
013:            {% for message in get_flashed_messages() %}
014:            <div class="alert alert-info">
015:                {{ message }}
016:            </div>
017:            {% endfor %}
018:            <!-- ▲▲▲▲▲ flashメッセージ ▲▲▲▲▲ -->
019:            {{ form.submit(class="btn btn-primary") }}
020:        </form>
021:        <p class="my-3">
022:            アカウントをお持ちでない場合は、
023:            <a href="{{ url_for('auth.register') }}">こちら</a>
024:            から登録してください。
025:        </p>
026:    </div>
027:    {% endblock %}
```

1行目「{% extends "base.html" %}」は、base.htmlテンプレートを継承することで、「base.html」に記述されている共通の要素（ナビゲーションバーやコンテナなど）を利用できます。

3行目～27行目「{% block content %}...{% endblock %}」は、base.htmlの{% block content %}{% endblock %}ブロックに挿入されるコンテンツを定義しています。このブロック内に記述された内容が、base.htmlの該当箇所に挿入されます。

5行目「<h1 class="my-4">ログイン</h1>」は、ページの見出しを表示しています。「my-4」クラスは、上下のマージンにスペースを追加するために使用されています。class="my-4" は、「Bootstrap」のスペーシングユーティリティクラスの一つで、この見出しに上下方向（y は top と bottom を意味します）のマージンを追加しています。4は、Bootstrapのスペーシングスケール

において、マージンの大きさを表します。1が最小で、5が最大です。

9行目、10行目の「class="form-control"」は、フォームの要素（入力フィールド、テキストエリア、セレクトボックスなど）をフィールドに適用した見た目に整えます。

13行目〜17行目「{% for message in get_flashed_messages() %}...{% endfor %}」は、フラッシュメッセージ（エラーメッセージや通知など）を表示するためのループです。メッセージが存在する場合、「alert alert-info」クラスを適用した<div>要素が生成され、メッセージが表示されます。

「class="alert"」は、この要素がアラートコンポーネントであることを示します。これにより、基本的なスタイルが適用され、適切なパディングや背景色などが追加されます。

「alert-info」は、アラートのスタイルのバリエーションを指定します。この場合、「alert-info」は情報提供の目的で使用されるアラートであることを示し、「青色」の背景色が適用されます。

19行目「{{ form.submit(class="btn btn-primary") }}」は、Flask-WTF の SubmitField をレンダリングし、「Bootstrap」の「btn」と「btn-primary」クラスが適用され青色のボタンが表示されます（**図16.4**）。

図16.4 ログイン画面

register_form.html

templates/auth/register_form.htmlを、**リスト16.3**に修正します。

リスト16.3 register_form.html

```
001:    {% extends "base.html" %}
002:
003:    {% block content %}
004:    <div class="container">
005:        <h1 class="my-4">サインアップ</h1>
006:        {% from "_formhelpers.html" import render_field %}
007:        <form method="POST" action="{{ url_for('auth.register') }}" novalidate>
008:            {{ form.hidden_tag() }}
009:            {{ render_field(form.username, class="form-control") }}
010:            {{ render_field(form.password, class="form-control") }}
011:            <br>
```

```
012:            {{ form.submit(class="btn btn-primary") }}
013:        </form>
014:
015:        <p class="my-3">すでにアカウントをお持ちの場合は、
016:            <a href="{{ url_for('auth.login') }}">こちら</a>
017:            からログインしてください。
018:        </p>
019:    </div>
020: {% endblock %}
```

　「サインアップ画面」で使用している「Bootstrap」の記述は、「ログイン画面」と同じため、説明は割愛させて頂きます（**図16.5**）。

図16.5 サインアップ画面

☐「メモ機能」の「T」への反映

○ index.html

templates/memo/index.htmlを**リスト16.4**のように修正します。

リスト16.4 index.html

```
001: {% extends "base.html" %}
002:
003: {% block content %}
004:    <h1 class="my-4">メモ一覧</h1>
005:    {% if memos == [] %}
006:        <p>メモは登録されていません</p>
007:    {% else %}
008:        <ul class="list-group mb-4">
009:            {% for memo in memos %}
010:                <li class="list-group-item d-flex justify-content-between align-
     items-center">
011:                    {{ memo.title }}
```

```
012:                    <div>
013:                        <a href="{{ url_for('memo.update', memo_id=memo.id) }}"
        class="btn btn-warning btn-sm">編集</a>
014:                        <a href="{{ url_for('memo.delete', memo_id=memo.id) }}"
        class="btn btn-danger btn-sm">削除</a>
015:                    </div>
016:                </li>
017:            {% endfor %}
018:        </ul>
019:    {% endif %}
020:    <!-- ▼▼▼▼▼ flashメッセージ ▼▼▼▼▼ -->
021:    {% for message in get_flashed_messages() %}
022:    <div class="alert alert-info">
023:        {{ message }}
024:    </div>
025:    {% endfor %}
026:    <!-- ▲▲▲▲▲ flashメッセージ ▲▲▲▲▲ -->
027:    <a href="{{ url_for('memo.create') }}" class="btn btn-primary">新しいメモを作成</a>
028: {% endblock %}
```

8行目「<ul class="list-group mb-4">」は、<ul>要素（順序なしリスト）に「Bootstrap」のスタイルを適用しています。

- 「class="list-group"」
「Bootstrap」によって提供されるリストグループコンポーネントを適用し、リスト内の各要素が整然と並べられ、視認性が向上します。
- 「mb-4」
マージンボトム(margin-bottom)を適用します。mb-4は、「Bootstrap」のスペーシングユーティリティの1つで、下側にマージンを追加することができます。

10行目「<li class="list-group-item d-flex justify-content-between align-items-center">は以下のクラスが組み合わさることで、リスト内の各メモ項目が整然と並び、メモのタイトルと編集・削除ボタンが適切に配置されるようになります（**図16.6**）。

- 「class="list-group-item"」
「Bootstrap」のリストグループコンポーネントのスタイルをリスト項目に適用します。
- 「d-flex」
このクラスは、<li>要素にFlexbox（CSSのレイアウトモデル）を適用します。Flexboxを使用することで、子要素の配置やサイズ調整を簡単に行うことができます。
- 「justify-content-between」
このクラスは、Flexboxの子要素を横方向に均等に分散させる効果があります。つまり、子要素の間に最大限のスペースが確保されます。この例では、メモのタイトルと編集・削除ボ

タンの間にスペースができます。

- 「align-items-center」
このクラスは、Flexboxの子要素を縦方向（上下方向）で中央揃えにする効果があります。つまり、リスト項目内の要素が垂直方向に中央揃えされます。

図16.6 メモ一覧画面

○ **create_form.html**

templates/memo/create_form.htmlを**リスト16.5**のように修正します。

リスト16.5 create_form.html

```
001: {% extends "base.html" %}
002:
003: {% block content %}
004:     <h1 class="my-4">新しいメモを作成</h1>
005:     {% from "_formhelpers.html" import render_field %}
006:     <form method="POST" action="{{ url_for('memo.create') }}" novalidate>
007:         {{ form.hidden_tag() }}
008:         <div class="mb-3">
009:             {{ render_field(form.title, class="form-control") }}
010:         </div>
011:         <div class="mb-3">
012:             {{ render_field(form.content, class="form-control", rows=5) }}
013:         </div>
014:         <div class="mb-3">
015:             {{ form.submit(class="btn btn-primary") }}
016:         </div>
017:     </form>
018:
019:     <a href="{{ url_for('memo.index') }}" class="btn btn-secondary mt-2">戻る</a>
020: {% endblock %}
```

19行目について解説します。

- 「btn」

  このクラスは、要素に基本的なボタンスタイルを適用します。
- 「btn-secondary」

  このクラスは、ボタンにセカンダリーカラー（通常はグレー系）を適用します。
- 「mt-2」

  このクラスは、要素の上方向のマージンを調整します。mt-2は、上方向にマージンを付けることで、要素とその上にある要素との間に適切なスペースを確保します。

図16.7 メモ登録画面

○ **update_form.html**

templates/memo/update_form.htmlを**リスト16.6**のように修正します。

リスト16.6 update_form.html

```
001:  {% extends "base.html" %}
002:
003:  {% block content %}
004:      <h1 class="my-4">メモを編集</h1>
005:      {% from "_formhelpers.html" import render_field %}
006:      <form method="post" action="{{ url_for('memo.update', memo_id=edit_id) }}"
      novalidate>
007:          {{ form.hidden_tag() }}
008:          <div class="mb-3">
009:              {{ render_field(form.title, class="form-control") }}
010:          </div>
011:          <div class="mb-3">
012:              {{ render_field(form.content, class="form-control", rows=5) }}
013:          </div>
014:          <div class="mb-3">
015:              {{ form.submit(class="btn btn-primary") }}
016:          </div>
```

```
017:        </form>
018:
019:        <a href="{{ url_for('memo.index') }}" class="btn btn-secondary mt-2">戻る</a>
020:    {% endblock %}
```

「メモ編集画面」で使用している「Bootstrap」の記述は、「メモ登録画面」と同じため、説明は割愛させて頂きます（**図16.8**）。

図16.8 メモ編集画面

「wiki機能」の「T」への反映

wiki_search.html

templates/wiki/wiki_search.html を**リスト16.7**のように修正します。

リスト16.7 wiki検索画面

```
001:    {% extends "base.html" %}
002:
003:    {% block content %}
004:    <div>
005:        <h1 class="my-4">Wikipediaの検索</h1>
006:        <form method="POST" action="{{ url_for('wiki.search') }}" novalidate>
007:            {{ form.hidden_tag() }}
008:            <div class="mb-3">
009:                {{ form.keyword.label(class="form-label") }}
010:                {{ form.keyword(class="form-control") }}
011:            </div>
012:            <div class="mb-3">
013:                {{ form.submit(class="btn btn-primary") }}
014:            </div>
```

▼ レイアウトを調整しよう　**16**

```
015:        </form>
016:        <a href="{{ url_for('memo.index') }}" class="btn btn-secondary mt-2">戻る</a>
017:    </div>
018:    {% endblock %}
```

「wiki検索画面」で使用している「Bootstrap」の記述は、今まで説明してきた内容になるため、説明は割愛させて頂きます（**図16.9**）。

図16.9 Wikipedia検索画面

○ **wiki_search_result.html**

templates/wiki/wiki_search_result.htmlを**リスト16.8**のように修正します。

リスト16.8 wiki_search_result.html

```
001:    {% extends 'base.html' %}
002:
003:    {% block content %}
004:    <div>
005:        <div class="my-4">
006:            {% if error %}
007:                <h2>{{ error }}</h2>
008:            {% else %}
009:                <h2>検索結果： "{{ keyword }}"</h2>
010:                <p>{{ summary }}... <a href="{{ url }}" target="_blank">Read more</a></p>
011:            {% endif %}
012:        </div>
013:        <!-- メモに追加ボタン -->
014:        <form action="{{ url_for('memo.create_from_search') }}" method="post" class="mb-3">
015:            <input type="hidden" name="title" value="{{ keyword }}">
016:            <input type="hidden" name="content" value="{{ summary }}">
017:            <input type="submit" value="メモに追加" class="btn btn-primary">
018:        </form>
```

```
019:          <a href="{{ url_for('memo.index') }}" class="btn btn-secondary">戻る</a>
020:      </div>
021:    {% endblock %}
```

「wiki検索結果画面」で使用している「Bootstrap」の記述は、今まで説明してきた内容になるため、説明は割愛させて頂きます(**図16.10**)。

図16.10 Wiki検索結果画面

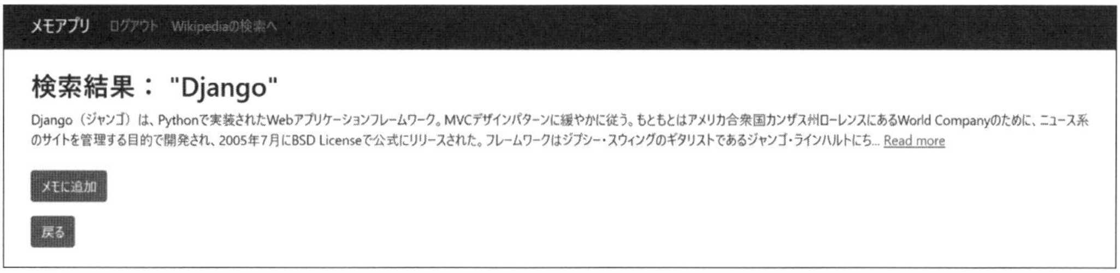

「マクロ」の「T」への反映

templates/_formhelpers.htmlを**リスト16.9**のように修正します。

リスト16.9 _formhelpers.html

```
001:    {% macro render_field(field, class=") %}
002:        <dt>{{ field.label }}</dt>
003:        <dd>{{ field(class=class, **kwargs)|safe }}</dd>
004:        {% if field.errors %}
005:        <ul class="text-danger">
006:            {% for error in field.errors %}
007:                <li>{{ error }}</li>
008:            {% endfor %}
009:        </ul>
010:        {% endif %}
011:    {% endmacro %}
```

1行目「{% macro render_field(field, class=") %}」でrender_fieldという名前のマクロを定義し、2つの引数として、field(描画するフォームフィールド)と「Bootstrap」で使用するclass(フィールドに適用するCSSクラス、デフォルトを空文字列に設定)を受け取ります。

3行目「<dd>{{ field(class=class, **kwargs)|safe }}</dd>」は、フィールド自体を描画します。「|safe」フィルタは、フィールドのHTMLをエスケープせずに描画することを指示します。「**kwargs」は任意の数の追加キーワード引数を受け取るため、このマクロはさまざまな種類のフォームフィールドとその属性を処理することができます。

5行目「<ul class="text-danger">」は、BootstrapのCSSクラスが適用されテキストの色が赤色

になります。このクラスは、一般的に警告やエラーメッセージを表示するために使用されます（**図16.11**）。

図 16.11 マクロの使用

主要な「テンプレート」に対し、「Bootstrap」を適用しました。これで「イテレーション08：レイアウトを整える」の作成を完了とします。

16-1-3 アプリケーションの完成

9章から開始した「Flaskアプリケーション」作成も、仮のクライアントからの課題をクリアすることで何とか作成することができました。

◻ 確認

「Bootstrap」をすべての「テンプレート」に適応させ、一通り動作確認をして仮のクライアントにアプリケーションを納品してこのストーリーは完了です。

第 **17** 章

マイクロサービスを
知ろう

Section

17-1 マイクロサービスとは?

本書の最終章はコーヒーブレイク的な位置づけです。直接的に「Flask」とは関係ありませんが、重要な内容なので最後のおまけとして説明させて頂きます。本書はプログラム初心者を対象にしています。読者の方で「マイクロサービス」という言葉を聞いたことがありますでしょうか?「マイクロ」は「小さな」や「最小限の」という意味です。では「マイクロサービス」について学びましょう。

17-1-1 マイクロサービスの概要

「マイクロサービス」とは、大きなアプリケーションを小さな部品に分けて、それぞれが独立して動作するようにすることです。小さな部品の「小さな」が「マイクロ」に当てはまり、小さな部品の「部品」が「サービス」に当てはまります。

例えば、「商品を購入する」という機能を考えます。「商品を購入する」ことで、誰が購入したかの「顧客管理」、何の商品を購入したかの「商品管理」、商品をいくつ購入できるかの「在庫管理」、クレジットカードで購入する場合の「与信管理」、商品を購入したことで発生する「受注管理」などのサービスが考えられ、それぞれを小さなサービスに分けることができます(**図17.1**)。

図17.1 マイクロサービスの例1

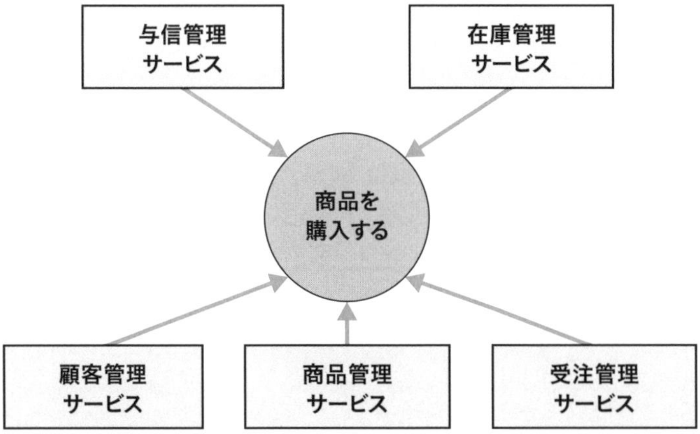

小さなサービスに分けることで、サービスごとに変更を加えたり、修正を行ったりすることが容易になります。また、障害が発生した場合も、影響範囲を限定できます。マイクロサービスを

導入することで、柔軟性や信頼性が高まり、開発効率を向上させることができます。難しく考えてはいけません。「機能」を様々な独立した「サービス」に分けましょう。そして「サービス」毎の関係は「疎」にしましょう。と言っているのです。もう少し詳しく話すと各サービスは独立して実行することから、「異なるプログラム言語」で実装することができます。そして独立した「サービス」は、API（Application Programming Interface）[注1]を介して相互に通信し、協調してアプリケーションを構築できます。

　APIを通じてデータをやり取りする方法を「API連携」といいます。「API連携」時に多く利用されるデータ表現形式の一つが「JSON」です（**図17.2**）。

図17.2 マイクロサービスの例2

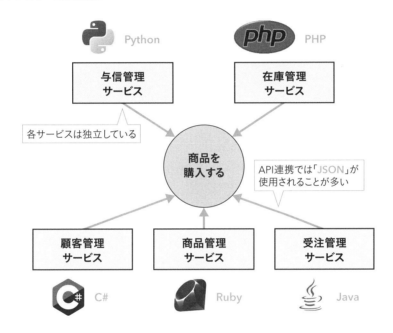

17

マイクロサービスを知ろう

17-1-2 JSONの概要

　「JSON（JavaScript Object Notation）」とは、データを表現するためのフォーマットの一つです。JSONは、JavaScriptでオブジェクトを作成するための構文をもとにしていますが、プログラム言語に依存しない形式であるため、多くのプログラミング言語で使用されます。「JSON」は、「キーと値のペア」を使用してデータを表します（**図17.3**）。以下に扱うことができるデータ型を記述します。

（注1）　API（Application Programming Interface）とは、ソフトウェアの機能やデータなどを外部に公開するためのインターフェースのことです。つまり、他のソフトウェアやプログラムから、APIを通じて機能やデータを利用できるようにする仕組みです。

- **オブジェクト**
  キーと値のペアをコロンで区切り、カンマで区切って複数のペアを持つことができます。例えば、{"name":"Tarou", "age":33}のように表現します。
- **配列**
  値のリストを角括弧で囲み、カンマで区切って複数の値を持つことができます。例えば、[1, 2, 3, 4]のように表現します。
- **文字列**
  二重引用符で囲むことで文字列を表現します。例えば、"Tokyo"のように表現します。
- **数値**
  整数や浮動小数点数を表現します。例えば、10や3.14のように表現します。
- **真偽値**
  trueまたはfalseを表現します。

図17.3に「JSON」のデータ例を示します。

図17.3 **JSONデータの例**

```
{
    "name": "Tarou",
    "age": 33,
    "hobbies": [
        "reading",
        "playing soccer"
    ],
    "address": {
        "city": "Tokyo",
        "country": "Japan"
    }
}
```

name ： 名前(文字列)
age ： 年齢(数値)
hobbies ： 趣味のリスト(配列)

address ： 住所情報(オブジェクト)
city ： 都市名(文字列)
country ： 国名(文字列)

「マイクロサービス」は、「REST」アーキテクチャスタイル(注2)を一般的に採用します。次は「REST」について学習しましょう。

(注2) アーキテクチャスタイルとは、ソフトウェアシステムを設計する際の基本的な構造やパターンのことです。

Section
17-2 RESTとは？

「マイクロサービス」では、「REST（Representational State Transfer）」を使用することで、異なるサービス間でのデータのやり取りが簡単になり、各サービスを独立させ開発・運用をできるようにします。ここでは「REST」について説明します。

17-2-1 RESTの概要

「REST」は、「Representational State Transfer」の略称です。日本語に訳すと、「代表的な状態転送」という意味になります。簡単に言うと、Webサービスに簡単にアクセスできるようにする方法のことですが、「REST」には4つの主要な原則があります。

- Stateless（ステートレス）
- Uniform Interface（ユニフォーム インターフェース）
- Addressability（アドレサビリティ）
- Connectability（コネクタビリティ）

では、順番に「REST」の主要4原則について見ていきましょう。

17-2-2 RESTの4原則

☐ Stateless（ステートレス）

「Stateless」を日本語に訳すと「状態を持たない」となります。つまり、「REST」では「セッション」などの情報管理を行わず、通信の情報は単体で完結させます。一言で言うなら「やりとりが1回で完結する」ということです。メリットとしては、前のやり取りの結果に影響を受けないのでシンプルな設計ができます（**図17.4**）。

17

▼ マイクロサービスを知ろう

図17.4 ステートレス

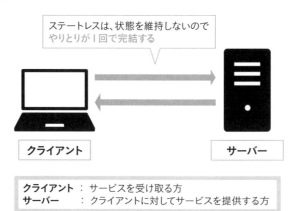

ステートレスは、状態を維持しないので
やりとりが1回で完結する

クライアント

サーバー

クライアント :	サービスを受け取る方
サーバー :	クライアントに対してサービスを提供する方

Uniform Interface（ユニフォーム インターフェース）

「Uniform Interface」を日本語に訳すと「統一的なインターフェース」です。「REST」は、統一したインターフェースを利用して情報を操作します。「REST」で用いられる「HTTPメソッド」は**表17.1**に示すようなCRUD操作と対応付けられます。

表17.1 RESTで用いられるHTTPメソッド

処理	HTTPメソッド	CRUD操作
登録	POST	CREATE
取得	GET	READ
更新	PUT	UPDATE
削除	DELETE	DELETE

Addressability（アドレサビリティ）

「Addressability」を日本語に訳すと「アドレス指定可能性」となります。「アドレス指定可能性」は、すべての情報が「一意なURI」を持つことで、提供する情報を「アドレス指定可能」なURIで公開できます。簡単にいうと「各リソース（提供する情報）に一意の住所（URI）があるため、クライアントはリソースにアクセスする場合、その住所を利用できる」ということです（**図17.5**）。

図17.5 アドレス指定可能性

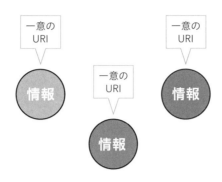

URIとは、Uniform Resource Identifier（一様なリソース識別子）の
略称で、インターネット上のリソースを一意に識別するための識別子
のことを示す。

Connectability（コネクタビリティ）

「Connectability」を日本語に訳すと「接続性」となります。「接続性」とは、やりとりされる情報の中にリンク情報を含めることができることを指します。リンクから別の情報にリンク（接続）することで、異なるシステム間での情報連携が容易になります（**図17.6**）。

図17.6 接続性

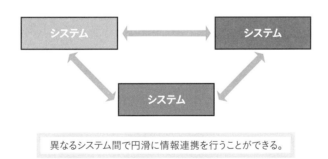

異なるシステム間で円滑に情報連携を行うことができる。

「REST」の原則に則って構築されたWebシステムのインターフェースのことを「RESTful API」と言います。

Section 17-3 簡易「マイクロサービス」の作成

「マイクロサービス」とは、アプリケーションを小さな部品（サービス）に分け、独立して動作するようにして作成することでした。ここでは**Flask**で簡易「マイクロサービス」アプリケーションを作成してみましょう。

17-3-1 アプリケーション概要

図**17.7**にアプリケーション概要を示します。

図17.7 アプリケーション概要

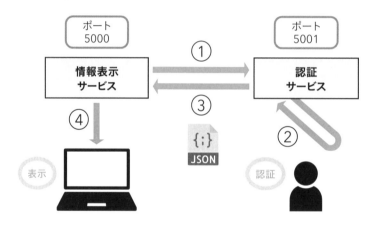

① 「情報表示サービス」から「認証サービス」に「認証依頼」を行う。

② 「認証サービス」にて「認証」処理を行う。

③ 「認証サービス」から「情報表示サービス」に「JSON」で結果を返す。

④ 「情報表示サービス」にて「表示」処理を行う。

「情報表示サービス」はポート番号「5000」、「認証サービス」はポート番号「5001」で起動します。

382

17-3-2 アプリケーションの作成

フォルダとファイルの作成

VSCode画面にて「新しいフォルダを作る」アイコンをクリックし、フォルダ「flask-microservice-sample」を作成します。

作成したフォルダ配下に、**図17.8**の構成で「フォルダ」と「ファイル」を作成します。フォルダとファイルの説明を**表17.2**、**表17.3**に記述します。

図17.8 フォルダとファイルの作成

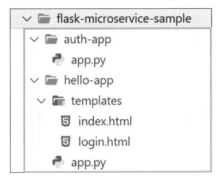

表17.2 認証サービスの内容

フォルダ／ファイル	内容
auth-app	認証サービス用のフォルダです
app.py	仮の認証処理を記述するファイルです

表17.3 情報表示サービスの内容

フォルダ／ファイル	内容
hello-app	情報表示サービス用のフォルダです
app.py	認証サービスから結果を受け取り、結果を表示します
hello-app/templates	テンプレート用のフォルダです
login.html	ログイン用のテンプレートです
index.html	情報表示用のテンプレートです

Flask-JWT-Extendedのインストール

「Flask-JWT-Extended」は、Flaskの拡張機能の1つで、JSON Web Token（JWT）を使用して、

Flaskアプリケーションでユーザーの認証と認可、トークン[注3]の生成と検証、トークンの有効期限の設定などを容易に行えます。

仮想環境「flask_env」上でコマンド「pip install flask_jwt_extended==4.5.2」と入力して「Flask-JWT-Extended」をインストールします（**図17.9**）。

図17.9　flask_jwt_extended

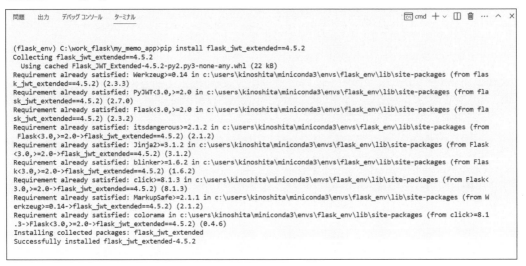

認証サービスの作成

auth-app/app.pyに、**リスト17.1**を記述します。

リスト17.1　app.py

```
001:  from flask import Flask, jsonify, request
002:  from flask_jwt_extended import JWTManager, jwt_required, create_access_token,
003:  get_jwt_identity
004:
005:  # ==================================================
006:  # インスタンス生成
007:  # ==================================================
008:  app = Flask(__name__)
009:
010:  # JWT設定
011:  # 任意の秘密キーを設定
012:  app.config["JWT_SECRET_KEY"] = "secret-key"
013:  # JWTとアプリケーションの紐づけ
014:  jwt = JWTManager(app)
015:
```

（注3）　「トークン」とは、認証やセキュリティに使用される情報の単位で、一般的にはランダムな文字列のことを指します。

```
016:    # ユーザーデータのサンプル
017:    users = {
018:        "user1": {
019:            "password": "pass1",
020:            'name': 'マイクロ太郎',
021:            'email': 'microtarou@example.com',
022:            'phone': '080-1234-5678'
023:        },
024:        "user2": {
025:            "password": "pass2",
026:            'name': 'サービス次郎',
027:            'email': 'servicejirou@example.com',
028:            'phone': '080-9876-5432'
029:        },
030:    }
031:
032:    # ===================================================
033:    # ルーティング
034:    # ===================================================
035:    # ログイン
036:    @app.route("/login", methods=["POST"])
037:    def login():
038:        # データ取得
039:        user_id = request.json.get("id", None)
040:        password = request.json.get("password", None)
041:
042:        # 認証チェック
043:        if user_id not in users or users[user_id]["password"] != password:
044:            return jsonify({"error": "認証失敗：無効な資格情報です"}), 401
045:
046:        # トークン取得
047:        access_token = create_access_token(identity=users[user_id])
048:        # トークンをJSONで返却
049:        return jsonify(access_token=access_token)
050:
051:    # ユーザー情報取得
052:    @app.route("/info", methods=["GET"])
053:    @jwt_required()
054:    def git_info():
055:        # get_jwt_identity()関数を使用して、ユーザー情報取得
056:        current_user = get_jwt_identity()
057:        print(current_user)
058:        return jsonify(current_user)
059:
060:    # ===================================================
061:    # 実行
062:    # ===================================================
063:    if __name__ == '__main__':
064:        app.run()
```

17 ▼ マイクロサービスを知ろう

2行目「from flask_jwt_extended import JWTManager, jwt_required, create_access_token, get_jwt_identity」で「Flask-JWT-Extended」で使用する機能のインポートを行っています。

11行目「app.config["JWT_SECRET_KEY"] = "secret-key"」アプリケーションに「秘密鍵」を設定しています。ここでは簡易的に固定値を設定していますが、強力なランダムな文字列を設定することが推奨されます。この「秘密鍵」はJWTの生成に使用されます。

16行目～29行目で「ダミーのユーザーデータ」を作成しています。実際は「データベース」からデータを取得しますが、今回は「辞書型」で簡易的に作成しました。

35行目～48行目が「ログイン」処理です。38行目「user_id = request.json.get("id", None)」はJSON形式で送信されたデータから、「id」キーに対応する「値」を取得し、「user_id」変数に代入します。もし、リクエストに「id」キーが存在しない場合は、デフォルト値として「None」が代入されます。39行目も同様の処理を「password」キーで行っています。

42行目で「ダミーのユーザーデータ」辞書型のキーに対象の「user_id」が存在しない場合、またはキー「user_id」に対応する「値」の中にある["password"]が入力した「パスワード」と一致しない場合は、43行目で認証失敗としてエラーを返します。

46行目の「create_access_token」関数は、「Flask-JWT-Extended」で提供される関数の1つで、アクセストークンを生成するために使用されます。「identity」引数は、アクセストークンに含まれるユーザー情報を指定するために使用しますが、ここでは、「users」辞書型から、「user_id」に対応する「ユーザー情報」を取得し、それを「identity引数」に渡しています。

48行目「return jsonify(access_token=access_token)」は、「access_token」というキーに対応する値を持つ辞書型オブジェクトを生成して、それをJSON形式のデータに変換します。つまり、認証サーバーが発行したトークンを「access_token」というキーでJSON形式のデータに含め、それをHTTPレスポンスのレスポンスボディに含めて返します。これにより、情報表示サービス側で認証に成功した場合には、JSON形式のレスポンスを受け取り、その中に含まれる「access_token」の値を使用することができます。

51行目～57行目が「ユーザー情報取得」です。52行目「@jwt_required()」は、「Flask-JWT-Extended」ライブラリで提供されるデコレータの1つで、このデコレータが付与されている関数には「JWTトークン」がなければアクセスすることができないことを指定します。55行目「current_user = get_jwt_identity()」の「get_jwt_identity()」は、アクセストークンを利用してユーザー情報を取得することができます。57行目「return jsonify(current_user)」はJSON形式でユーザー情報を返しています。

☐ requestsのインストール

「requests」ライブラリは、HTTP通信を行うためのライブラリであり、「requests」を使用することで、HTTP通信を行うためのさまざまなメソッド（GET、POST、PUT、DELETEなど）を簡単に呼び出すことができます。仮想環境「flask_env」上でコマンド「pip install requests==2.31.0」と入力して「requests」ライブラリをインストールします（**図17.10**）。

図17.10 requests

```
問題  出力  デバッグ コンソール  ターミナル                                               cmd  + v  ☐ 🗑 ⋯ ∧ ✕

(flask_env) C:\work_flask\my_memo_app>pip install requests==2.31.0
Requirement already satisfied: requests==2.31.0 in c:\users\kinoshita\miniconda3\envs\flask_env\lib\site-packages (2.31.0)
Requirement already satisfied: certifi>=2017.4.17 in c:\users\kinoshita\miniconda3\envs\flask_env\lib\site-packages (from
requests==2.31.0) (2023.5.7)
Requirement already satisfied: charset-normalizer<4,>=2 in c:\users\kinoshita\miniconda3\envs\flask_env\lib\site-packages
(from requests==2.31.0) (3.1.0)
Requirement already satisfied: idna<4,>=2.5 in c:\users\kinoshita\miniconda3\envs\flask_env\lib\site-packages (from reques
ts==2.31.0) (3.4)
Requirement already satisfied: urllib3<3,>=1.21.1 in c:\users\kinoshita\miniconda3\envs\flask_env\lib\site-packages (from
requests==2.31.0) (2.0.3)
```

情報表示サービスの作成

app.py

hello-app/app.pyに、**リスト17.2**を記述します。

リスト17.2 app.py

```python
001:  from flask import Flask, render_template, request
002:  import requests
003:
004:  # ===================================================
005:  # インスタンス生成
006:  # ===================================================
007:  app = Flask(__name__)
008:
009:  # 認証サービスのエンドポイント
010:  LOGIN_URL = "http://localhost:5001/login"
011:  INFO_URL = "http://localhost:5001/info"
012:
013:  # 認証処理
014:  def authenticate(id, password):
015:      login_data = {
016:          "id": id,
017:          "password": password,
018:      }
019:      # 認証サービス実行
020:      response = requests.post(LOGIN_URL, json=login_data)
021:
022:      # トークンを返す、失敗時は何もしない
023:      if response.status_code == 200:
024:          return response.json()["access_token"]
025:      else:
026:          pass
027:
028:  # ===================================================
029:  # ルーティング
```

```
030:    # ====================================================
031:    @app.route("/", methods=["GET", "POST"])
032:    def shwo_login():
033:        if request.method == "POST":
034:            # 入力データ取得
035:            id = request.form.get("id")
036:            password = request.form.get("password")
037:
038:            # 認証サーバーからトークン取得
039:            access_token = authenticate(id, password)
040:
041:            # トークンがない場合は認証失敗
042:            if access_token:
043:                # ヘッダーにアクセストークンを含める
044:                headers = {"Authorization": f"Bearer {access_token}"}
045:                response = requests.get(INFO_URL, headers=headers)
046:
047:                # ユーザー情報取得判定
048:                if response.status_code == 200:
049:                    user_info = response.json()
050:                    # テンプレート表示
051:                    return render_template('index.html', user=user_info)
052:                else:
053:                    return '<h1 style="color: red;">Error：アクセストークン処理に失敗しまし
       た</h1>', 401
054:            else:
055:                return '<h1 style="color: red;">Error：認証サービスの認証に失敗しました</
       h1>', 401
056:        # GETの時テンプレート表示
057:        return render_template("login.html")
```

2行目「requests」ライブラリのインポートを行っています。

10行目～11行目で認証サービスのURLを定義しています。特定のURLに対応するサーバー上のリソースのことを「エンドポイント」と言います。

14行目～26行目でユーザーの認証を行う関数を定義しています。引数として「id」と「password」を受け取り、20行目「response = requests.post(LOGIN_URL, json=login_data)」で「認証サービス」にPOSTリクエストを送信して、認証処理を行います。詳細にメソッドについて説明します。「requests.post()」メソッドは、POSTリクエストを送信し、結果としてHTTPレスポンスを返します。HTTPレスポンスを表す「Response」オブジェクトから「ステータスコード」、「レスポンスヘッダー」、「レスポンスボディ」を取得することができます（Responseオブジェクトに関してはコラムを参照してください）。「jsonキーワード」引数を使用することで、POSTリクエストのボディにJSONデータを指定でき、login_dataを設定しています。

login_dataは、15行目～18行目で作成している「id」と「password」を含む辞書型のデータです。

24行目「return response.json()["access_token"]」は、HTTPレスポンスのJSON形式のデータ

から、「access_token」というキーに対応する値を取得するために使用されます。JSON形式のデータは、辞書型オブジェクトとして扱われるので、キーを指定して値を取得することができます。この場合、JSONデータの中に「access_token」というキーが存在していることが前提になります。

31行目〜57行目で、ユーザーがログインするためのフォームを提供し、入力された情報を用いて、「認証サーバー」に対してリクエストを送信し、認証を行い、ユーザー情報を取得します。

39行目「access_token = authenticate(id, password)」は、取得したログイン情報を使用して、認証サーバーに対してHTTP POSTリクエストを送信し、「アクセストークン」を取得します。この処理はauthenticate()関数によって実行されます。

44行目「headers = {"Authorization": f"Bearer {access_token}"}」は、認証ヘッダーを設定しています。Authorizationヘッダーの値に、Bearerスキームを使用してアクセストークンを含めます。Bearerスキームは、HTTP認証の一種で、JWT などのトークンベースの認証メカニズムでよく使用されます。

45行目「response = requests.get(INFO_URL, headers=headers)」は「認証サーバー」からアクセストークンを利用して「ユーザー情報」を取得しています。**図17.11**にトークンを利用してのユーザー情報取得フローを示します。

図17.11　ユーザー情報取得

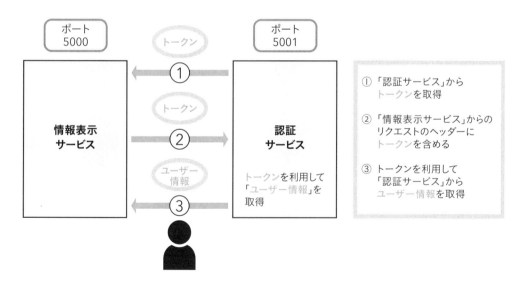

48行目「if response.status_code == 200:」の200はステータスコード200を示し、リクエストが正常に処理され、クライアントに適切なレスポンスが返されたことを示します。ステータスコード200の場合は、「ユーザー情報」を取得し、51行目「return render_template('index.html', user=user_info)」で「index.html」を表示します。

Column | Response オブジェクト

「Response」オブジェクトに含まれる「ステータスコード」、「レスポンスヘッダー」、「レスポンスボディ」を確認する方法を以下に示します。HTTPレスポンスの中身をご自身で確認したい場合に利用してみてください。

- `print('ステータスコード', response.status_code)`
- `print('レスポンスヘッダー', response.headers)`
- `print('レスポンスボディ', response.text)`

図17.Aに「HTTPレスポンスの構造」を示します。

図17.A　**HTTPレスポンスの構造**

- ステータスコード

  HTTPレスポンスの最初の行に、「ステータスコード」が含まれます。「ステータスコード」は、サーバーがHTTPリクエストを受け取った結果を表します。例えば、ステータスコード200は「成功したリクエスト」、404は「リソースが見つからなかった」という意味になります。
- レスポンスヘッダー

  HTTPレスポンスの2番目の要素が、「レスポンスヘッダー」です。「レスポンスヘッダー」には、サーバーが返した情報が含まれています。例えば、レスポンスヘッダーには、コンテンツの種類（テキスト、HTML、画像など）、エンコーディング、クッキー情報などが含まれます。
- 空白行

  ヘッダーとボディを分ける役割です。
- レスポンスボディ

  HTTPレスポンスの3番目の要素が、「レスポンスボディ」です。「レスポンスボディ」には、サーバーから返されたコンテンツが含まれています。例えば、HTMLページ、画像、JSONデータ、テキストファイルなどが含まれます。

○ login.html

hello-app/templates/login.htmlに**リスト17.3**を記述します。

リスト17.3 login.html

```
001:  <!DOCTYPE html>
002:  <html>
003:  <head>
004:      <meta charset="utf-8" />
005:      <title>Login</title>
006:  </head>
007:  <body>
008:      <h1>ログイン</h1>
009:      <form method="post" action="{{ url_for('shwo_login') }}">
010:          <label for="id">ユーザーID:</label>
011:          <input type="text" name="id" required />
012:          <br />
013:          <label for="password">パスワード:</label>
014:          <input type="password" name="password" required />
015:          <br />
016:          <button type="submit">ログイン実行</button>
017:      </form>
018:  </body>
019:  </html>
```

「login.html」はIDとパスワードを入力後、POSTメソッドで「url_for('shwo_login')」関数を呼び出します。新しい内容はありませんので、詳細な説明は割愛します。

○ index.html

hello-app/templates/index.htmlに**リスト17.4**を記述します。

リスト17.4 index.html

```
001:  <!DOCTYPE html>
002:  <html>
003:  <head>
004:      <title>ユーザー情報</title>
005:  </head>
006:  <body>
007:      <h1>こんにちは！</h1>
008:      <h2>別サービスから情報を取得しました</h2>
009:      <hr>
010:      <h2>{{ user.name }}</h2>
011:      <p>Email: {{ user.email }}</p>
012:      <p>電話: {{ user.phone }}</p>
013:      <hr>
```

```
014:        <a href="{{ url_for('shwo_login')}}">ログイン画面へ戻る</a>
015:    </body>
016:    </html>
```

「index.html」は「認証サービス」から取得した「ユーザー情報」を表示しています。新しい内容はありませんので、詳細な説明は割愛します。

17-3-3 アプリケーションの実行

☐「認証サービス」の起動

フォルダ「auth-app」を選択して、右クリックして表示されるダイアログにて「統合ターミナル」で開くをクリックします。開かれたターミナル上で、コマンド「flask run --port=5001」を実行し「認証サービス」をポート番号5001で起動します（**図17.12**）。

図17.12 認証サービスの起動

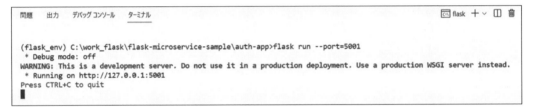

☐「情報表示サービス」の起動

フォルダ「hello-app」を選択して、右クリックして表示されるダイアログにて「統合ターミナル」で開くをクリックします。開かれたターミナル上で、コマンド「flask run」を実行し「情報表示サービス」をポート番号5000で起動します（**図17.13**）。「flask run」のデフォルトポート番号は5000になります。

図17.13 情報表示サービスの起動

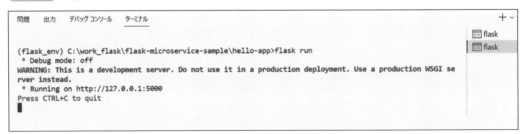

「ログイン画面」の表示

ブラウザでURL「http://127.0.0.1:5000/」にアクセスすることで、ログイン画面が表示されます（**図17.14**）。

図17.14　ログイン画面の表示

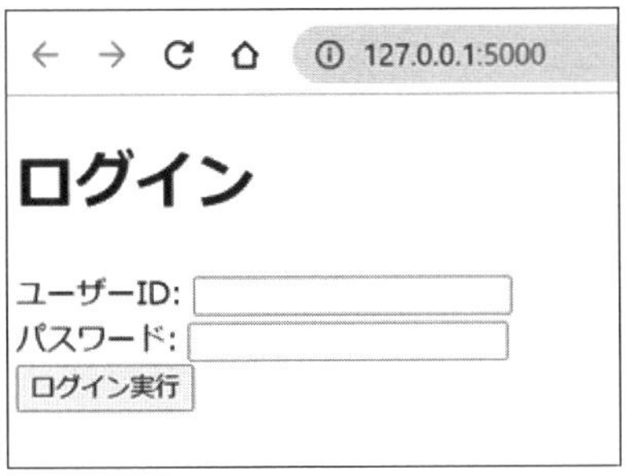

「ユーザー情報」の表示1

ログイン画面にて、ユーザーIDに「user1」、パスワードに「pass1」を入力することで、認証サービスから取得したユーザー情報を表示します（**図17.15**）。

図17.15　ユーザー情報の表示1

「ユーザー情報」の表示2

ログイン画面にて、ユーザーIDに「user2」、パスワードに「pass2」を入力することで、認証サービスから取得したユーザー情報を表示します（**図17.16**）。

図17.16 ユーザー情報の表示2

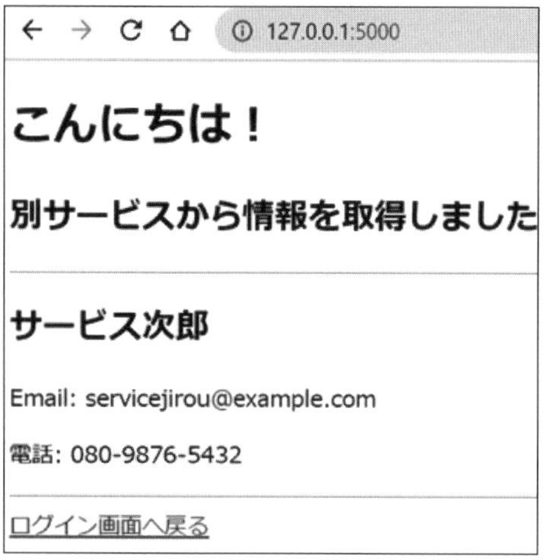
127.0.0.1:5000
こんにちは！
別サービスから情報を取得しました
サービス次郎
Email: servicejirou@example.com
電話: 080-9876-5432
ログイン画面へ戻る

「認証」の失敗

ログイン画面にて、ユーザーIDに「aaa」、パスワードに「bbb」と認証が失敗する値を入力することで、認証サービスで「認証」に失敗し、失敗した内容を表示します（**図17.17**）。

図17.17 認証失敗

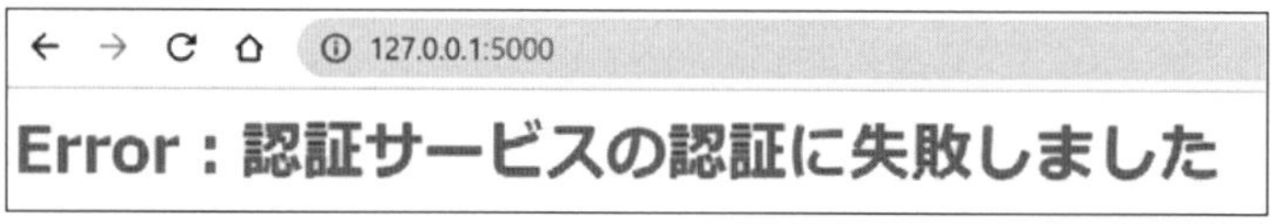
127.0.0.1:5000
Error：認証サービスの認証に失敗しました

簡易的なアプリケーションではありますが、サービスを分離し、アプリケーションを構築する「マイクロサービス」のイメージができましたでしょうか？

17-3-4 マイクロサービスを学ぶ

この章はコーヒーブレイク的な位置づけで「マイクロサービス」を紹介させていただきました。実際に業務で「マイクロサービス」を利用するには、様々な前提知識が必要になります。以下に必要な前提知識と何故その知識が必要なのか示します。

- マイクロサービスアーキテクチャの基本原則
  マイクロサービスの基本的な概念とアプローチを理解することが、他のトピックを学ぶ土台となります。
- Dockerとコンテナ技術
  コンテナ技術は、マイクロサービスの開発・デプロイメントを効率化し、環境の一貫性を保つために重要です。

- RESTful API の設計と実装

  マイクロサービスはAPIを通じて通信するため、RESTful APIの設計と実装方法を理解する必要があります。

- APIゲートウェイ、サービスディスカバリー、サービスレジストリ

  これらのコンポーネントは、マイクロサービス間のコミュニケーションと管理を効率化し、システム全体の運用を容易にします。

- サービス間通信のパターン (同期、非同期)

  マイクロサービス間の適切な通信方法を選択し、効率的なシステムを構築するために、通信パターンを理解する必要があります。

　これらのトピックを学習することで、「マイクロサービス」アーキテクチャの基本概念を把握し、シンプルな「マイクロサービス」の開発ができるようになると思います。「マイクロサービス」に興味を持った方は、一歩一歩自分のペースで知識を吸収してください。

▼ マイクロサービスを知ろう

おわりに

　私の好きな童話に「ウサギとカメ」という話があります。

　要約すると"ある日、ウサギとカメがレースをすることになりました。ウサギは足が速く、すぐに大きなリードを築きました。しかし、ウサギは自分の速さに自信を持ちすぎて、途中で休憩を取ることにしました。一方、カメはゆっくりとでも確実に前進し続けました。ウサギが目を覚ますと、カメはすでにゴールしていました。"

　この話から学べることは、他人と比較するのではなく、自分のペースでコツコツとスキルを積み上げていくことの大切さです。速く学べる人もいれば、ゆっくりと時間をかけて学ぶ人もいます。大切なのは、過去の自分自身と比較して成長しているかどうかです。

　プログラミングも同じで、他人と比べず、自分のペースで学び続けることが重要です。

　私が個人的に考える、学習を効率的に進める方法を以下に示します。ビギナーの方の参考になれば幸いです。

- 自分の学習スタイルを理解する
  人によって効果的な学習方法は異なります。視覚的に学ぶ人、聴覚的に学ぶ人、実際に手を動かして学ぶ人など、自分にあった学習スタイルを見つけましょう。
- 目標設定
  学習の目標を明確に設定することで「モチベーション」を保ちましょう。
- 反復的な復習
  新しい情報を定着させるためには、反復的な復習が必要です。学んだことを反復的に復習し、理解を深めましょう。
- ChatAI の活用
  ChatAIは、質問に対する答えを提供したり、新しいトピックについての情報を提供したりすることで、効率的な学習をサポートします。積極的に使用しましょう。
- 休息
  効率的な学習のためには、適度な休息も必要です。休息をとることで、頭をリセットし、新しい情報を吸収する準備をしましょう。

　最後に、今回執筆するにあたり沢山のアドバイスをくださった私の講師師匠である古川さん、執筆にあたり休日の家族サービスをすることができない私を励まし続けてくれた妻の智子、何度も修正、確認を行ってくれた技術評論社の原田さんに感謝の意を伝えさせて頂きます。

　本書がビギナーの方のプログラムに対して「わかることを増やす」手助けになれることを願います。

　最後までお読みいただきありがとうございました。

著者プロフィール

樹下 雅章 (株式会社 フルネス)
きのした まさあき

大学卒業後、ITベンチャー企業に入社し、様々な現場にて要件定義、設計、実装、テスト、納品、保守、全ての工程を経験。
SES、自社パッケージソフトの開発経験。その後大手食品会社の通販事業部にてシステム担当者としてベンダーコントロールを担当。
事業部撤退を機会に株式会社フルネスに入社し現在はIT教育に従事。

カバーデザイン ……………………… 菊池 祐 (ライラック)
本文デザイン＆DTP ………… 五野上 恵美
編集 ……………………………………… 原田 崇靖
技術評論社ホームページ … https://gihyo.jp/book/

■ **問い合わせについて**

本書の内容に関するご質問は、下記の宛先までFAXまたは書面にてお送りください。なお電話によるご質問、および本書に記載されている内容以外の事柄に関するご質問にはお答えできかねます。あらかじめご了承ください。

なお、ご質問の際に記載いただいた個人情報は、ご質問の返答以外の目的には使用いたしません。また、ご質問の返答後は速やかに破棄させていただきます。

〒162-0846
新宿区市谷左内町21-13
株式会社技術評論社　書籍編集部
「Flask本格入門
　〜やさしくわかるWebアプリ開発〜」質問係

[FAX]　03-3513-6167
[URL]　https://book.gihyo.jp/116

Flask 本格入門
フラスク ほん かく にゅう もん
〜やさしくわかるWebアプリ開発〜
ウェブ かいはつ

2023年9月8日　初 版　第1刷発行

著　者　株式会社 フルネス　樹下 雅章
　　　　　かぶしきがいしゃ　　　　きのした まさあき
発行者　片岡 巖
発行所　株式会社 技術評論社
　　　　東京都新宿区市谷左内町21-13
　　　　電話　03-3513-6150　販売促進部
　　　　　　　03-3513-6160　書籍編集部
印刷／製本　図書印刷株式会社

定価はカバーに表示してあります。

ISBN978-4-297-13641-3　C3055
Printed in Japan